住房和城乡建设部“十四五”规划教材
教育部高等学校工程管理和工程造价专业教学指导分委员会规划推荐教材
高等学校智能建造专业系列教材
丛书主编　丁烈云

智能工程机械与建造机器人概论
（机械篇）

Introduction to Intelligent Construction Machinery and Robots（Mechanical Aspects）

周　诚　陈　健　周　燕　主编
方东平　主审

中国建筑工业出版社

图书在版编目（CIP）数据

智能工程机械与建造机器人概论．机械篇 ＝ Introduction to Intelligent Construction Machinery and Robots（Mechanical Aspects）／周诚，陈健，周燕主编．-- 北京：中国建筑工业出版社，2024．6．（住房和城乡建设部“十四五”规划教材）（教育部高等学校工程管理和工程造价专业教学指导分委员会规划推荐教材）（高等学校智能建造专业系列教材／丁烈云主编）．-- ISBN 978-7-112-29937-9

Ⅰ．TH2-39

中国国家版本馆 CIP 数据核字第 2024C32P76 号

本教材系统地介绍了典型智能工程机械的内涵、发展现状及应用案例。全书首先简要介绍了智能工程机械的内涵、关键技术及发展现状；之后分别着重介绍了土方机械及其智能化、起重机械及其智能化、盾构机及其智能化；最后专门介绍了智能造楼机、智能架桥机、智能盾构机三种典型智能工程装备的具体应用案例。全书还配备了丰富的多媒体教学资源，包括全套可下载的电子课件，以及本书的知识图谱等。

本教材可作为普通高等院校智能建造及相关本科或研究生专业方向的课程教材，也可供土木工程、水利工程、交通工程和工程管理等相关专业的科研与工程技术人员参考。

为了更好地支持相应课程的教学，我们向采用本书作为教材的教师提供教学课件，有需要者可与出版社联系，邮箱：jckj@cabp.com.cn，电话：(010)58337285，建工书院 https://edu.cabplink.com(PC端)。

总 策 划：沈元勤
责任编辑：张 晶 冯之倩 牟琳琳
责任校对：姜小莲

住房和城乡建设部“十四五”规划教材
教育部高等学校工程管理和工程造价专业教学指导分委员会规划推荐教材
高等学校智能建造专业系列教材
丛书主编 丁烈云
智能工程机械与建造机器人概论（机械篇）
Introduction to Intelligent Construction Machinery and Robots (Mechanical Aspects)
周 诚 陈 健 周 燕 主编
方东平 主审
*
中国建筑工业出版社出版、发行（北京海淀三里河路 9 号）
各地新华书店、建筑书店经销
北京红光制版公司制版
北京云浩印刷有限责任公司印刷
*
开本：787 毫米×1092 毫米 1/16 印张：15¼ 字数：376 千字
2024 年 8 月第一版 2024 年 8 月第一次印刷
定价：**56.00** 元（赠教师课件）
ISBN 978-7-112-29937-9
(42692)

高等学校智能建造专业系列教材编审委员会

本书编审委员会名单

主　编：周　诚　陈　健　周　燕

主　审：方东平

副主编：王　帆　房霆宸　谢　勇　张闵庆

编　委：（按姓氏笔画排序）

尤　轲　朱叶艇　杨佳林　吴文斐

吴联定　武占刚　秦　元　梅江涛

蒋伟光

出版说明

智能建造是我国“制造强国战略”的核心单元，是“中国制造 2025 的主攻方向”。建筑行业市场化加速，智能建造市场潜力巨大、行业优势明显，对智能建造人才提出了迫切需求。此外，随着国际产业格局的调整，建筑行业面临着在国际市场中竞争的机遇和挑战，智能建造作为建筑工业化的发展趋势，相关技术必将成为未来建筑业转型升级的核心竞争力，因此急需大批适应国际市场的智能建造专业型人才、复合型人才、领军型人才。

根据《教育部关于公布 2017 年度普通高等学校本科专业备案和审批结果的通知》（教高函〔2018〕4 号）公告，我国高校首次开设智能建造专业。2020 年 12 月，住房和城乡建设部办公厅印发《关于申报高等教育职业教育住房和城乡建设领域学科专业“十四五”规划教材的通知》（建办人函〔2020〕656 号），开展了住房和城乡建设部“十四五”规划教材选题的申报工作。由丁烈云院士带领的智能建造团队共申报了 11 种选题形成“高等学校智能建造专业系列教材”，经过专家评审和部人事司审核所有选题均已通过。2023 年 11 月 6 日，《教育部办公厅关于公布战略性新兴领域“十四五”高等教育教材体系建设团队的通知》（教高厅函〔2023〕20 号）公布了 69 支入选团队，丁烈云院士作为团队负责人的智能建造团队位列其中，本次教材申报在原有的基础上增加了 2 种。2023 年 11 月 28 日，在战略性新兴领域“十四五”高等教育教材体系建设推进会上，教育部高教司领导指出，要把握关键任务，以“1 带 3 模式”建强核心要素：要聚焦核心教材建设；要加强核心课程建设；要加强重点实践项目建设；要加强高水平核心师资团队建设。

本套教材共 13 册，主要包括：《智能建造概论》《工程项目管理信息分析》《工程数字化设计与软件》《工程管理智能优化决策算法》《智能建造与计算机视觉技术》《工程物联网与智能工地》《智慧城市基础设施运维》《智能工程机械与建造机器人概论（机械篇）》《智能工程机械与建造机器人概论（机器人篇）》《建筑结构体系与数字化设计》《建筑环境智能》《建筑产业互联网》《结构健康监测与智能传感》。

本套教材的特点：(1) 本套教材的编写工作由国内一流高校、企业和科研院所的专家学者完成，他们在智能建造领域研究、教学和实践方面都取得了领先成果，是本套教材得以顺利编写完成的重要保证。(2) 根据教育部相关要求，本套教材均配备有知识图谱、核心课程示范课、实践项目、教学课件、教学大纲等配套教学资源，资源种类丰富、形式多样。(3) 本套教材内容经编写组反复讨论确定，知识结构和内容安排合理，知识领域覆盖全面。

本套教材可作为普通高等院校智能建造及相关本科或研究生专业方向的课程教材，也可供土木工程、水利工程、交通工程和工程管理等相关专业的科研与工程技术人员参考。

本套教材的出版汇聚高校、企业、科研院所、出版机构等各方力量。其中，参与编写的高校包括：华中科技大学、清华大学、同济大学、香港理工大学、香港科技大学、东南大学、哈尔滨工业大学、浙江大学、东北大学、大连理工大学、浙江工业大学、北京工业大学等共十余所；科研机构包括：交通运输部公路科学研究院和深圳市城市公共安全技术研究院；企业包括：中国建筑第八工程局有限公司、中国建筑第八工程局有限公司南方公司、北京城建设计发展集团股份有限公司、上海建工集团股份有限公司、上海隧道工程有限公司、上海一造科技有限公司、山推工程机械股份有限公司、广东博智林机器人有限公司等。

本套教材的出版凝聚了作者、主审及编辑的心血，得到了有关院校、出版单位的大力支持，教材建设管理过程严格有序。希望广大院校及各专业师生在选用、使用过程中，对规划教材的编写、出版质量进行反馈，以促进规划教材建设质量不断提高。

中国建筑出版传媒有限公司

2024 年 7 月

序　言

教育部高等学校工程管理和工程造价专业教学指导分委员会（以下简称教指委），是由教育部组建和管理的专家组织。其主要职责是在教育部的领导下，对高等学校工程管理和工程造价专业的教学工作进行研究、咨询、指导、评估和服务。同时，指导好全国工程管理和工程造价专业人才培养，即培养创新型、复合型、应用型人才；开发高水平工程管理和工程造价通识性课程。在教育部的领导下，教指委根据新时代背景下新工科建设和人才培养的目标要求，从工程管理和工程造价专业建设的顶层设计入手，分阶段制定工作目标、进行工作部署，在工程管理和工程造价专业课程建设、人才培养方案及模式、教师能力培训等方面取得显著成效。

《教育部办公厅关于推荐2018—2022年教育部高等学校教学指导委员会委员的通知》（教高厅函〔2018〕13号）提出，教指委应就高等学校的专业建设、教材建设、课程建设和教学改革等工作向教育部提出咨询意见和建议。为贯彻落实相关指导精神，中国建筑出版传媒有限公司（中国建筑工业出版社）将住房和城乡建设部“十二五”“十三五”“十四五”规划教材以及原“高等学校工程管理专业教学指导委员会规划推荐教材”进行梳理、遴选，将其整理为67项，118种申请纳入“教育部高等学校工程管理和工程造价专业教学指导分委员会规划推荐教材”，以便教指委统一管理，更好地为广大高校相关专业师生提供服务。这些教材选题涵盖了工程管理、工程造价、房地产开发与管理和物业管理专业主要的基础和核心课程。

这批遴选的规划教材具有较强的专业性、系统性和权威性，教材编写密切结合建设领域发展实际，创新性、实践性和应用性强。教材的内容、结构和编排满足高等学校工程管理和工程造价专业相关课程要求，部分教材已经多次修订再版，得到了全国各地高校师生的好评。我们希望这批教材的出版，有助于进一步提高高等学校工程管理和工程造价本科专业的教学质量和人才培养成效，促进教学改革与创新。

教育部高等学校工程管理和工程造价专业教学指导分委员会

2023年7月

前　言

人工智能（Artificial Intelligence，AI），因其强大的数据分析、挖掘、处理与应用能力，正引领着人类社会的新一轮科技革命。受AI技术浪潮的影响，以智能化为主要驱动力的行业革命也正加速席卷至工程机械领域，全球工程机械行业格局面临重大调整。世界各国均高度重视智能化前沿技术，中、美、欧、日都发布了各自的智能化发展战略，引导企业与研究机构研发代表性的智能产品，培养人工智能人才队伍，提升各自在全球行业的竞争力。在《中华人民共和国国民经济和社会发展第十四个五年规划和2035年远景目标纲要》等政策文件的指导下，我国工程机械行业不断以智能建造和建筑工业化市场需求为导向，大力研发智能化技术，转型升级产业结构，正逐步从工程机械应用大国向工程机械制造与创新强国迈进。

智能工程机械是在传统机械的基础上发展而来的，相比传统机械拥有许多优势，但智能工程机械作为工程机械的前沿领域，目前仍缺乏精确定义。工程机械的智能化，一般认为是人工智能技术与机械装备的结合，使装备具有智能感知、智能分析、智能决策和智能控制的特点。智能工程机械属于新兴事物，随着发展程度的不断提高、行业对其认识的不断加深，智能工程机械的内涵与创新应用在与时俱进地不断拓展。随着越来越多高校开设智能建造专业，越来越多的工程建造企事业单位实施数字化转型升级，本教材应运而生，其编写目的是让相关专业的学生与工程技术人员能系统地学习和掌握智能工程机械的相关知识。

本教材由华中科技大学国家数字建造技术创新中心周诚教授、陈健副教授、周燕副教授主编，由清华大学土木水利学院方东平教授主审，并由国家数字建造技术创新中心联合上海建工集团、中建八局集团、山推工程机械股份有限公司、上海隧道工程有限公司等国内重点企业的行业技术专家承担编写任务，全书共5章，各章编写分工如下：

1　绪论，执笔人：周诚、周燕；

2　土方机械及其智能化，执笔人：周诚、尤轲、武占刚；

3　起重机械及其智能化，执笔人：周诚、蒋伟光；

4　盾构机及其智能化，执笔人：陈健、谢勇、张闵庆、王帆、朱叶艇；

5　智能工程机械的典型应用，执笔人：周燕、房霆宸、杨佳林、吴联定、梅江涛、吴文斐、秦元。

同时特别感谢博士生覃文波、王宇向、高玉月，硕士生鲁亚楠、宁晓笛、肖森、黎饶、刘颖、王如斌、胡帅、祁俊雄、许恒诚、陈千铭、梁海山、陈慧芳、程利力、刘振华以及其他研究人员所做的资料收集、整理、修改工作等。本教材中部分图片的版权信息不详，未能直接联系到版权所有者，我们深表歉意，若其中的图片侵犯了您的版权，请及时与作者联系。

本教材系统地介绍了典型智能工程机械的内涵、发展现状及应用案例。其中，第1章介绍智能工程机械的内涵、关键技术及发展现状；第2～4章分别着重介绍了土方机械及其智能化、起重机械及其智能化、盾构机及其智能化；第5章主要介绍了智能造楼机、智能架桥机、智能盾构机三种典型智能工程装备的具体应用案例。教材还配备了丰富的多媒体教学资源，主要包括：必要的参考文献和全套可下载的电子课件，便于教师备课时选用；还配备了知识图谱、例题和思考题，用于学生的复习或自学；也为有意深入学习的广大读者，提供了基础知识的框架与进一步探究的线索。

本教材获评住房和城乡建设部“十四五”规划教材，得到了华中科技大学的经费支持，在此表示感谢！

由于篇幅有限，教材无法覆盖所有工程机械类型，仅选择性地介绍了若干典型工程机械及其智能化应用。同时，也因本教材是多位编者合作的成果，限于编者的水平有限，缺点与错误在所难免，恳请广大读者不吝赐教！

编者

2024年3月于喻园

目　录

1 绪论

知识图谱

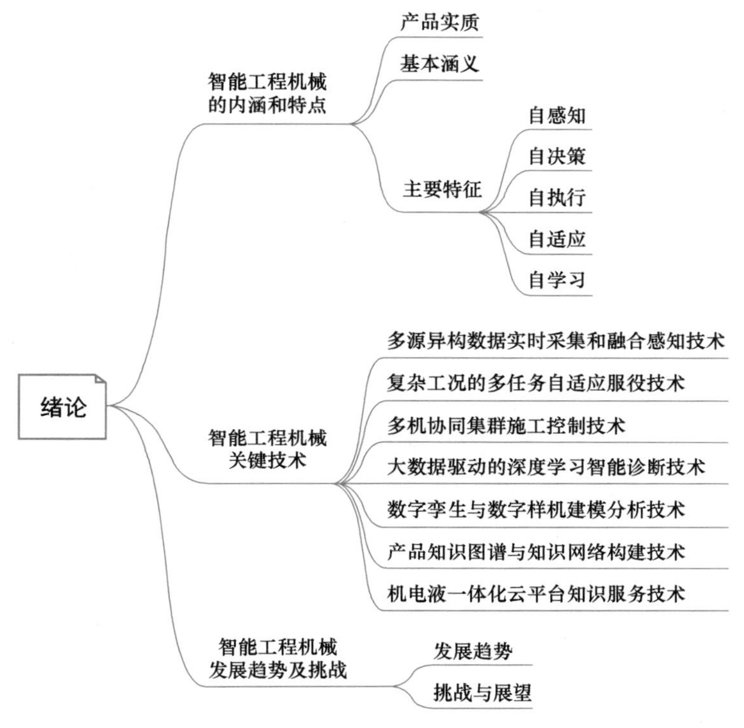

本章要点

知识点1. 智能工程机械的内涵和特点。

知识点2. 智能建造的关键技术。

知识点3. 智能建造的发展趋势与挑战。

学习目标

(1) 了解典型的工程机械种类，了解智能工程机械的内涵。

(2) 了解智能工程机械的关键技术。

(3) 了解智能工程机械的发展现状、发展过程中面临的挑战及未来的发展方向。

1.1 智能工程机械的内涵和特点

工程机械是专门设计和制造并用于执行各种施工任务的机械设备的统称，在建筑、交通、能源、冶金、化工、水利、矿山和农业等领域的工程建设中发挥着重要作用，极大地提高了建设效率和工程质量。部分典型的工程机械类型如图 1-1 所示，工程机械的种类多样且功能各异，其应用场景不仅限于土地平整、材料运输、结构装配、资源开采等传统工程施工作业，5G 通信网络、特高压、新能源、高速铁路、大数据中心等新基建工程也离不开多种工程机械相互配合施工。

图 1-1　典型工程机械类型

工程机械为我国国民经济发展作出了卓越贡献，南水北调工程、港珠澳大桥、北京大兴国际机场等超级工程的建设无不展示了中国工程技术和管理能力的巨大进步。而这些成就的背后，我国工程机械行业的技术创新和产品升级起到了至关重要的作用。例如，大型和超大型挖掘机、超大型起重机、大型高端桩工机械、特殊环境特种工程机械等先进工程机械的研发为超级工程建设提供了强有力的支撑。

工程机械经历了从国外技术引进到逐渐实现自主研发和技术创新的转变。随着改革开放以来经济的快速发展和对基础设施建设需求的日益增长，国内工程机械企业在国家政策的扶持和市场需求的推动下迅速崛起，通过不断的技术积累和创新，逐步建立起了自主研发体系，尽管在部分领域与国际领先水平还存在差距，但已经从技术上的跟随者成长为全球市场上的重要参与者和技术创新引领者。当前，新一轮产业革命和科技革命正促使工程机械走向数字化、网络化和智能化发展，全球工程机械行业格局面临重大调整，我国工程机械行业处在了一个新的历史起点，人工智能、物联网、大数据、5G 等新技术将赋予工程机械行业新的发展动力。国家“十四五”规划提出，要推动工程机械产业向高端化、智能化、绿色化的方向转型升级。发展智能工程机械是工程机械行业走两化融合发展道路的必然选择，是加快推进制造强国、质量强国建设的重要举措，也是推动建筑业高质量发展的必然要求。

智能工程机械是工程机械发展的前沿领域，是对解决传统工程机械发展所面临困境的探索，具有显著的效率提升、操作安全、环境友好及成本控制等方面的优势，代表了工程机械发展的新方向。

（1）更精益。智能工程机械通过先进的数据分析和自动化技术，优化施工过程，实现精准施工。它能够根据实际工作需求自动调整作业模式，确保每一步操作都达到最优化，从而提升工程质量和资源利用效率。

（2）更高效。智能工程机械在无需人工干预的情况下自主完成施工任务，减少了因人为操作不当造成的时间浪费和资源过度消耗。它能够无缝执行复杂任务，缩短工程时间，同时减轻人员负担，提高整体施工速度和效率。

（3）更安全。智能工程机械在提高操作安全方面也显示出巨大优势。通过集成先进的传感器和执行机构，智能工程机械能够实时监控作业环境和设备状态，及时发现潜在的安全隐患，自动执行紧急停机或其他安全措施，显著降低工程事故风险。

（4）更环保。智能工程机械通过算法精确控制施工过程中的材料用量，减少能源消耗和污染排放，支持建筑业实现“双碳”目标以及可持续发展。此外，新能源技术在智能工程机械动力系统中的应用进一步减少了对生态环境的影响。

智能工程机械了融合人工智能、物联网、大数据分析等新一代信息技术，对于工程机械智能化研究的认识正在不断提高。目前智能工程机械尚未形成统一的定义，本节试图从产品实质、基本涵义和主要特征三个方面进行阐述。

（1）产品实质。智能技术重塑了工程机械的产品形态，推动了从单纯的“产品”向“产品＋服务”的转变。这种转变不仅将改变工程机械行业的生产运作模式，也将极大地拓展智能工程机械的功能和应用范围，为用户提供更多的服务价值。从产品特性维度，智能工程机械的使用及操作从人工作用控制转向系统自动集控，能够执行更加复杂、精准的任务，实现自主学习、判断和执行操作，提高了工程施工作业的精度、效率和安全性；从服务模式维度，智能工程机械不再只是一种硬件产品，而是集产品与服务于一体的综合工程建设解决方案，通过设备状态实时监控、故障预测和健康管理等基于智能技术的服务，给用户提供更可靠的产品；从商业模式维度，除了传统的产品销售外，更多的企业开始探索如基于平台的共享设备租赁、基于使用量需求的调度与计费模式、智能服务功能订阅等新型商业模式，为用户提供更加灵活多样的选择，同时也为企业带来了新的增长点。

（2）基本涵义。“智能”一词是智能工程机械最显著的特点，Alexander M 提出智能（Intelligent）是能够感知系统运行的环境，关联系统周围发生的事件，对这些事件作出决策，通过执行决策和生成相应的控制动作来解决问题。不同的智能工程机械产品拥有不同的智能水平，总体而言，智能工程机械就是能够实现预期功能，具备一项或多项智能特性的智能工程机械产品。智能工程机械可以通过传感器采集环境信息和自身运行参数，对数据进行一定的处理后输出到智能分析终端，自主作出决策并进行自主控制，实现自主作业，同时不断进行自我学习和自我修正，从而达到最优的性能。在此过程中，智能化工程机械还在不断更新数据，预测可能出现的故障并及时进行预警和故障排除。

（3）主要特征。智能工程机械的主要特征可以总结为“自感知”“自决策”“自执行”

“自适应”“自学习”，如图 1-2 所示。

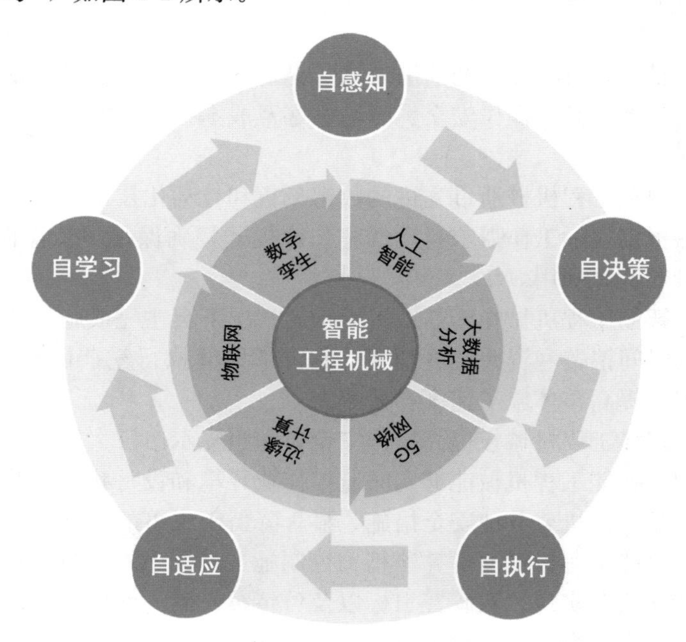

图 1-2　智能工程机械主要特征

自感知：智能工程机械通过传感器感知外界信息或工程机械自身运行参数，并将感知到的信息经过一系列处理，完成信息的储存、传输等过程。例如，三一全地面起重机 SAC1100S 搭载了 SCIS 智能系统，其激光雷达传感器能够辅助起重机迅速找到合适的吊装位置，驱动机械取物装置准确地提起重物。

自决策：智能工程机械通过对获取的信息进行自主分析，根据一定的人工智能算法策略实现自主决策，从而完成预定的目标，如路径规划、任务分配和故障处理等任务。例如，卡特彼勒公司为矿山操作开发的 Cat MineStar 平台，利用传感器收集的数据来监测矿用车辆和设备的状态，能够识别出潜在的设备故障和性能下降的迹象，根据预设算法自主作出决策，警告操作员或直接向维护团队发送维修请求。

自执行：智能工程机械系统作出自决策后发出控制指令，智能工程机械根据指令执行相应的动作，并在运行过程中不断搜集新数据，从而确保控制过程的准确性与安全性。例如，华中科技大学与山推工程机械股份有限公司联合研发的无人驾驶推土机能够根据预设的施工计划和目标，通过内置的人工智能算法自主分析施工地形和障碍物位置，然后规划出最优的作业路径和作业控制参数，自动调整铲刀的动作，完成一系列作业任务。

自适应：智能工程机械的自适应作用是在自感知数据基础上的处理结果，能够根据实际情况自动调整作业策略和操作模式，以适应不同的工作条件和环境变化。例如，Variomatie (BVM) 振动压路机能根据压路机的行驶方向和工地的情况自动设定有效振幅的大小和方向，这种具有自适应能力的压实系统保证了压路机始终向被压实的地面传递最大压实力，也能自动防止振动压实时由于钢轮起跳造成材料过度压实的现象发生。

自学习：智能工程机械能从历史数据和经验中学习，不断优化作业程序和决策策略，并且这种学习能力能够在同一平台下的机群间共享，具备自我学习能力使智能工程机械的性能能够随着使用时间的增长和机群规模的增长而不断提升。例如，卡特彼勒公司的MineStar Edge平台收集了大量矿用卡车运营历史数据，并通过深度学习技术进行分析与处理，旨在生成最符合驾驶员行为的操作方法和最优路径，以最大化燃油效率、减少机械维护频率。

1.2 智能工程机械关键技术

智能工程机械涉及机械设计制造、自动化、控制工程和土木工程等多学科，综合运用物联网、大数据、云计算、深度学习、自动化控制、计算机等技术，实现作业过程的环境感知、精准定位、决策与规划、控制与执行。

1. 多源异构数据实时采集和融合感知技术

多源异构数据实时采集和融合感知技术是指利用各种传感器、摄像头、激光雷达等设备来收集不同类型的数据，进而将不同类型和结构的数据进行整合和融合的技术。多源异构数据实时采集和融合感知技术通过同时获取来自不同信息源的数据，使得机械设备能够更全面地感知周围环境，该技术的关键任务是数据对齐和匹配。由于异构数据具有不同的特征和结构（处理数据的时间戳、坐标系统、单位等方面），需要将其进行对齐，确保数据在同一时间和空间上具有一致性，以便能够进行有效的融合和分析。通过对不同信息源的数据进行整合分析，机械设备得出的结论会比依靠单一信息源得到的结论更加准确和可靠，从而帮助机械设备进行数据融合和决策推理。例如，通过将视频图像、机械参数和三维位姿等数据进行融合，机械设备可以更好地理解周围环境中的事件和情况，并作出相应的决策。百度研究院牵头开发的无人挖掘机作业系统，基于多种传感器融合和感知算法，可以支持无人挖掘机在不同的工况和恶劣环境下进行无人化作业，保证了系统的作业效率、鲁棒性和泛化能力。当某个传感器无法提供准确的数据时，可以通过融合其他传感器的数据来补充和校正，这种数据融合感知能力使得机械设备能够更智能地应对各种复杂的工作场景和任务。

2. 复杂工况的多任务自适应服役技术

复杂工况的多任务自适应服役技术是一项应用于智能工程机械领域的前沿技术。在复杂的工作环境中，机械设备需要同时执行多种任务，并根据实时情况自适应地调整工作策略和行为。该技术的核心目标是提供一种灵活的、适应性强的机制，使得机械设备能够在复杂工况下高效地执行多个任务。这些复杂工况可能包括不同类型的工作任务、不同的工作环境和不确定的外部因素。通过该技术，机械设备能够根据实时感知和分析的结果自主调整工作方式、任务优先级和资源分配，以最大限度地满足工作需要和提高整体性能。

感知与决策模块是复杂工况多任务自适应服役技术的重要组成部分。通过使用各种传感器、摄像头和数据采集技术，机械设备能够实时感知工作环境的各种参数和状态。基于这些感知数据，决策模块能够分析和推理，为机械设备提供适应性的行为和决策策略。

3. 多机协同集群施工控制技术

当前很多任务难以凭借单机完成，在复杂未知环境下实现群体决策与操作成为智能装备技术的重要方向。因此，需要制定多机同时工作的规则，分析机器功能与属性，协调机器分工合作，提高实时判断与决策能力，增进多机完成复杂任务的效率。更简洁、人性化的智能人机交互接口可满足不同用户提出的各类智能任务需求，如手写识别、图像与语言理解、多语言识别等功能。当前很多施工任务难以凭借单机完成，在未来的智能工程机械装备技术研究中，控制多个智能工程机械设备在复杂未知环境下进行多机协同集群施工是一个重要的方向。为此，需要制定多机同时工作的规则，分析机器功能与属性，协调机器分工合作，提高实时判断与决策能力，增进多机完成复杂任务的效率。

4. 大数据驱动的深度学习智能诊断技术

大数据驱动的深度学习智能诊断技术在智能工程机械的健康管理中发挥着重要的作用。被监测的智能工程机械装备规模大，整个系统在长时间监控下会得到大量的数据，传统的决策模型在面对大量数据时会出现决策效率不高、决策速度较慢等问题，为了解决这些问题，大数据驱动的深度学习智能诊断技术成为可行的解决思路。这种技术利用大规模数据集和深度神经网络模型，可以实现对复杂工程问题的建模、预测和决策。大数据驱动的深度学习技术可以用于智能工程机械中的感知和识别任务。通过收集大量的图像、视频和传感器数据，可以构建庞大的数据集，用于训练深度神经网络模型。这些模型可以学习识别和分析工程机械所面临的场景、物体和环境。例如，可以用于识别建筑工地中的不同物体、检测道路上的障碍物或判断岩石矿山中的矿石类型等。此外，深度学习技术在智能工程机械中可以用于预测和优化任务。通过对历史数据和实时传感器数据的分析，可以训练深度神经网络模型来预测工程机械的性能、故障和维护需求，这有助于提前采取措施以避免潜在的故障，并优化维护计划，减少停机时间和维修成本。

5. 数字孪生与数字样机建模分析技术

数字孪生是一种基于先进的计算机模拟技术和数据分析的概念，用于创建和管理与现实世界对象或系统相对应的虚拟模型。数字孪生通过整合实时数据、物理模型和人工智能算法，可以实时模拟物理实体的行为和性能，并为决策制定提供支持。数字孪生的核心思想是将物理实体与其虚拟模型进行连接，通过传感器和数据采集系统获取实时数据，并将其与虚拟模型进行比对和分析。这使得工程机械能够实时监测和预测自身状态、性能和行为，并进行虚拟实验和优化。与传统的数字样机建模方法相比，数字孪生能够更准确地反映真实产品系统的情况。传统的数字化样机方法受加工、组装误差和使用、维护、修理等因素的影响，无法与虚拟域数字化模型完全一致，从而导致精确性不足。数字孪生与数字样机建模分析技术有效克服了这一局限，能够实现物理世界和信息世界的交互融合，是提升工程机械智能化程度的新发展方向。

6. 产品知识图谱与知识网络构建技术

产品知识图谱与知识网络构建技术是一种基于知识工程的方法，旨在构建一种语义关联的数据结构，用于存储和表示与产品相关的知识。该技术可以包含产品的属性、特征、功能、关系等信息，并通过知识网络进行关联和推理。通过应用这种技术，智能工程机械装备能够实现更高效的产品设计、制造和维护。

通过构建产品知识图谱，能够将分散的产品知识整合到一个统一的知识库中，从而实现知识的共享和重用。这为工程机械领域的研究人员和工程师提供了一个全面的知识资源，使得他们能够更加高效地进行产品创新和设计。此外，产品知识图谱还为智能工程机械装备提供了一种基于知识的推理和决策能力，使其能够更加智能地应对不同的工作场景和需求。

产品知识图谱技术的关键部分是知识网络的关联与推理。通过建立产品知识之间的语义关联，挖掘隐藏在知识之间的潜在关系，从而获得更深入的理解和洞察。这种关联和推理能力为智能工程机械装备带来了诸多益处，例如自动故障诊断和智能优化等。通过分析和推理产品知识，智能工程机械装备可以更快速地识别和解决潜在问题，提高装备的可靠性。

7. 机电液一体化云平台知识服务技术

机电液一体化是一种高度智能化的机械设备控制技术，旨在形成电气控制液压、液压控制机械、机械运动信号通过电气反馈的良性循环。相对于普通的机电一体化，机电液一体化的智能化程度更高，涉及的技术也更为复杂。它推动了机械生产智能化，延长了机械寿命，提高了生产效率，在智能工程机械中的应用意义重大。其中，液压传动的重要突破可以通过计算机技术、电子技术、液压技术的相互融合而实现。采用微电子计算机进行控制，使机械的行驶性能、作业效率、安全性、舒适性等方面都有显著提高。在液压元件中封装电子器件和线路，即在液压件壳体内直接安装电子驱动线路，进行信号处理和存储。该技术不仅可以提高液压设备的可靠性、降低对管路的需求、减少压力损失、提高效率，而且可以节省安装空间、便于维护。

1.3 智能工程机械发展趋势及挑战

1.3.1 智能工程机械发展趋势

工程机械产业正在经历着广泛而深刻的变革，正逐步实现以智能技术为支撑的性能升级、以场景业务为导向的作业能力优化，并依托工业互联网平台，推动服务模式的深层次创新与转变。

1. 以智能技术为支撑的产品性能升级

工程机械的智能化转型与升级已成为传统工程机械制造行业的破题之举，正形成科研机构、大专院校、整机制造企业、零部件及系统集成商、软件开发机构、施工及承包企业相融合的智能化产品研发合作机制，并已取得阶段性科研成果。例如美国硅谷的初创公司 Built robotics 使用激光雷达、GPS、WiFi 等设备对推土机、挖掘机、装载机等传统工程机械进行智能化改造，工作人员仅需一台平板电脑即可控制工程机械完成各项施工任务。中建八局联合网易伏羲推出全球首台高原作业挖掘机，将 5G、数字孪生、智能感知、场景重建、自动化控制、低延时音频传输等技术迁移至实体挖掘机中，以应对恶劣高原环境下极低温、未知复杂地形等挑战。智能化技术与工程机械行业的深度融合不仅可以有效提升工程机械产品的核心性能指标，大幅优化作业效率，还可有效保障作业过程的安全性和稳定性，具有广阔的应用潜能与前瞻性价值。

2. 以场景业务为导向的作业能力优化

智能工程机械正逐渐形成以实际应用场景为核心的智能化施工体系，在土方作业、智慧矿山、港口作业、隧道施工、物流仓储等多元场景下的应用中取得进步。例如在高原、矿山、灾区、化工厂、垃圾处理区等多种恶劣或危险场景中，智能化施工技术的应用可有效降低人员暴露的危险。当前，针对多样化场景业务需求，已开发集成智能调度、交通规划、运行监控、资源调配、协同作业、应急救援、维护保养等多个环节的云端调度管理系统。美国卡特彼勒公司推出的无人驾驶矿卡项目在北美、南美和澳大利亚的矿场成功运营，安全运送的物料已超过12亿t，工作效率提升30%。中科慧拓自主研发的云端智能调度与管理系统，作为“统领智慧矿区无人化作业的云端大脑”，系统连接采矿作业中的各类机械设备到管控中心，具备出色的计算、规划、管理、调度、分析、统计能力。现阶段，通过以场景业务为导向的作业能力优化实现了在多元复杂环境下的安全、高效作业，并持续推动着行业从产品研发到施工管理到运维服务全生命周期的高质量发展。

3. 以工业平台为基础的服务模式再造

在工程机械产业集中度不断提升与企业国际化战略日益深化的趋势下，各大主机制造企业正借助工业互联网、物联网、5G通信、人工智能以及区块链等前沿技术，大力推动智能监控、设备租赁、维护保养、检测诊断、安全防护、远程作业管控等方面的深度应用研发，有力地驱动了工程机械行业的智能化进程。例如，徐工集团孵化的首个国内自主研发的工业互联网平台——徐工汉云5G工业互联网平台，致力于通过工业互联网技术为施工全过程赋能。三一树根提供的工业互联网平台和智能化解决方案，可实现设备远程监控、运维管理与数据分析，驱动行业的数字化转型和智能服务升级。美国联合租赁公司(United Rentals)搭建了涵盖多种智能工程机械的全方位租赁服务平台，通过数字化手段提供便捷高效的租赁解决方案，以满足多样化施工需求。目前，以工业互联网平台为基础的服务体系已形成智能化发展的新兴业态和应用模式，基本实现涵盖智能设计、智能施工、智能服务和智能监管等全价值链上的应用，有效支撑智能工程机械产业体系的发展。

1.3.2 智能工程机械的挑战与展望

随着城镇化建设的快速推进与深化，市场对智能工程机械的需求呈现出强劲的增长态势，在为智能工程机械行业带来重大发展机遇的同时，也提出了一系列亟待解决的严峻挑战。智能工程机械行业需要进一步提升关键技术水平，降低核心软硬件的依赖程度，构建统一且全面的标准化体系，并重视多机协同智能技术的发展，以提高工程机械的自动化水平和智能化程度、提升工程机械全生命周期的服务水平，为构建数字化、智能化的工程机械产业提供重要的支撑和保障。

1. 自主智能关键技术水平亟待提升

尽管人工智能、先进控制理论及精密传感等技术在智能工程机械的应用方面取得了一定进展，但在核心技术层面的发展仍有较大突破空间。诸如在自主导航、故障诊断预测以及大数据驱动的决策优化等领域存在一定的短板。另外，智能工程机械核心技术同多领域交叉技术的融合发展较为滞后，特别是在云计算、多模态、大模型、具身智能等前沿科技智能工程机械中的深度集成与应用方面，极大地限制了智能工程机械整体智能化水平的跃升。而先进的智能化技术有助于克服这一困境，例如打造适用于工程机械的智能控制系统，以提高工程机械设备的自动化水平和运行稳定性，降低人员操作的难度和风险。因此，应加快智能工程机械关键技术的研发工作，进一步融合信息化、自动化和人工智能技术，提升智能工程机械的全域环境感知、自主规划与决策、自适应优化控制、智能故障预测与优化维护能力。智能化关键技术的深度融合与应用将进一步推动工程机械行业朝着更加数字化、智能化的方向发展。

2. 核心软硬件技术对外依存度高

智能工程机械产业在关键软硬件技术研发上面临显著挑战，尤其是在高端施工软件、核心元器件以及高性能处理器等方面表现尤为突出。首先，尽管国内已在施工软件等自主研发上取得一定成果，但在功能复杂性、精确度和兼容性等方面尚存在不足，部分设备开发、仿真模拟与实时控制软件依赖国外引进或授权使用。其次，在诸如高精度传感器、高效能执行机构以及智能化控制器等核心元器件的研发制造上，仍与国际先进水平有一定差距，部分智能工程机械产品的性能指标、耐久性及环境适应性仍存在一定不足，技术成熟度有待提升。再次，智能工程机械的通用嵌入式计算芯片等高性能处理器的技术研发、工艺流程优化也与国际前沿有较大差距，导致部分智能工程机械的关键计算模块必须依赖进口。因此，智能工程机械行业亟需加强原始技术创新能力，以此为核心驱动力，提高自主研发能力和竞争力。同时，持续加大研发投入，瞄准高端软件开发的自主可控，推动核心元器件与高性能处理器的国产化进程，构建完整的智能工程机械产业链，以期在新一轮全球工业革命中占据领先地位，推动我国智能工程机械产业实现高水平自立自强和可持续发展。

3. 缺乏统一的标准体系

随着智能工程机械在各个领域的广泛应用，标准化建设已成为推动行业稳步前行的关键因素，相关标准的编制工作也随之提上日程。例如，国家市场监督管理总局、国家标准化管理委员会已发布了《土方及矿山机械自主和半自主机器系统安全》等国家标准，以推动行业规范化发展。然而，在实际执行中，现行的标准体系仍存在不足：覆盖的智能工程机械种类不够全面，尤其在新兴和交叉领域的产品标准制定方面尚不完善；技术细节上的标准统一性有待加强，如数据接口、通信协议等关键环节尚未形成一致规范。上述标准体系的局限性对智能工程机械行业的健康发展带来了挑战，包括限制了产品的互操作性和安全性，影响了产品质量控制、市场准入以及知识产权保护的有效实施。因此，应当进一步拓展和完善智能工程机械领域的标准体系建设，确保其紧跟技术创新步伐，适应市场需求，从而有力推动智能工程机械产业迈向更高水平的发展阶段。

4. 多机协同智能技术发展不够充分

随着智能工程机械的应用场景不断拓展，多机协同智能技术已成为抢占行业战略高地的关键要素。我国在 2017 年发布的《新一代人工智能发展规划》中，将多机协同智能列为重点发展方向和支撑“新基建”发展的重点技术领域。然而，当前多机协同系统在高动态、不确定、非结构化的真实施工作业环境中表现出了一定的局限性。例如，在复杂多变的矿区排土作业场景中，如何实现多台智能工程机械的路径、负载等多维目标的协同优化是一项关键挑战。此外，多机协同作业时面临的通用性弱、协同效率低、鲁棒性差等问题还未得到有效解决，相应的协同规划与调度技术的发展并不充分。鉴于此，亟需研发一套基于统一时空和语义基准的全域感知技术，以实现对复杂多域物理环境的精准感知，并通过整合实时分布式传感数据、设计自适应规划算法、结合指令意图推理与共融控制策略实现指令与规划间的深度协同优化，同时构建具有动态适应性和高鲁棒性的智能调度系统。这对于智能工程机械行业向多元化场景和复杂任务环境下的高层次智能化发展具有重要意义。

本章小结

本章阐述了智能工程机械的内涵和特点，分析了智能工程机械中涉及的关键技术，总结了智能工程机械产业的发展现状及其面临的挑战，展望了智能工程机械今后的发展趋势。

复习思考题

1. 智能工程机械的基本内涵是什么？
2. 智能工程机械的特点有哪些？
3. 智能工程机械关键技术有哪些？
4. 简述智能工程机械发展现状与挑战。
5. 简述智能工程机械未来发展方向。

2 土方机械及其智能化

知识图谱

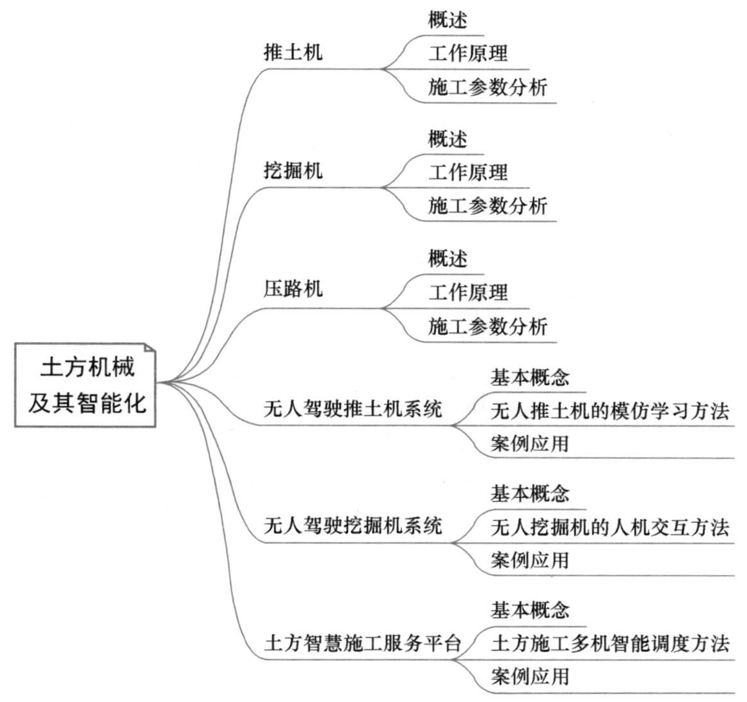

本章要点

知识点1. 工程机械的基本原理和施工关键参数。

知识点2. 无人工程机械系统的基本概念及建立方法。

知识点3. 土方智慧施工服务平台的概念与多机智能调度方法。

学习目标

（1）了解推土机、挖掘机、压路机的基本概念、工作原理，掌握关键施工参数的计算方法。

（2）了解无人驾驶推土机系统的基本概念及建立方法，掌握行为克隆、逆强化学习、生成式对抗模仿学习等关键知识点，具备在典型工程场景进行模仿学习模型构建的能力。

（3）了解无人驾驶挖掘机系统的基本概念及建立方法，掌握数字孪生、三维建模、云边协同等关键知识点，具备在典型工程场景进行分析计算的能力。

（4）了解土方智能施工服务平台的基本概念及建立方法，掌握基于NSGA-Ⅲ的多机静态调度方法和基于深度强化学习的多机动态调度方法，具备在典型工程场景进行分析计算的能力。

2.1 推土机

2.1.1 推土机概述

1. 推土机及其用途

推土机是配备有推土铲工作装置，通过机器向前运动进行切削、移动和铲平物料，或安装一个附属装置来施加推力或拉力的自行履带式或轮胎式机械。

推土机有着非常广泛的适用范围，在土方机械中非常常见，并且在土方施工中起着十分重要的作用，广泛应用于建筑、筑路、水利等土方工程，如图 2-1 所示。

图 2-1 推土机的应用场景

2. 推土机的类型

市场上的推土机型号规格有很多，其分类方法也有很多种，可按照传动方式、行走方式、推土板安装方式、发动机功率、用途来进行划分，如图 2-2 所示。

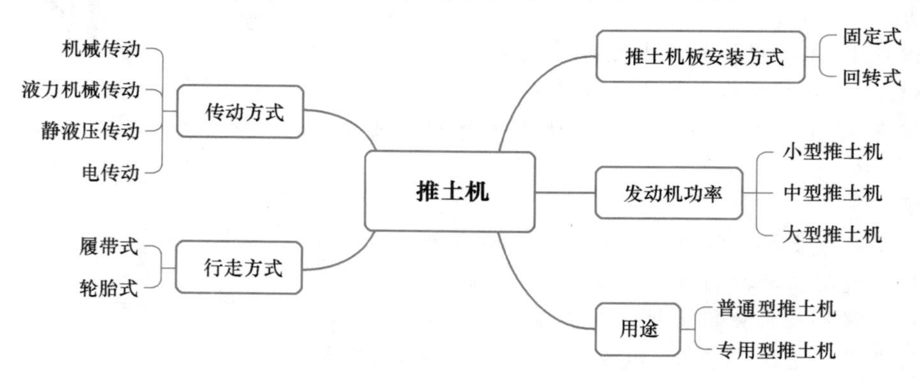

图 2-2 推土机类型

(1) 按照传动方式分类

推土机按照传动方式可以分为电传动、机械传动、液力机械传动和静液压传动，如图 2-3所示。

(2) 按照行走方式分类

推土机按照行走方式可以分为履带式和轮胎式，如图 2-4所示。

(3) 按照推土板安装方式分类

电传动式推土机

机械传动式推土机

液力机械传动式推土机

静液压传动式推土机

图 2-3 不同传动方式的推土机

轮式推土机

履带式推土机

图 2-4 不同行走方式的推土机

推土机按照推土板安装方式可以分为固定式和回转式。

（4）按照发动机功率分类

推土机按照发动机功率可以分为小型推土机、中型推土机和大型推土机。

（5）按照用途分类

推土机按照用途可以分为普通型推土机和专用型推土机。

3. 推土机发展现状

（1）国内发展概况

我国推土机工业起步较晚，在中华人民共和国成立后才开始，经历了初期以农用拖拉机加装推土装置作为推土机的萌芽时期，在 20 世纪 60 年代才开始生产以推土机专用动力基础车制造的推土机。以下依据山推的推土机发展来讲述这一段历史，如图 2-5 所示。

国内推土机自 2011 年以来的销量如图 2-6 所示，近些年中国推土机进（出）口量变化情况如图 2-7 所示，数据来源于中国工程机械协会。虽然我国推土机工业发展速度很快，形成了一定的生产规模，基本满足了国内需求，但我国与欧洲国家、美国、日本等推土机制造强国的差距依然存在。

1980年，第一代装配人第一次引进小松推土机技术进入国内

1981年，第一台山推D85A-18推土机

1986年，山推推土机在澳大利亚悉尼中国机械博览会展览

1990年，山推推土机累计销量破2000台，获批进出口自营权

1991年，国内最大的间歇式推土机总装线

1994年，一次性出口秘鲁180台推土机

图 2-5 山推的推土机发展初期

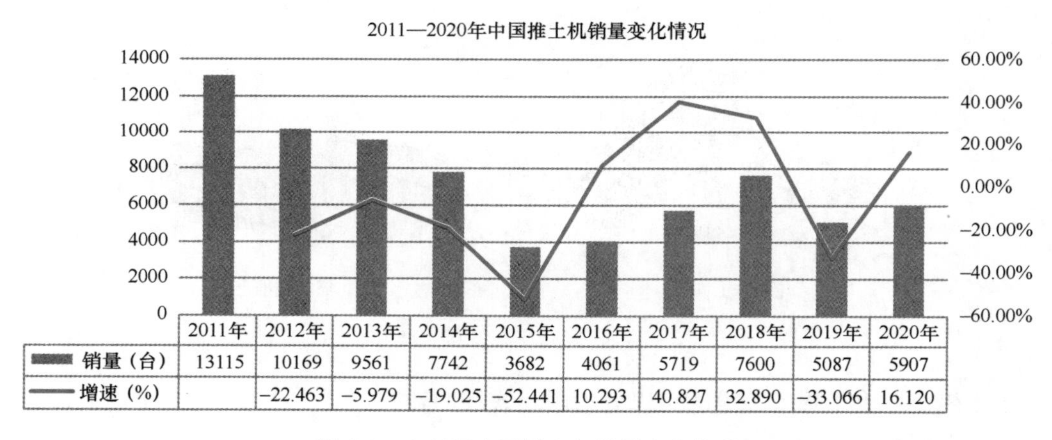

	2011年	2012年	2013年	2014年	2015年	2016年	2017年	2018年	2019年	2020年
销量（台）	13115	10169	9561	7742	3682	4061	5719	7600	5087	5907
增速（%）		-22.463	-5.979	-19.025	-52.441	10.293	40.827	32.890	-33.066	16.120

图 2-6 十年间中国推土机销量变化情况

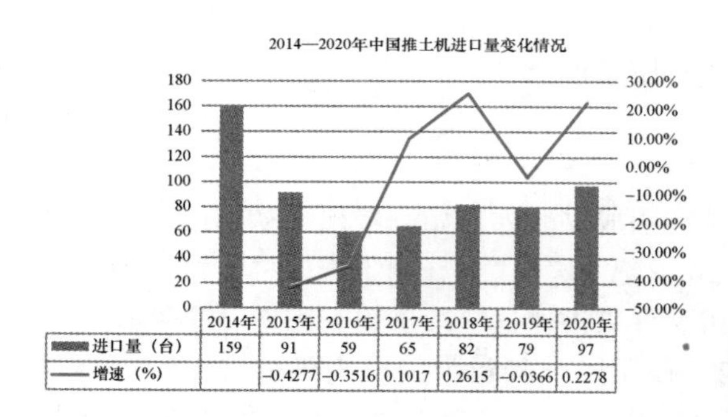

	2014年	2015年	2016年	2017年	2018年	2019年	2020年
进口量（台）	159	91	59	65	82	79	97
增速（%）		-0.4277	-0.3516	0.1017	0.2615	-0.0366	0.2278

	2014年	2015年	2016年	2017年	2018年	2019年	2020年
出口量（台）	3927	1951	1664	2782	2959	2534	2300
增速（%）		-0.5032	-0.1471	0.6719	0.0636	-0.1436	-0.0923

图 2-7 近些年中国推土机进（出）口量变化情况

（2）国外发展概况

经过近百年的发展，美国卡特彼勒公司、日本小松公司和德国利勃海尔公司已崭露头角，成为国际推土机行业的领军者。以这三家企业为代表的国际产品在大型推土机操纵系统方面已全面过渡到液压先导控制或电液控制。推土机驾驶室内部的内饰趋向铸塑成型，使其更具美观和舒适感，并普遍使用吸声降噪材料。功率较小的推土机则常采用多向铲结构的工作装置，并广泛应用全球定位与激光找平系统以实现更精确的作业。外观设计方面则更注重流线结构，逐渐摆脱了工程机械粗糙、笨重的印象。

（3）未来发展趋势

近年来，国内外先进推土机产品在电子信息技术的引领下采用了智能化电子监测系统和故障诊断系统，由微电脑控制。这些产品还整合了基于GPS/GIS、激光自动调平、超声波自动调平等精密推土技术及静液压传动技术、差速转向技术、CAN总线技术、发动机电控技术，以及计算机故障诊断系统、无人驾驶等一系列新技术。这一综合应用极大地提升了推土机的整体技术水平，推动推土机朝着智能化方向稳步发展。

2.1.2 推土机工作原理

1. 机械组成

一般铲土—运输机械都由基础车、工作装置及操纵系统三大部分组成。

推土机中履带式推土机应用最为广泛，因此主要介绍履带式推土机。履带式推土机主要由发动机、传动系统、制动系统、行走系统、液压系统、驾驶室、作业装置等组成。其中，和施工紧密相关的有传动系统、行走系统和作业装置，以下详细介绍这三部分。

（1）传动系统

传动系统包括发动机、变矩器、变速箱、中央传动、转向离合器、转向制动器及最终传动。

推土机传动系统动力传递途径为：发动机→液力变矩器→万向节→变速器→中央传动→转向离合器及转向制动器→最终传动→行走系统，如图2-8所示。

（2）行走系统

履带行走系统推土机的主要作用：将发动机传递的驱动转矩和旋转运动有效转化为工程机械的驱动力，以满足其工作和行驶的需求，并负责承受整机的重量。履带式推土机的行走装置主要包括驱动链轮、支重轮、托轮、引导轮（也称为张紧轮）、履带（通常称为“四轮一带”）、台车架（又被称为履带架或行走架）以及张紧装置等部件，具体结构如图2-9所示。

（3）作业装置

推土机的工作装置主要为推土铲，推土机的后部还可装备附属作业装置，如松土器（三齿松土器、单齿松土器）等。

推土铲是由铲刀和顶推架两部分构成的主要工作装置，安装在推土机的前端。在运输工况下，推土铲会被液压油缸提升；而在作业状态下，液压油缸会降低推土铲，使铲刀接触地面，从而实现向前推土或向后平整地面的功能。此外，当推土机需要进行牵引或拖拽其他机具作业时，推土铲可被拆卸。

推土板主要由曲面板和可卸式切削刃组成。切削刃用高强度耐磨材料制造，磨损后可

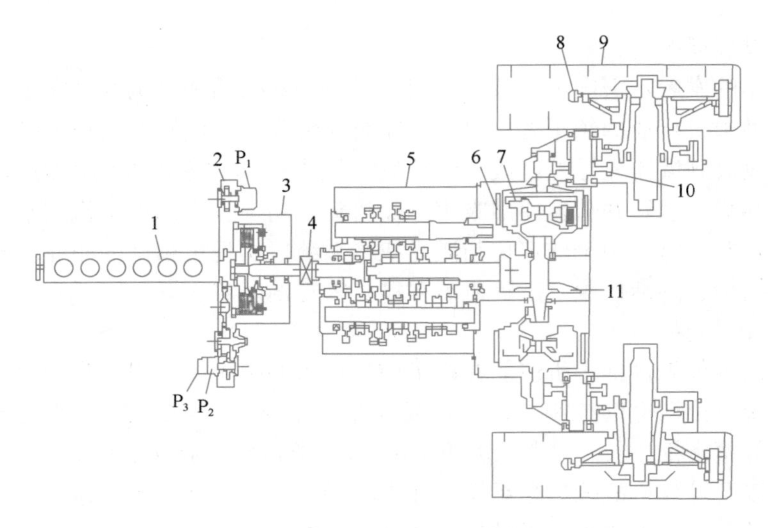

图 2-8 推土机传动系统简图

1—内燃机；2—出力装置；3—主离合器；4—万向节；5—机械换挡变速器；6—转向控制器；7—转向离合器；8—驱动链轮；9—履带总成；10—终传动；11—中央传动

（图片来源：赵丁选等．工程机械手册．铲土运输机械［M］．北京：清华大学出版社，2018）

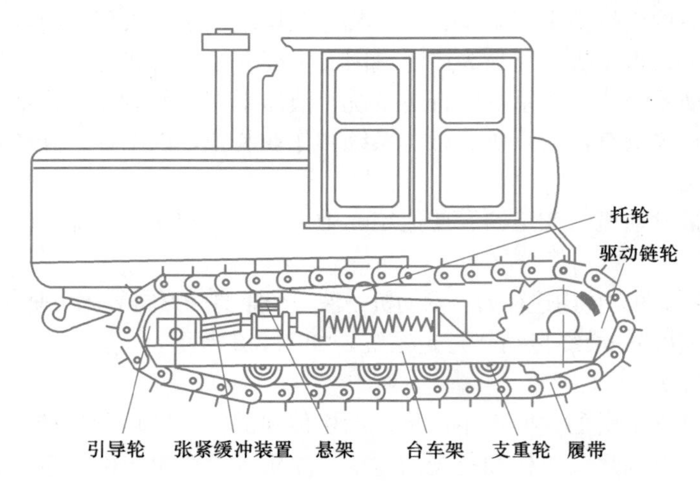

图 2-9 履带式行走系统构造图

（图片来源：赵丁选等．工程机械手册．铲土运输机械［M］．北京：清华大学出版社，2018）

进行更换。从开放式到封闭式，铲刀的承载力增加，耗用材料也增加。直线形铲刀弧度比较小，具有更大的切入深度与平整能力，适用于砂石、硬土等坚硬物料。U 形铲刀具有较大的弧度和侧板，容易保持物料，生产效率高。适用于疏松和低密度物料。

松土器是履带式推土机的一种主要附属工作装置。广泛用于凿裂硬土、黏土、软岩、黏结砾石的预松作业，以便推土机、铲运机进行推土和铲装作业，提高作业效率。

2. 运行原理

推土机的一个工作循环由铲土、运土、卸土和回程四道工序组成，如图 2-10 所示。

发动机的动力经过传动系统，驱动底盘车辆行驶；推土机作业时，推土铲切入土壤一定深度，对土壤边切削边推运，完成推土作业；推土到达指定地点后停止行驶，提升推土

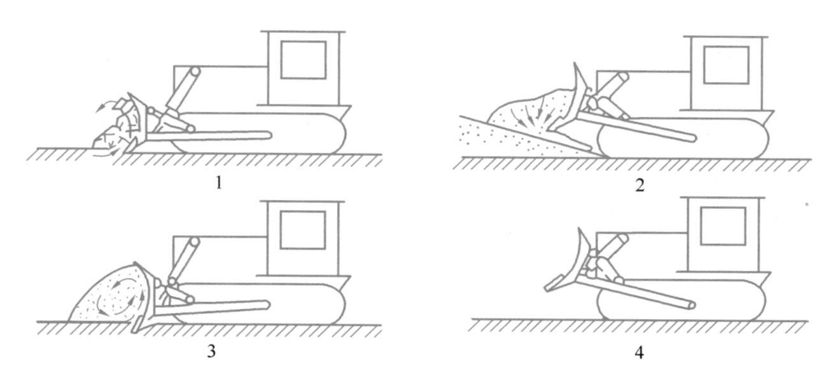

图 2-10 推土机的作业流程
1—铲土；2—运土；3—卸土；4—回程

铲，完成卸土作业；快速后退到铲土位置，完成返回；继续下一个工作循环。

2.1.3 推土机施工参数

1. 推土机选型

选择一款合适的推土机对于工程施工来说非常重要，将直接影响机器的使用效率、工程的进度及用户的效益。

（1）确定机器的功率档次

选择推土机应基于工程规模和机器功率的合理适用范围。在确定机器功率档次时，需要综合考虑工程土质状况和机器作业性质等因素。例如，在以沙土和岩石为主的土质环境中进行施工时，通常需要选择功率在 162kW（220 马力）以上的推土机。如果推土机在进行推铲作业的同时还需要频繁进行牵拉作业，就需要考虑机器的牵引力，并进行合理的权衡。

（2）了解各种推土机及其不同配置的特点及作业范围

在确定机器的功率档次后，需要根据工程施工的具体特点进一步选择适用于该功率档次的推土机的各种变型产品，并确认所需配置。当前，制造商提供了多种机型选择，除了标准型外，还有高原型、沙漠型、湿地型等类型。因此，首先需要充分了解推土机的作业对象、工作环境及工程要求等因素。

（3）综合考察合适的产品

在选择工业推土机时，需要综合考虑技术方面的选择并关注推土机的性价比。若仅为一个工程而选择性能高、造价昂贵的产品，却忽略了后续的使用费用，将导致资金浪费且无法充分发挥机器的使用效率，从而带来不必要的浪费。对于从事工程施工的企业而言，会对其施工成本管理带来较大的挑战。此外，用户还需考虑生产厂家的技术保养维修服务及配件供应情况，确保能够提供及时的服务和便捷的配件供应，在最短时间内解决施工机器故障，充分保障工程进度。

2. 推土机施工参数计算

（1）技术性能指标定义

履带式推土机的主要技术性能采纳数有工作幅宽、推土铲高度、铲土角、偏角、倾角、最大提升高度、提升时间、入土深度、生产率等。推土铲容量、生产率、小时耗油量等是推土机使用性能的主要指标。铲宽、铲土角、最大提升高度、提升时间等是推土机的主要技术指标。

工作幅宽：推土机工作时，推土铲的有效幅宽称为工作幅宽（W）。

推土铲高度：推土铲铲刀平面至其最高点处的垂直高度称为推土铲高度（H）。

推土铲容量：推土铲满铲时的积土量称为推土铲容量，为推土铲处于俯仰角的中间位置，切削刃置于基准平面时推土铲的标定容量，单位 m^3。推土铲容量V_S按照下式计算：

$$V_S = 0.8WH'^2 \tag{2-1}$$

式中 V_S——推土铲简化为一个平面时的标定容量；

W——推土铲宽度，不考虑刀角的推土铲两侧之间的距离；

H'——推土铲有效高度，等于推土铲投影面积除以宽度。

铲土角：铲刀与水平地面的夹角称为铲土角 α。

偏角：推土铲在水平面内的回转角称为偏角 φ。

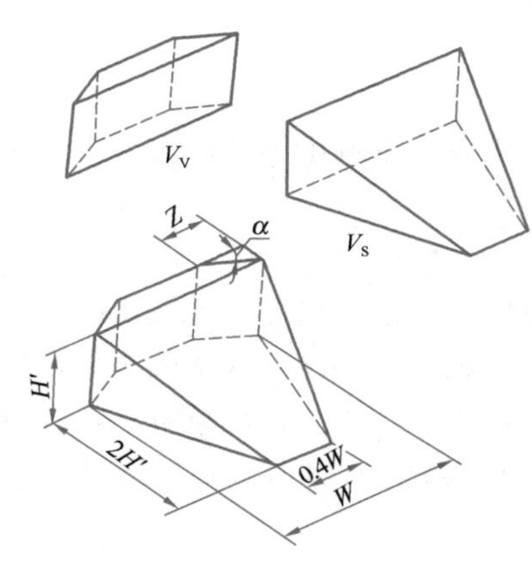

图 2-11 推土量计算示意图
（图片来源：赵丁选等．工程机械手册．铲土运输机械［M］．北京：清华大学出版社，2018）

倾角：在横向垂直面内，铲刀与水平面的夹角称为倾角 β。

提升时间：推土铲由最低工作面上升至最高提升所需时间。

（2）生产率计算

影响推土机生产率的因素有很多，也很复杂，它主要与推土机的总体性能、地面条件、驾驶员操纵熟练程度、施工组织等有关。

推土机生产率的计算可用每铲最大推土量 V_V、推土作业生产率 Q_t、平地作业生产率 Q_p 等计算。

1）每铲最大推土量 V_V

推土铲容量可看作棱台 V_V，将推土板简化为一个平面时计算推土量V_S，将推土板前土堆看作一个三角形棱柱体，如图 2-11 所示，按几何体积近似计算：

$$V_S = \frac{W(H'-h)^2}{2\tan\varphi_0}K_m \tag{2-2}$$

式中 V_S——推土铲简化为一个平面时的最大推土量，m^3；

W——推土铲宽度，不考虑刀角的推土铲两侧之间的距离，m；

H'——推土铲有效高度，等于推土铲投影面积除以宽度，m；

h——平均切土深度，m；

φ_0——土的自然坡度角，按照表 2-1 取值；

K_m——土的充盈系数，一般取 0.5～1.2。

由于 V_S 和 W、H'有关，国外在试验的基础上使用以下经验公式：

$$V_S = 0.86WH'^2 \tag{2-3}$$

或

$$V_S = WH'^2 \tag{2-4}$$

土的自然坡度角 表 2-1

状态	碎石	砾石	砂土			黏土		轻亚黏土	种植土
			粗砂	中砂	细砂	肥土	贫土		
干	35°	40°	30°	28°	25°	45°	50°	40°	40°
湿	45°	40°	32°	35°	30°	35°	40°	30°	30°
饱和	25°	35°	27°	25°	20°	15°	30°	20°	20°

2）推土作业生产率 Q_t

$$Q_t = \frac{3600 V_S K_t K_n K_y}{T} \tag{2-5}$$

式中 Q_t ——推土作业生产率，m^3/h；

K_t ——推土机作业时间利用系数，一般取为 0.85～0.90；

K_n ——铲刀土量损漏系数，取决于运土距离 l_2，$K_n=1\sim0.005\,l_2$；

K_y ——坡度作业影响系数，按表 2-2 选择；

T——一个推土周期循环时间，s。

$$T = \frac{l_1}{v_1} + \frac{l_2}{v_2} + \frac{l_1 + l_2}{v_4} + 2t_5 + t_6 + t_7 \tag{2-6}$$

式中 l_1 ——切土距离，m，一般取为 6～10m；

l_2 ——运土距离，m；

v_1、v_2、v_3 ——分别为切土、运土、返回速度，m/s；

t_5 ——推土机调头时间，s，一般取为 10s；

t_6 ——换挡时间（s），推土机采用不掉头的作业方法时，须在开行路线两头停下来换挡即起步，一般取为 4～5s；

t_7 ——放下推土板（下刀）的时间，一般为 1～2s。

坡度作业影响系数 表 2-2

坡度	上坡			下坡		
	0～5%	5%～10%	10%～15%	0～5%	5%～10%	10%～15%
K_y	1.00～0.67	0.67～0.50	0.50～0.40	1.00～1.33	1.33～1.94	1.94～2.25

3）平地作业生产率 Q_p

$$Q_p = \frac{3600L(W\sin\varphi - d)K_t}{n\left(\frac{L}{v} + t_5\right)} \tag{2-7}$$

式中 Q_p——平地作业生产率，m^3/h；

L ——平整地段长度，m；

W ——推土板长度，m；

n ——在同一地点上的重复平整次数（次），通常为 1～2 次；

v ——推土机运行速度（m/s），宜取 0.8～1.0m/s；

d ——两相邻平整地段重叠部分宽度，d=0.3～0.5m；

φ——推土板水平回转角度（°）;

K_t——时间利用系数，一般取为 0.85～0.90；

t_5——推土机采用掉头作业方法的转向时间 t_5 =10s，采用不掉头作业时，t_5 =0。

（3）工作产值计算

理想产值（单位：m^3/h）基于以下条件：100%效率；动力换档机器；液压控制叶片；基于 1363.74kg/ m^3（松土体积）情况下的土壤密度；有效工作时长每小时 60 分钟。

【例 2-1】履带式 D7G 推土机（直铲型）移动一块 5120m^3（实土体积）的土块 45m 需要多长时间？（修正系数－2%，干黏土松土体积 1156.22kg/m^3，中等技能操作员，有效工作每小时 50 分钟，计算结果保留两位小数）

【解】

（1）查附录 1 附图 1-1 确定理想产值，找到 D7G 推土机直铲对应的曲线。在底部水平刻度上找到距离，垂直读取 45m 与 D7G 曲线相交点。在左垂直刻度上读取生产率为 245m^3/ h（此时为松土体积情况下的数据）。

（2）查附录 1 附图 1-2 修正系数，找到坡度－2%时的修正系数。在底部水平刻度上找到坡度百分比。垂直向上读并与曲线相交。读取左垂直刻度上的修正值为 1.07。

（3）计算物料重量修正系数：

$$物料重量修正=\frac{1363.74\text{（标准）}}{实际材料单位重量}$$

在 1156.22kg/m^3松土体积情况下，材料重量修正为物料重量$=\frac{1363.74}{1156.22}=1.18$

（4）操作员中等技能修正系数，取普通履带式推土机操作员技能=0.75。

（5）材料类型修正系数：

干黏土材料类型修正系数为 1.00。

（6）计算效率系数：

$$效率系数=\frac{实际工作时间\text{（min）}}{60}$$

由题可知工作效率为 50 分钟每小时，效率系数$=\frac{50}{60}=0.83$。

（7）计算实际产值：

$$产值 = 理想产值\times效率系数$$

$$计算修正系数的乘积=1.07\times1.18\times0.75\times1.00\times0.83=0.79$$

$$产量\text{（松土体积情况下）} = 245\times0.79=193.55m^3$$

（8）材料转换（如需要）：

由题可知为干黏土，需要将松土体积转换为实土体积，乘膨胀系数 0.74。

产值 = 193.55×0.74≈143.23m^3/h

（9）确定最终施工所需时间：$\frac{5120}{143.23}=35.75h$

最终施工所需时间为 35.75h。

2.2 挖掘机

2.2.1 挖掘机概述

1. 挖掘机及其用途

挖掘机是工程机械的一个主要机种，是土石方工程中的主要施工机械设备之一。据有关资料报道，世界上各种土方工程约有65%～70%的土方量由挖掘机来完成。挖掘机是用铲斗挖掘高于或低于承机面的物料，并装入运输车辆或卸至堆料场的土方机械，挖掘的物料主要是土壤、煤、泥沙以及经过预松后的岩石，图 2-12 为大型挖掘机。

图 2-12 大型挖掘机

挖掘机可完成挖掘、装车、平整、刷坡、开沟等作业，在某些情况下更换工作装置和机具后还可以进行破碎、装卸、起重、打桩等作业任务，取代推土机、装载机、起重机。

2. 挖掘机的类型

市场上的挖掘机型号规格有很多，不同的厂家有不同的规格，其分类方法也有很多种，可按照规模大小、驱动式、行走方式、传动方式、用途、铲斗数量、工作装置来进行划分，如图 2-13 所示。

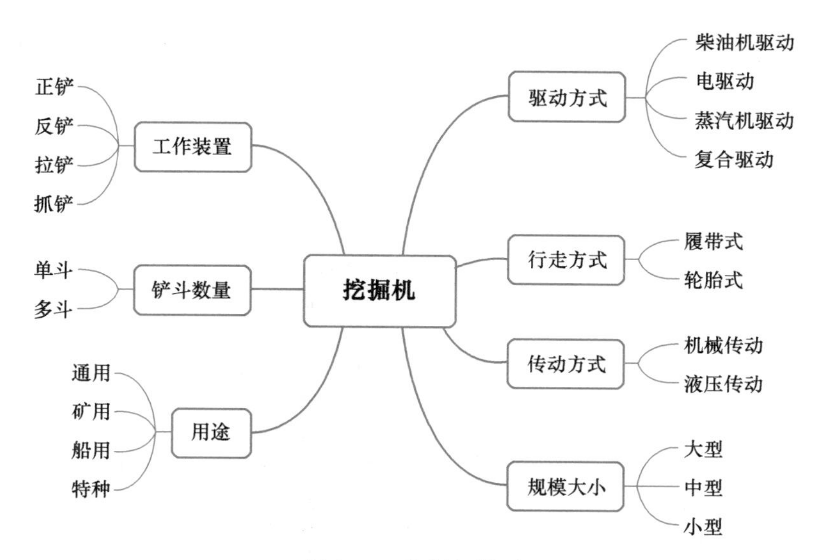

图 2-13 挖掘机类型

(1) 按照规模大小分类

挖掘机按照规模大小可分为大型挖掘机、中型挖掘机和小型挖掘机。

(2) 按照驱动方式分类

常见的挖掘机驱动方式有柴油机驱动、电驱动（称电铲)、蒸汽机驱动、复合驱动等。

(3) 按照行走方式分类

常见的挖掘机行走方式有履带式、轮胎式两种，如图 2-14 所示。此外，还有汽车式、步行式、轨道式、浮式等。

图 2-14　履带式挖掘机（左）和轮胎式挖掘机（右）

(4) 按照传动方式分类

挖掘机按照传动方式可分为液压传动挖掘机和机械传动挖掘机。

(5) 按照用途分类

挖掘机按照用途可分为通用挖掘机、矿用挖掘机、船用挖掘机、特种挖掘机等不同的类型。

(6) 按照铲斗数量分类

挖掘机按照铲斗数量可分为单斗挖掘机和多斗挖掘机。其中多斗挖掘机又包含链斗式、轮斗式等类型，图 2-15 为多斗挖掘机中的挖掘装载机。

图 2-15　挖掘装载机

（7）按照工作装置分类

挖掘机按照工作装置可以分为正铲挖掘机、反铲挖掘机、拉铲挖掘机、抓铲挖掘机等。图 2-16 为液压式单斗挖掘机工作装置主要形式，其中正铲挖掘机多用于挖掘地表以上的物料，反铲挖掘机多用于挖掘地表以下的物料。反铲挖掘机是生活中最常见的一种挖掘机，可以用于停机作业面以下的挖掘。

(a)　(b)　(c)　(d)

图 2-16　液压式单斗挖掘机工作装置主要形式

（a）反铲挖掘机；（b）正铲挖掘机；（c）抓铲挖掘机；（d）拉铲挖掘机

3. 挖掘机发展现状

（1）国内发展概况

我国挖掘机的生产起步较晚，在中华人民共和国成立初期，主要以测绘仿制苏联二十世纪三四十年代的机械式单斗挖掘机为主。1954 年我国第一台机械式挖掘机在抚顺矿务局机电厂试制成功，1963 年我国第一台履带式液压挖掘机在抚顺挖掘机制造厂诞生。随着改革开放的开始，我国大力发展经济，推动了基础设施建设，给国产工程机械品牌提供了一个良好的成长环境。

据中国工程机械工业协会对我国 25 家挖掘机制造企业统计，2021 年全年共计销售各类挖掘机械产品 342784 台，同比增长 4.63%。其中，国内市场销量 274357 台，较 2020 年同比下降 6.32%；出口销量 68427 台，如图 2-17 所示。

从国内挖掘机产品市场结构来看，2019 年国内挖掘机市场小型、中型、大型销量分别为 127562 台、51560 台、29955 台，占比分别为 61.01%、24.66%、14.33%，如图 2-18所示。

经过多年发展，国产挖掘机型号更加齐全、质量也有很大提升、售后服务更加完善，

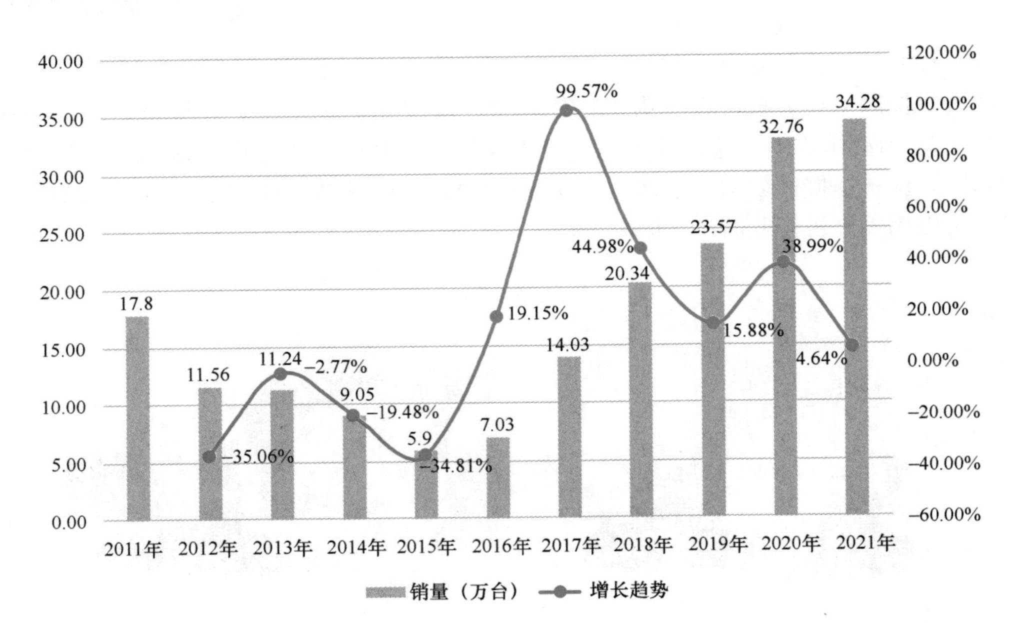

图 2-17　2011—2021 年中国挖掘机销量及增长趋势（单位：万台，%）
（数据来源：中国工程机械工业协会）

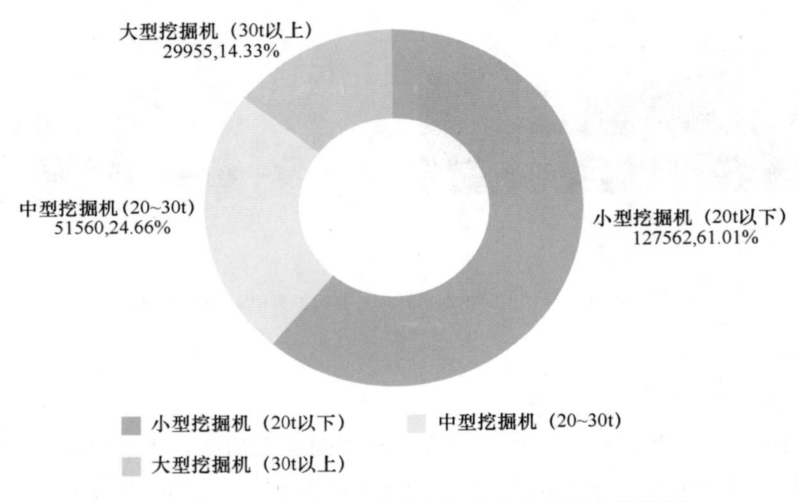

图 2-18　2019 年中国国内挖掘机产品市场竞争结构图
（数据来源：中国工程机械工业协会）

国产挖掘机品牌市场份额逐渐提升。根据中国工程机械工业协会数据显示，2019 年国产挖掘机品牌销量市场占有率高达 62.2%，居于首位；而日系、欧美和韩系品牌分别为 11.7%、15.7%和 10.4%，如图 2-19 所示。

从我国主要工程机械产品的销量来看，挖掘机为工程机械中的明星产品，占据我国工程机械主要产品销量市场的半数份额以上，拥有市场绝对主流地位，如图 2-20 所示。

随着我国基建工程、交通建设等工程的开工，对挖掘机的需求量会持续增加。根据往年挖掘机销量以及“十四五”规划中提到的我国工程建设情况来看，未来我国挖掘机的销量将以每年 15%的增速增长，到 2026 年我国的挖掘机销量约能达到 76 万台。

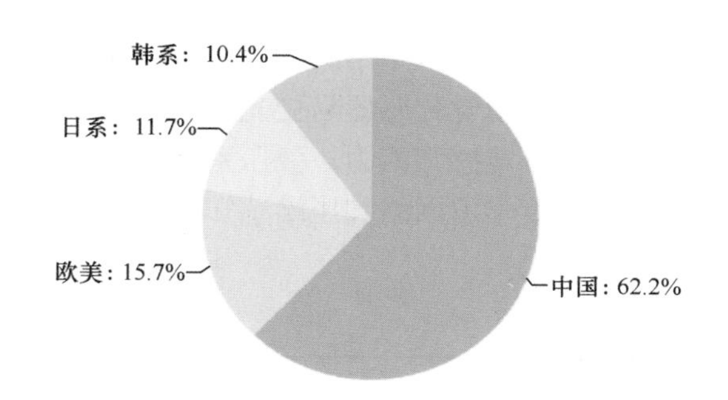

图 2-19 2019 年中国挖掘机品牌市场结构（单位：%）
（数据来源：中国工程机械工业协会）

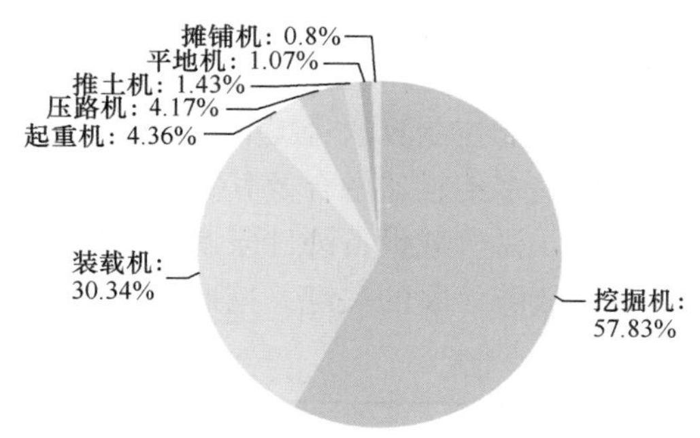

图 2-20 2019 年我国主要工程机械销量产品结构（单位：%）
（数据来源：中国工程机械工业协会）

（2）国外发展概况

1835 年美国费城的铁路工程承包商威廉·奥蒂斯（William Otis）制造出第一台蒸汽机驱动的机械单斗挖掘机，如图 2-21 所示，也被称为蒸汽铲。

图 2-21 蒸汽机驱动的机械单斗挖掘机（蒸汽铲）
（图片来源：何周雄等．工程机械手册．挖掘机械［M］．北京：清华大学出版社，2018）

国外液压挖掘机的研发始于 20 世纪 50 年代。随着液压传动技术的快速发展，到 20 世纪 80 年代，传动方式从半液压逐渐演变为全液压。液压挖掘机也经历了从半机械半液压到全液压的发展历程。目前，液压挖掘机已经占据全球挖掘机保有量的 95%以上，应用范围从最初的土方工程和道路建设逐渐扩展到多个领域。

（3）未来发展趋势

目前，挖掘机的智能化也在如火如荼地开展，智能化挖掘机是传统挖掘机与人工智能、自动控制和信息物理网络等技术深度融合的产物。相对于传统挖掘机，其拥有更高的功率利用率及作业精度，集远程作业、环境感知、智能诊断为一体，在抗震救灾、太空及水下作业等领域都有广阔的应用前景。然而，挖掘机液压系统具有强非线性、流量耦合、时变等特点，而工作装置又存在动力学耦合和负载不确定性，结构简单、参数依赖度低、高精度的智能控制算法将提高挖掘机自主作业精度；由于视觉传感器易受光照、气象条件影响，研究多传感器融合及其智能算法将提升挖掘机的环境感知能力；液压系统故障模式隐藏性高，受机载设备硬件限制，探索非冗余小规模深度学习网络和压缩感知技术是实现在线智能故障诊断的关键。挖掘机发展趋势见表 2-3。

挖掘机发展趋势 表 2-3

趋势	具体分析
多品种、多功能趋势	未来我国挖掘机发展将会朝着起重、抓斗、平坡斗、破碎锤等多功能为一体的趋势发展
智能化操作趋势	随着 5G 技术的发展，未来挖掘机操纵方式或将朝着智能化、自动化趋势发展，利用现代计算机进行远程操纵、无线电遥控、电子计算机综合程序控制等
节能化趋势	未来我国挖掘机发展将顺应我国环保化趋势，利用液压回路连接的功率控制系统，利用精密模式选择系统，减少燃油、发动机功率和液压功率的消耗，达到节能减排的效果

百度机器人与自动驾驶实验室和美国马里兰大学帕克分校的研究人员，发布了一项自动挖掘机系统（AES），如图 2-22 所示，该系统能让挖掘机在无人操控的情况下，自动进行物料转载作业。

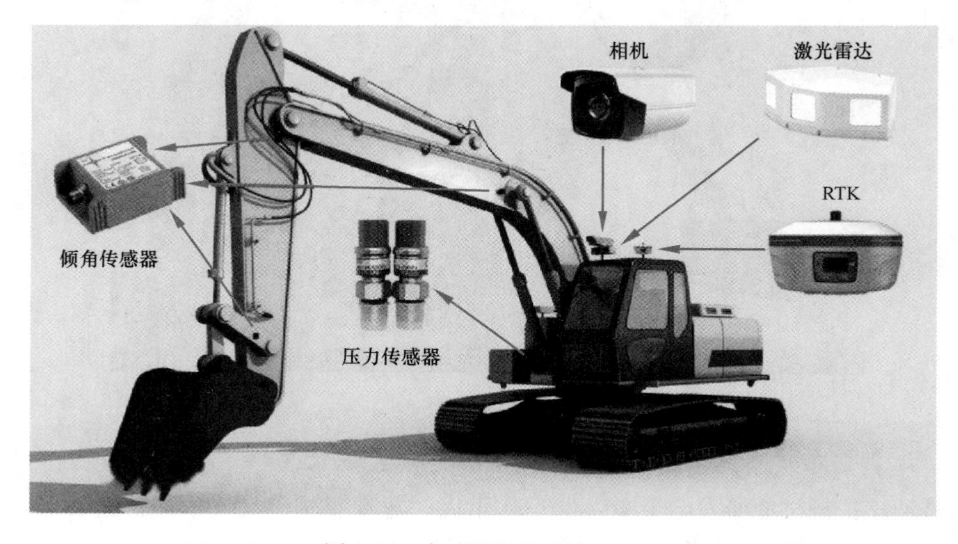

图 2-22 自动挖掘机系统 AES

2.2.2 挖掘机工作原理

1. 机械组成

履带式液压挖掘机主要有三大功能结构：工作装置、行走装置和上部机构，如图 2-23、图 2-24 所示。

工作装置
上部机构
行走装置
工作装置
上部机构
行走装置

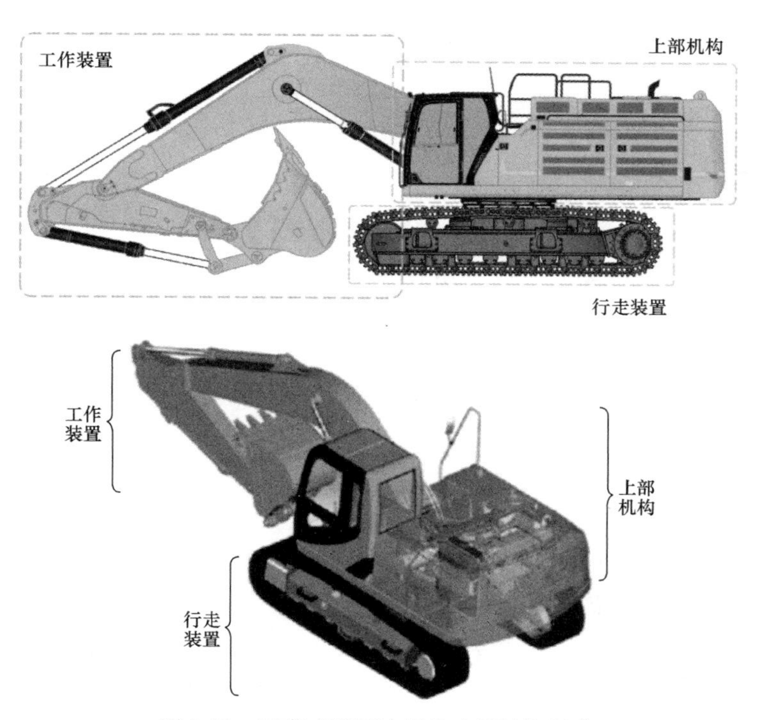

图 2-23 履带式液压挖掘机功能结构组成

（图片来源：何周雄等．工程机械手册．挖掘机械［M］．北京：清华大学出版社，2018）

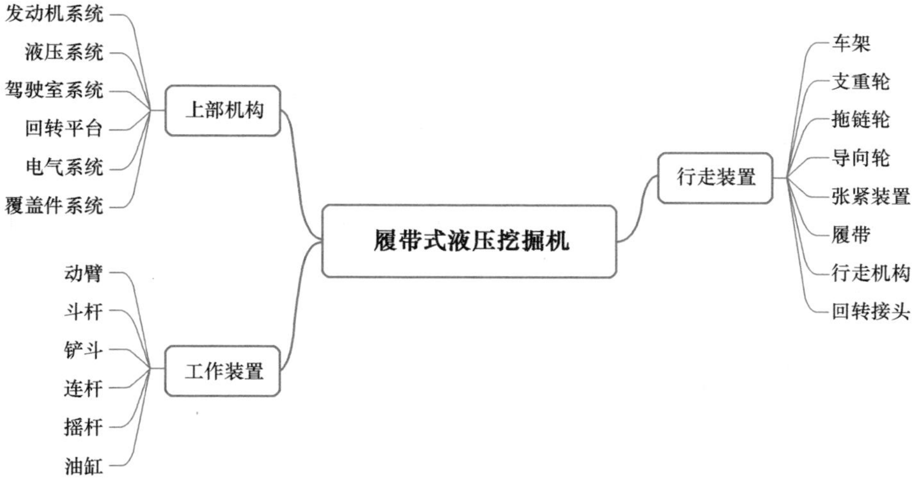

履带式液压挖掘机
上部机构
发动机系统
液压系统
驾驶室系统
回转平台
电气系统
覆盖件系统
工作装置
动臂
斗杆
铲斗
连杆
摇杆
油缸
行走装置
车架
支重轮
拖链轮
导向轮
张紧装置
履带
行走机构
回转接头

图 2-24 履带式液压挖掘机机械组成

（1）工作装置

工作装置是挖掘机直接作用于施工对象、完成施工作业的重要功能结构部分，可以通过更换多种工作装置极大地拓展挖掘机的应用。工作装置由动臂、斗杆、铲斗、连杆、摇杆、油缸等组成。

（2）行走装置

行走装置是挖掘机的支撑部分，它承受机器的自重及工作装置挖掘时的反力，同时能使挖掘机在工作场内移动。行走装置由车架、支重轮、拖链轮、导向轮、张紧装置、履带、行走机构、回转接头等组成。

（3）上部机构

上部机构是连接工作装置及行走装置的重要结构，为工作装置及行走装置输出动力源并对其进行控制，并为挖掘机驾驶员提供舒适的操控平台，是挖掘机的核心组成部分。它由发动机系统、液压系统、驾驶室系统、回转平台、电气系统、覆盖件系统等组成。

2. 运行原理

履带式液压挖掘机的工作过程是：斗杆和铲斗打开至工作角度，动臂下降，利用液压力使铲斗斗齿切入所挖掘物料中进行挖掘；然后动臂上升，回转到达卸载位置，铲斗打开进行卸载；最后回转至初始位置，斗杆伸出、动臂下降，准备下一次挖掘。履带式液压单斗挖掘机的工作原理如图 2-25 所示。

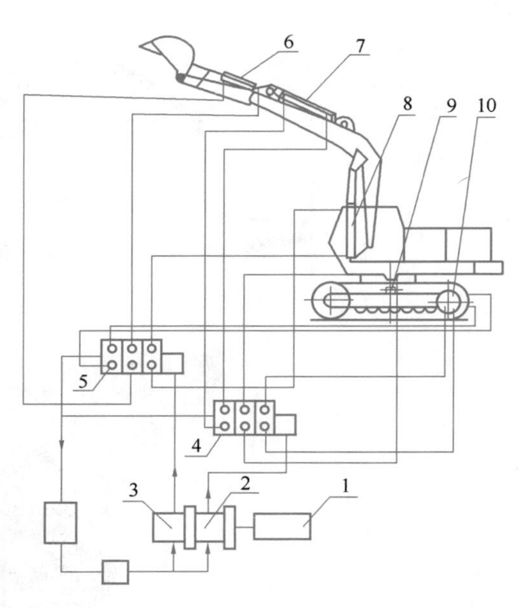

图 2-25 履带式液压单斗挖掘机工作原理示意图

1—柴油机；2—右主泵；3—左主泵；4—右分配阀；5—左分配阀；6—铲斗油缸；7—斗杆油缸；8—动臂油缸；9—回转马达；10—行走马达

（图片来源：何周雄等．工程机械手册．挖掘机械［M］．北京：清华大学出版社，2018）

2.2.3 挖掘机施工参数

1. 挖掘机选型

挖掘机一般根据作业工况和施工的流动性来选择，作业工况和施工的流动性直接影响挖掘机行走结构和工作装置的选择。

（1）行走部分选型

履带式挖掘机具有广泛的应用范围，其特点包括强大的牵引力、较低的接地比压、出色的稳定性以及良好的越野性能和爬坡性能。因此，履带式挖掘机相对适合在复杂环境下进行施工。

（2）工作装置部分选型

通常情况下，挖掘机的工作装置由动臂、斗杆、铲斗以及相应的油缸和液压管路组成。由于挖掘机的工作装置部分更换相对方便，因此可以根据不同的工作场合灵活更换相应的工作装置，以满足各种使用需求。

（3）根据工程单位自身情况选型

1）工程规模。大规模土石方工程和中大型露天矿山工程的挖掘机选购需要由设计院或相关专家进行分析，考虑投资规模和配套设备等多方面因素，以确定规格、型号和数量。而对于一般的中小型工程，例如道路维修和农田水利工程，选择普通型号的挖掘机即可满足要求。

2）工程配套情况。需要充分考虑挖掘机与自身现有设备的匹配性，这包括挖掘机的作业效率与现有设备的作业效率之间的匹配。更多可见附表 2-1，以柳工挖掘机为例，介绍各吨位级产品适合的工况。

2. 挖掘机规格

（1）基本参数

作为施工设备，挖掘机的关注点主要集中在生产率、燃油消耗、可靠性、耐久性、维修性以及舒适性等方面。这些性能直接与一系列基本参数关联，包括但不限于操作重量、发动机功率、斗容、挖掘力、液压系统最大流量工作范围、运输尺寸、回转速度和回转力矩、行走速度和行走牵引力、爬坡能力、接地比压、提升能力、噪声以及生产效率。

1）操作重量

挖掘机的操作重量是三个主要参数（操作重量、发动机功率、斗容）之一，它不仅决定了挖掘机的级别，还规定了挖掘机挖掘力的最大限度。这是因为操作重量直接影响整机的摩擦力，而整机的挖掘力不能超过这个摩擦力，否则挖掘机就会发生打滑现象。在反铲情况下，挖掘机会被向前拉动，这是非常危险的；而在正铲情况下，挖掘机则可能被向后推动，同样存在危险。因此，挖掘力与操作重量有如下关系：

$$挖掘力 \leqslant \mu \times 操作重量 \tag{2-8}$$

式中，μ 为地面和履带间的附着力系数。

挖掘机重量有三种描述。其中，操作重量是指带标准工作装置，包含司机加满燃油的重量；运输重量是指不含司机，含 10%燃油时的重量；主机重量是指挖掘机不含工作装置时的重量。

2）发动机功率

发动机功率是挖掘机 3 个主要参数之一。它有两种描述形式：

① 总功率（ISO 14396；SAE J1995）：指发动机仅装有运行所必需的消耗功率附件，然后在发动机飞轮上测得的输出功率。

② 净功率（ISO 9249；SAE J1349）：指发动机装有全部消耗功率附件，然后在飞轮上测得的输出功率。

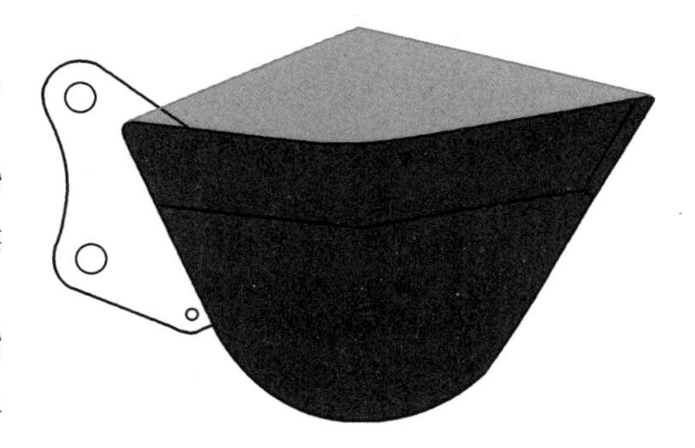

图 2-26 铲斗容量标定

（黑色为平装斗容，灰色为堆装斗容）

3）铲斗容量

铲斗容量简称斗容，是挖掘机 3 个主要参数之一。它一般分为堆装容量和平装容量两种计算标准，如图 2-26 所示。

① SAE、PCSA、ISO、GB 标准：物料 1∶1 堆装，如图 2-27 所示。

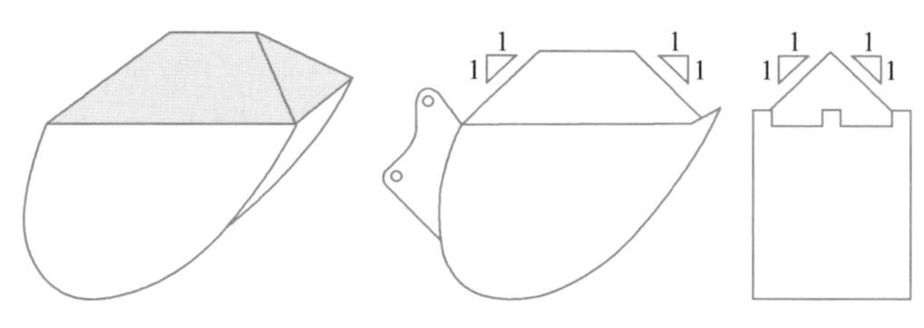

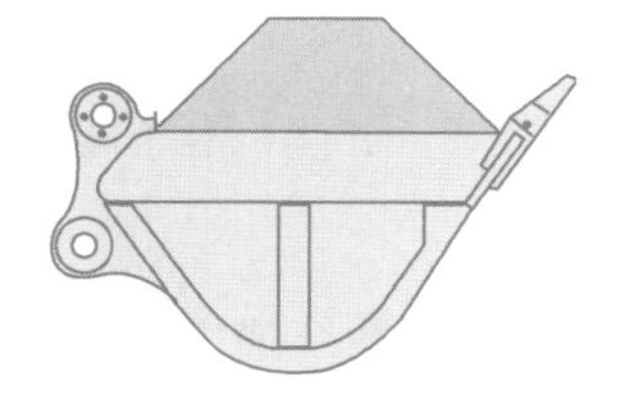

图 2-27 物料 1∶1 堆装

（图片来源：何周雄等．工程机械手册．挖掘机械［M］．北京：清华大学出版社，2018）

② CECE（Committee on European Construction Equipment）标准：物料 1∶2 堆装，如图 2-28 所示。

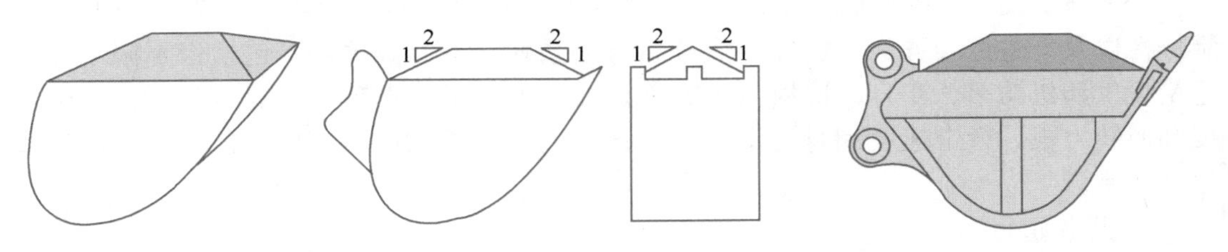

图 2-28 物料 1∶2 堆装

（图片来源：何周雄等．工程机械手册．挖掘机械［M］．北京：清华大学出版社，2018）

4）挖掘力

挖掘力体现了挖掘机破土的能力，只有实际挖掘力大于挖掘阻力才能完成挖掘。挖掘力分为斗杆挖掘力和铲斗挖掘力，两种挖掘力的动力不同：斗杆挖掘力来自斗杆液压缸，铲斗挖掘力来自铲斗液压缸，如图 2-29 所示。

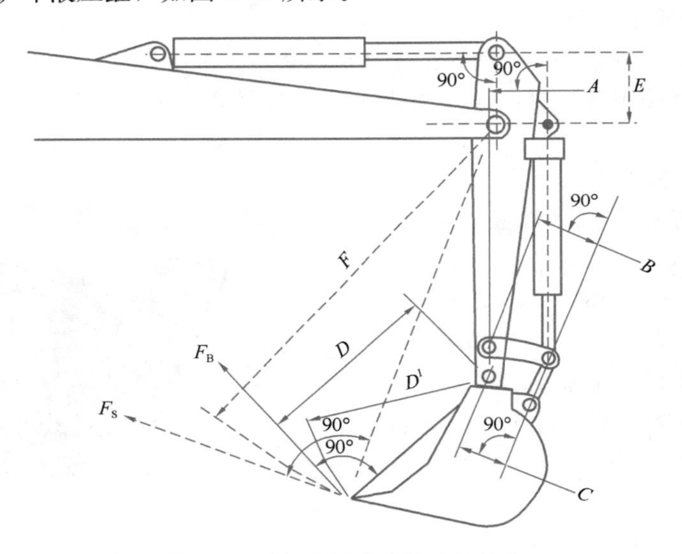

图 2-29 斗杆挖掘力和铲斗挖掘力

$$F_B = \text{由于铲斗油缸产生的斗齿径向力} = \frac{\text{铲斗油缸力}}{\text{力臂 } D} \times \frac{\text{力臂 } A \times \text{力臂 } C}{\text{力臂 } B} \quad (2\text{-}9)$$

$$\text{油缸力} = \text{压力} \times \text{缸盖端面面积} \quad (2\text{-}10)$$

$$\text{力臂 } D = \text{铲斗齿间半径} \quad (2\text{-}11)$$

$$F_S = \text{由于斗杆油缸产生的斗齿径向力} = \frac{\text{斗杆油缸力} \times \text{力臂 } E}{\text{力臂 } F} \quad (2\text{-}12)$$

$$\text{力臂 } F = \text{铲斗齿间半径} + \text{斗杆长度} \quad (2\text{-}13)$$

5）液压系统最大流量

液压系统最大流量是指挖掘机主泵在最大工作转速、零负载、零泄漏的条件下，所能提供的最大液压油的流量，以 L/min 为单位。液压系统最大流量在一定程度上会影响整机的动作速度和操控性。

6）工作范围

工作范围即工作装置所能伸展到的空间位置。工作范围主要有以下几个参数：最大挖掘半径、最大地面挖掘半径、最大挖掘深度、最大挖掘深度（2.5m 水平）、最大垂直挖掘深度、最大挖掘高度、最大卸载高度、最小回转半径，如图 2-30 所示。各数据的原点为停机地面和回转中心的交点。

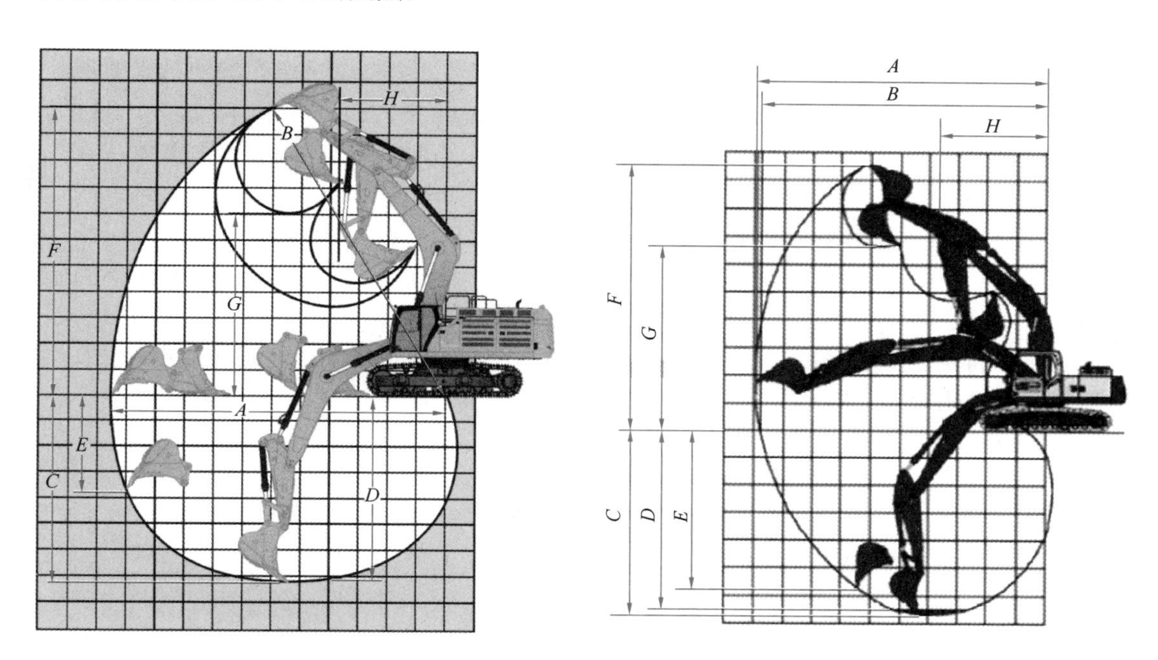

图 2-30　工作范围图

A—最大挖掘半径；B—最大地面挖掘半径；C—最大挖掘深度；D—最大挖掘深度（2.5m 水平）；E—最大垂直挖掘深度；F—最大挖掘高度；G—最大卸载高度；H—最小回转半径

（图片来源：何周雄等．工程机械手册．挖掘机械［M］．北京．清华大学出版社，2018）

① 最大挖掘半径：挖掘机工作装置全部伸出，斗齿尖所能到达的离回转中心最远的尺寸。

② 最大地面挖掘半径：挖掘机工作装置所能伸到地面上距离回转中心的最远尺寸。

③ 最大挖掘深度：挖掘机工作装置所能伸到地面以下最深的位置。

④ 最大挖掘深度（2.5m 水平）：工作装置伸到地面以下，操作动臂斗杆，保证能使斗齿尖挖掘出一条 2.5m 水平直线所能到达的最深位置。

⑤ 最大垂直挖掘深度：挖掘机在前端挖掘一竖直的坑壁所能挖掘的最大深度。

⑥ 最大挖掘高度：挖掘机斗齿尖所能挖掘到的最高位置。

⑦ 最大卸载高度：挖掘机铲斗能成功实现卸料的最大高度。

⑧ 最小回转半径：挖掘机在工作时能够实现的最小回转半径。

7）质斗比

质斗比指挖掘机的质量与斗容量之比，常以 kg/m^3 或 t/m^3 为单位。这个数值在某种程度上可以反映挖掘机的作业效率和经济性。具体而言，在相同机重和作业条件下，较低的质斗比值意味着挖掘机的生产效率更高、经济性更好。然而，要进行不同挖掘机参数的比较应当在结构形式完全或基本相同的前提下进行。

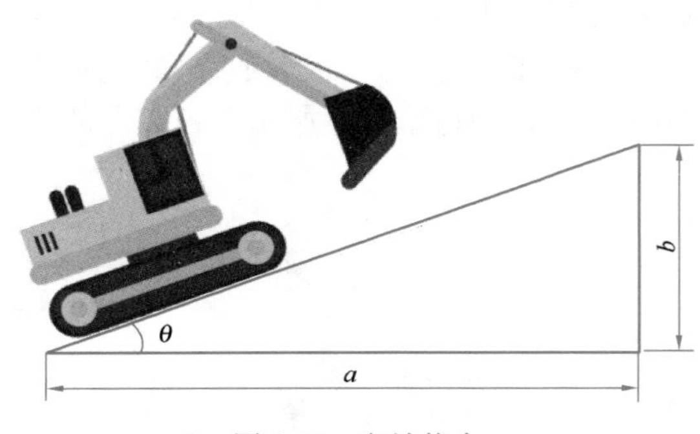

图 2-31 爬坡能力

（图片来源：何周雄等．工程机械手册．挖掘机械［M］. 北京：清华大学出版社，2018）

8）最大牵引力

最大牵引力指行走装置尤其是指履带所能发出的驱动整机行走的最大力，单位为 kN。

9）爬坡能力

爬坡能力指挖掘机在坡上行走时所能克服的最大坡度，单位为°或%。目前，履带式液压挖掘机的爬坡能力多数在 35°/70%，如图 2-31 所示。

（2）主要技术参数

履带式液压挖掘机的主要技术参数包括质量、功率、斗容、最大挖高、最大挖深、最大挖掘半径、斗杆挖掘力、铲斗挖掘力、回转速度、行走速度等。目前，国内制造销售的几家液压挖掘机生产厂家的主要产品技术参数如附录 2 附表 2-2 所示。

3. 挖掘机施工参数计算

（1）铲斗容量尺寸（用松土体积计量）

许多不同尺寸的铲斗都可以适用于同一台机械。铲斗的堆料能力额定值假定为 1∶1 的物料角，如图 2-32 所示。

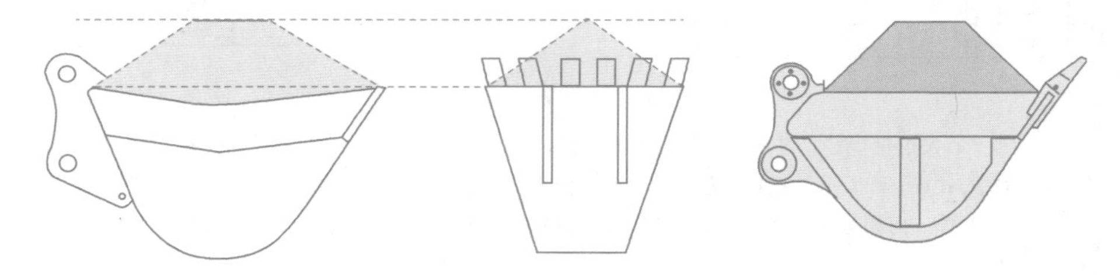

图 2-32 铲斗物料 1∶1 堆装

（图片来源：何周雄等．工程机械手册．挖掘机械［M］．北京：清华大学出版社，2018）

（2）材料类型 & 填充系数

查表可得堆载能力为净截面 1∶1 边坡体积必须根据所处理材料的特性进行调整。

$$铲斗容积(在松土状态下) = 堆积容量 \times 填充因子 \quad (2\text{-}14)$$

（3）循环时间（负载、回转负载、卸载和回转空载）

基于机器尺寸的典型开挖周期，摆动受工作条件的影响，如障碍物和间隙查表可得。循环时间基于 30°～60°的摆动角度，必须在将负载倾倒到运输装置中时增加，小机器比大机器摆动得快，如图 2-33 所示。

（4）计算效率系数

控制挖掘机装载作业效率的三个主要条件是：间歇时间、操作员效率、设备可用性，这决定了挖掘机每小时能工作多长时间。

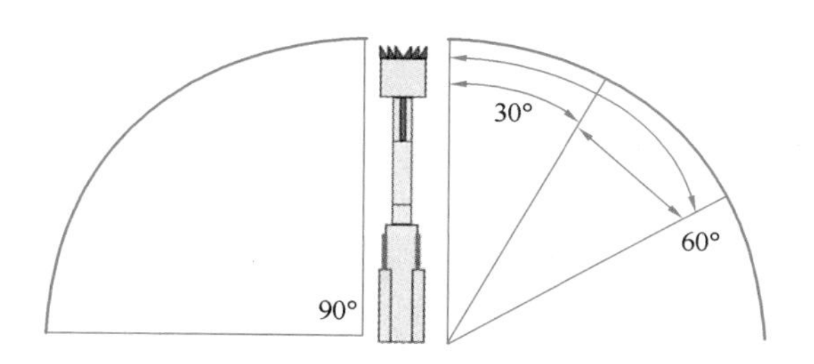

图 2-33 挖掘机循环时间基于 30°～60°摆动角度

（5）根据材料类别换算

材料类别可能需要应用土壤的膨胀系数，进行单位换算。

（6）计算工作量

$$挖掘机的工作量(松土情况) = 铲斗容量 \times 填充系数 \times \frac{效率系数}{循环时间} \tag{2-15}$$

【例 2-2】在每小时有效工作 45 分钟的情况下，2.68m³（松土体积）短杆正铲挖掘机挖掘爆破岩石的最佳可能工作量（m³/h）是多少？平均挖掘深度为 3.66m，摆动角度为 50°。

【解】

（1）已知铲斗尺寸——2.68m³。

（2）确定材料爆破良好的岩石填充系数。

查表 2-4 得填充系数为 60%～75%，既然是计算最佳可能产量，则取 75%。

正铲挖掘机物料填充系数 表 2-4

材料	填充系数（%）
淤泥、土（容易挖掘）	95～105
碎石土壤混合物（容易挖掘）	95～105
爆破良好的岩石（较难挖掘）	90～100
爆破不良的岩石（难以挖掘）	85～95
极难挖掘	80～90

（3）循环时间（负载、回转负载、卸载和回转空载）

2.68m³短杆铲斗的循环时间为 22s。

（4）计算效率系数。

$$\frac{45}{60}=0.75$$

（5）根据材料类别换算。

前后均为松土体积计算，所以不需要应用膨胀系数。

（6）计算工作量：

$$2.68\times0.75\times0.75\div\frac{22}{60\times60}=246.68\mathrm{m^3/h}$$

【例 2-3】铲斗容量为 4m³ 的正铲挖掘机，挖掘爆破不良的岩石，它在一个 3.5m 高的工作面工作，铲斗的最大额定掘进高度为 10m，牵引装置可以使其摆动角度只有 60°。如果理想循环时间为 21s，保守的理想松土体积工作量是多少？

【解】

(1) 已知铲斗容量，$4m^3$。

(2) 查表 2-3，得对于爆破不良的岩石，铲斗的填充系数为 85%～95%，保守估计取 85%。

(3) 已知循环时间 21s，挖掘的平均高度为 3.5m，挖掘爆破不良岩石时的最佳深度为：

$$0.50\times10=5m$$

最佳深度百分比：$\frac{3.5}{5}\times100\%=70\%$

通过内插法对表 2-5 中的高度和摆动进行校正，取 1.075。

切削高度和摆动角度对铲斗工作量的影响因子 表 2-5

最佳深度百分比	摆动的角度(°)						
	45	60	75	90	120	150	180
40	0.93	0.89	0.85	0.8	0.72	0.65	0.59
60	1.10	1.03	0.96	0.91	0.81	0.73	0.66
80	1.22	1.12	1.04	0.98	0.86	0.77	0.69
100	1.26	1.16	1.07	1	0.88	0.79	0.71
120	1.20	1.11	1.03	0.97	0.86	0.77	0.70
140	1.12	1.04	0.97	0.91	0.81	0.73	0.66
160	1.03	0.96	0.9	0.85	0.75	0.67	0.62

(4) 效率系数——60 分钟，理想工作量。

(5) 材料类别——工作量以松土体积计算。

(6) 保守的理想工作量：

$$\frac{3600\times4\times0.85\times1.075}{21}=626.57m^3/h$$

2.3 压路机

2.3.1 压路机概述

1. 压路机及其用途

压路机是通过自身重量产生的静压力或振动轮发出的振动荷载使被碾压层产生永久变形而密实，进而提升基础填方和路面结构层的强度和刚度，同时增强其抗渗透能力和气候稳定性。在多数情况下，它能够有效消除沉陷，因而提高了工程的承载能力和使用寿命，同时大大减少了维修费用。作为工程机械中道路设备的一种，压路机在高等级公路、铁路、机场跑道、水电站大坝等大型工程项目的填方压实作业中得到了广泛应用。

2. 压路机的类型

压路机在全球市场上的规格型号很多，可以按照压实原理、传动方式、驱动轮数量和用途来进行划分，如图 2-34 所示。

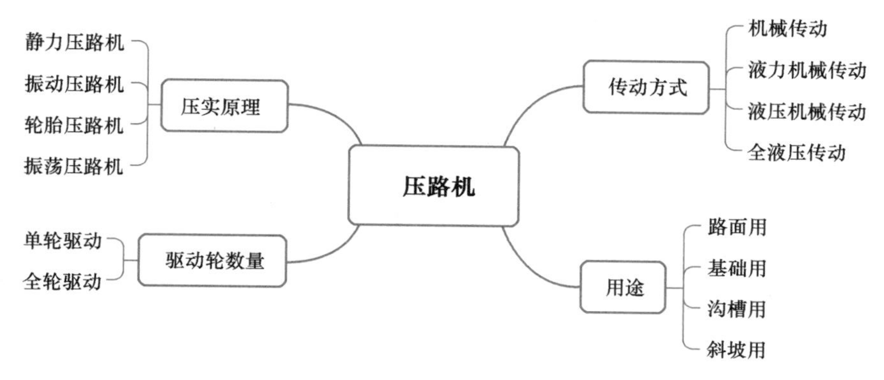

图 2-34 压路机类型

（1）按照压实原理分类

压路机按照压实原理可以分为静力压路机、振动压路机、轮胎压路机和振荡压路机，图 2-35 为静力压路机。

图 2-35 静力压路机

（2）按照传动方式分类

压路机按照传动方式可以分为机械传动、液力机械传动、液压机械传动和全液压传动。

（3）按照驱动轮数量分类

压路机按照驱动轮数量可以分为单轮驱动和全轮驱动。图 2-36 为单钢轮压路机、双

图 2-36 单钢轮压路机和双钢轮压路机

钢轮压路机。

（4）按照用途分类

压路机按照用途可以分为路面用、基础用、沟槽用和斜坡用压路机。

3. 压路机发展现状

（1）国内发展概况

随着我国经济的不断发展，压路机的制造过程经历了从仿制、技术引进到自行开发三个阶段。“十四五”规划指出要建设现代化基础设施体系，对压路机的需求也大大提高，这使得我国制造压路机的技术得到了迅速发展。图 2-37 为我国 2010—2020 年的压路机销量，其中 2020 年中国压路机销量为 19479 台，较 2019 年的 16978 台同比增长 14.7%。

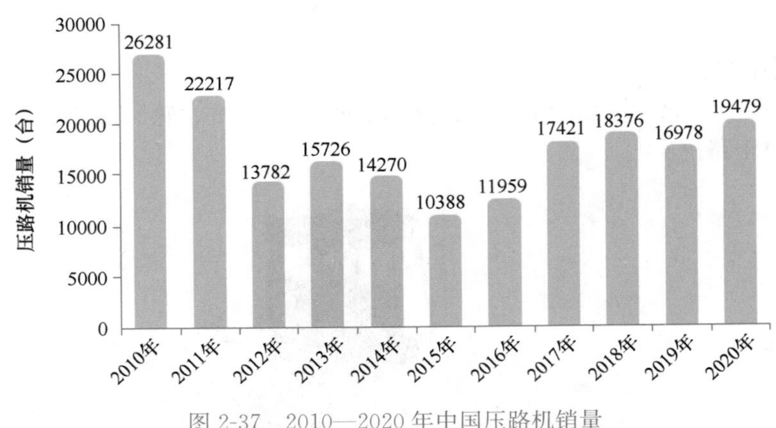

图 2-37 2010—2020 年中国压路机销量

（数据来源：中国工程机械工业协会）

图 2-38 为 2020 年中国压路机销量类型分布，液压式单钢轮压路机凭借其具有效能卓越、操作便捷、稳定等优势，再加上近年来全液压设备的价格越来越亲民，其销量占比不断逼近机械式单钢轮压路机，成为压路机行业的主力指日可待。

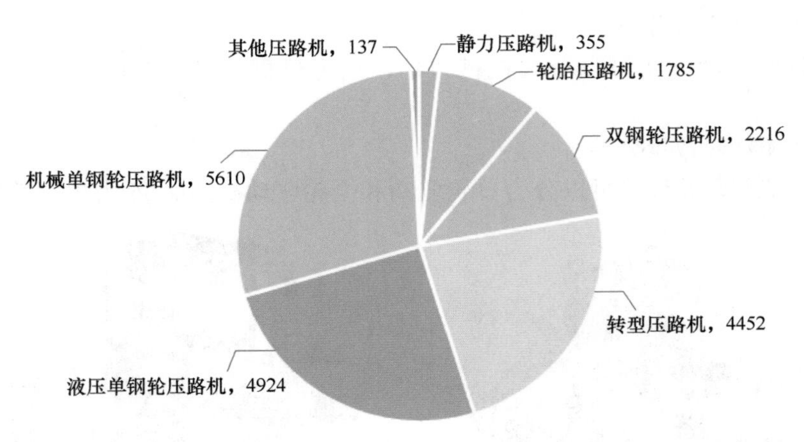

图 2-38 2020 年中国压路机销量类型分布

（数据来源：中国工程机械工业协会）

图 2-39 为 2017—2020 年中国压路机销售渠道分布。内销为中国压路机主要销售渠道，2020 年压路机内销数量为 16316 台，较 2019 年的 14030 台同比增长 16.3%，占全国总销量的 83.8%；压路机出口量为 3163 台，较 2019 年的 2948 台同比增长 7.3%，占全国总销量的 16.2%。

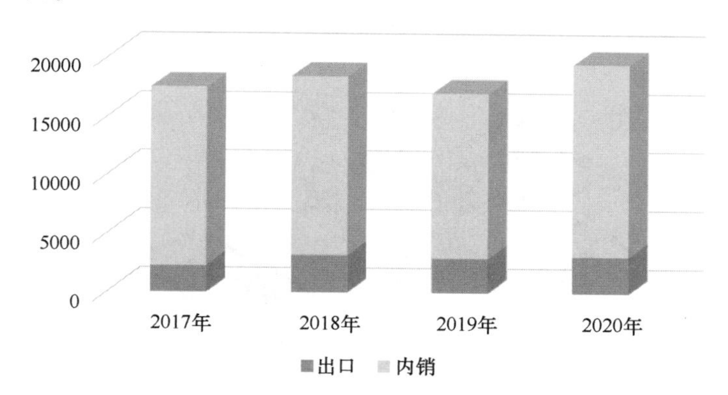

图 2-39 2017—2020 年中国压路机销售渠道分布
（数据来源：中国工程机械工业协会）

（2）国外发展概况

国外压路机知名生产商主要有德国的宝马格（BOMAG）和维特根（WIRTGEN）、美国的卡特彼勒（CATERPILLAR）、瑞典的戴纳派克（DYNAPAC）、日本的酒井重工（SAKAI），它们占据全球压路机销量的主要市场。国外压路机产品已经进入了电子和信息时代，随着微电子、自动控制和计算机等技术的迅速发展，压实过程监测技术、自动控制技术等新技术已经开始在国际压路机产品上得到应用，使得压路机的产品性能更加完善。

（3）未来发展趋势

1）绿色环保

随着能源紧缺和人类生存环境的不断恶化，节能减排、绿色低碳不仅已成为工程机械重要的技术经济指标，而且成为推动工程机械产品技术进步和结构调整的动力，同时也是压路机非常重要的一个发展方向。例如，在振动压路机上将越来越多地使用动力电子控制管理系统，自动调节发动机的输出功率，以满足不同作业工况的需要，提高燃料的利用率，确保排出的废气符合环境保护相关法规。

2）智能压实

智能压实被视为振动压路机未来中长期的一个发展方向，当前电子传感器、微型计算机以及电液控制系统等技术已经成功应用于振动压路机，使其具备了压实度自动检测、无级自动变幅以及无人操作等功能。随着新的技术革命和现代高科技的推动，振动压路机正朝着自动化和智能化的方向迈进。

2.3.2 压路机工作原理

1. 机械组成

以双钢轮振动压路机为例，总体结构如图 2-40 所示，由洒水系统、后车架、中心铰接架、液压系统、前车架、振动轮、动力系统、操纵台总成、空调、驾驶室、覆盖件组成；其中行走与传动系统、振动轮、液压系统与压实工作紧密相关，以下重点介绍这三部分的机械组成。

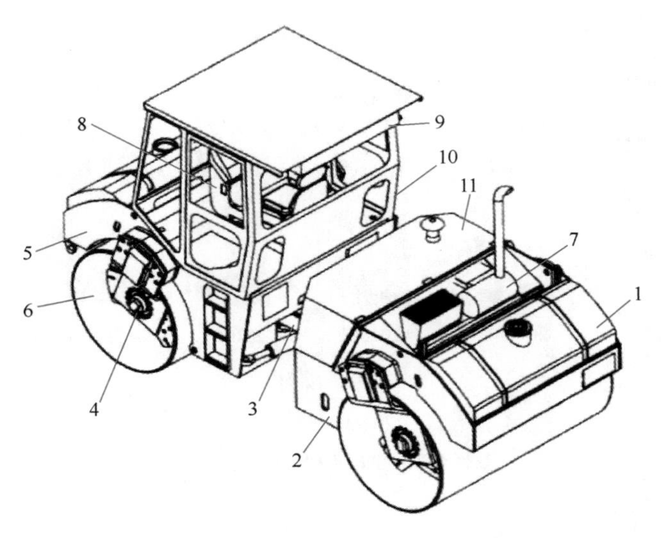

图 2-40 双钢轮振动压路机总体结构图

1—洒水系统；2—后车架；3—中心铰接架；4—液压系统；5—前车架；6—振动轮；7—动力系统；8—操纵台总成；9—空调；10—驾驶室；11—覆盖件

(1) 行走与传动系统

行走与传动系统的作用是驱动机器前进与后退。采用由油泵与油马达组成的液压传动系统，后轮由一个液压马达通过驱动桥把动力分传给左右驱动轮，前轮则由液压马达经减速器直接驱动钢轮。振动压路机的行走与传动系统图如图 2-41 所示。

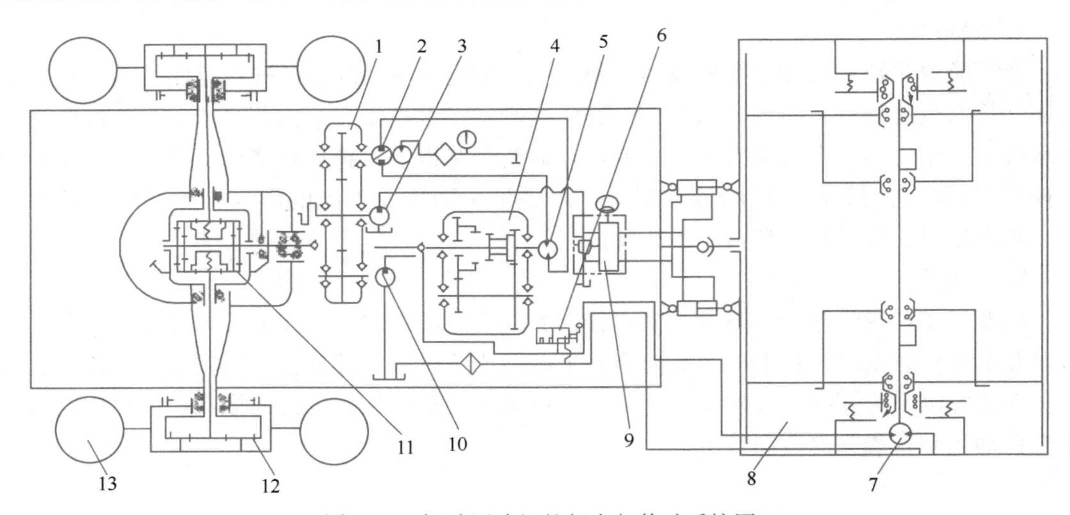

图 2-41 振动压路机的行走与传动系统图

1—分动箱；2—行走驱动泵；3—转向泵；4—变速器；5—行走马达；6—启振阀；7—振动马达；8—振动轮；9—液压转向器；10—启振泵；11—驱动桥；12—减速机构；13—轮胎

(图片来源：王安麟等．工程机械手册．路面与压实机械 [M]．北京：清华大学出版社，2018)

（2）振动轮

振动轮是压路机的压实工作装置，包括活动偏心块、振动轴、挡销、固定偏心块，当驱动振动液压马达正反转时，则会产生两种不同的偏心块质量的叠加方式，利用自身的质量或加上钢轮振动的激振力对作业对象进行压实。振动压路机的振动轮如图 2-42所示。

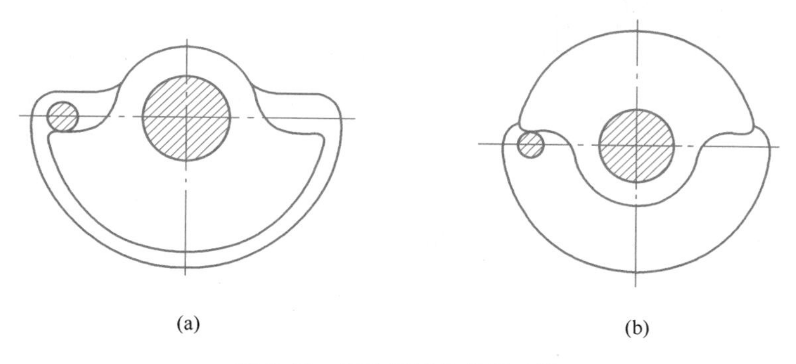

图 2-42　振动压路机的振动轮

（a）双幅激振器（大振幅）；（b）双幅激振器（小振幅）

（图片来源：王安麟，等．工程机械手册·路面与压实机械［M］．北京：清华大学出版社，2018）

（3）液压系统

液压系统是操控机器的臂膀，它包括行驶液压、转向液压、振动液压、制动液压等子系统。驾驶员通过液压系统对压路机实行控制与操作。振动压路机的液压系统如图 2-43所示。

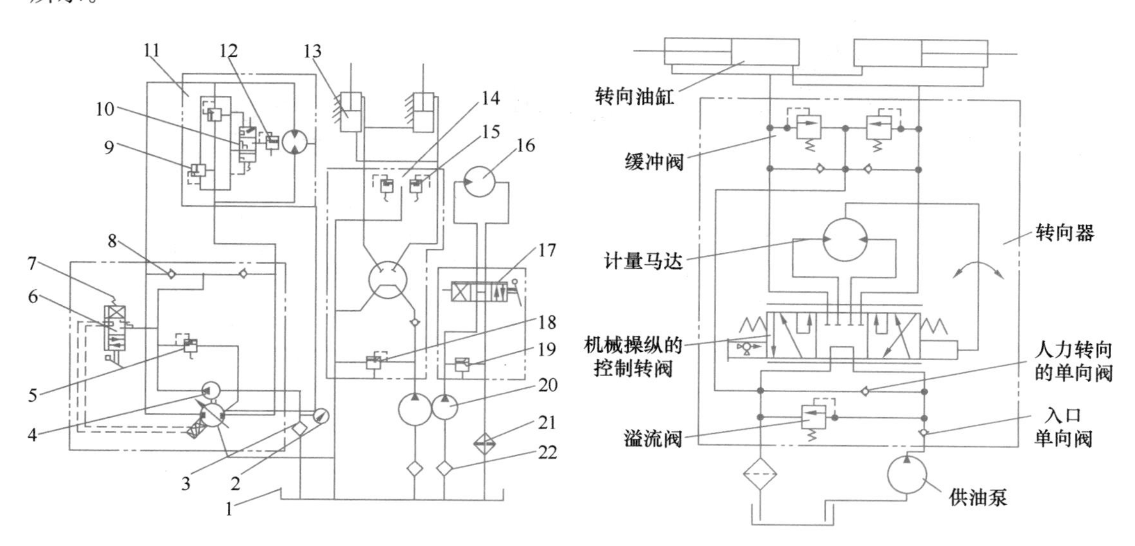

图 2-43　振动压路机的液压系统图

1—油箱；2—真空表；3—滤油器；4—补油泵；5—补油泵安全阀；6—伺服阀；7—变量泵；8—单向阀；9—高压安全阀；10—棱形网；11—定量马达；12—低压溢流阀；13—转向油缸；14—全液压转向器：15—双向缓冲阀；16—振动马达；17—换向阀；18—转向安全阀；19—振动安全阀；20—双联泵；21—冷却器；22—滤油器

（图片来源：王安麟，等．工程机械手册·路面与压实机械［M］．北京：清华大学出版社，2018）

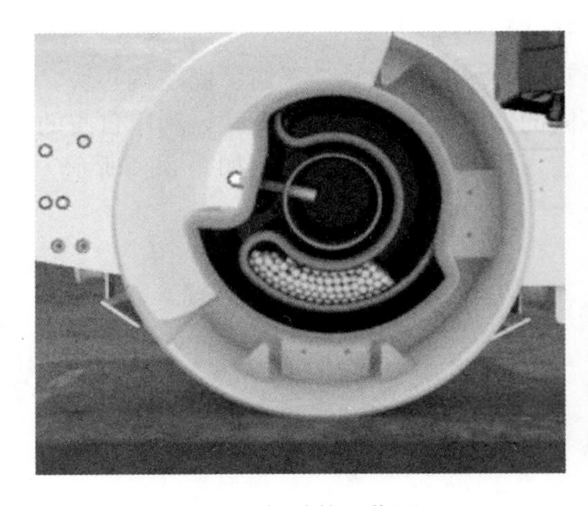

图 2-44 振动轮工作原理

2. 运行原理

以振动压路机为例，通过其内部偏心元件的高速旋转，强制振动轮实现各种建筑工程基础的压实作业。振动轮内部并非实心，而是包含了一套复杂的偏心结构，主要由振动钢轮、激振机构、减震机构和行走机构组成。为适应不同类型的振动压路机对不同被压实材料的密实作用，可以通过调整偏心轴的偏心质量分布和大小来改变振幅和振动轮激振力的大小。振动轮工作原理如图 2-44 所示。

在振动压路机进行路基材料压实过程中，主要包括骨料重新排列、颗粒填充、颗粒碾碎、夯实过程等。以级配碎石压实为例，一方面，振动压路机由于其自身重力作用，会对路基材料产生静力压实的效果；另一方面，振动器通过高速旋转使钢轮进行振动，产生竖直向下的力传递到级配碎石上，降低被压材料颗粒间的内摩擦角，于是在外力的作用下，级配碎石会产生移动并重新排列，小颗粒碎石料会被挤入大粒径碎石孔隙之间，同时在较高荷载的作用下部分碎石料会被碾压成细小颗粒填入骨料孔隙中，减少碎石骨料之间的空气介质，并且在击实过程中，加入适当的水可以起到润滑剂的作用，从而减小路基材料之间的摩擦力，进而完成级配碎石压实工作。路基材料压实原理如图 2-45 所示。

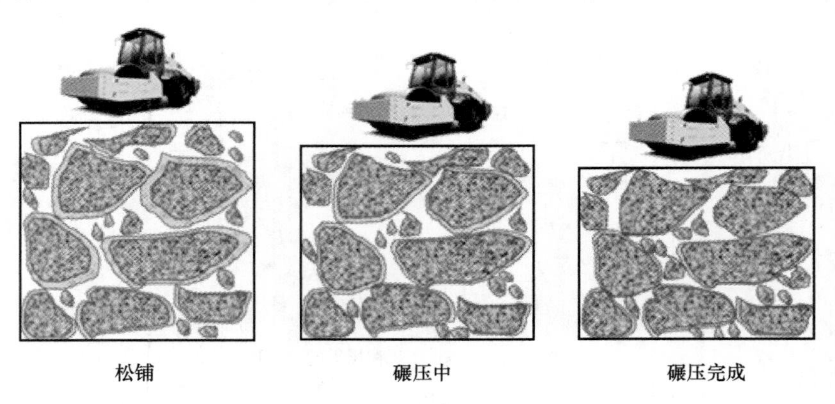

图 2-45 路基材料压实原理

2.3.3 压路机施工参数

1. 压路机选型

压路机选用原则：

（1）根据工程压实作业项目内容进行选择。

（2）根据工程材料的含水率等特性进行选择。

（3）根据压实机械的作业参数及适应性选择。

附表 3-1 和表 3-2 分别列出了单钢轮和双钢轮土石方振动压路机使用建议。

2. 压路机规格

压路机规格指的是压路机的外形、重量、工作性能等各项技术参数。不同规格的振动压路机产品性能技术参数有所区别，附表3-3列出了常见的各类振动压路机主要产品性能技术参数。

振动压路机的主要技术参数如下：

（1）静重及静线压力

静重是指机架和振动轮的重量。静线压力是指振动压路机在静止不动时对地面的压力。

（2）频率与振幅

振动压路机的振动频率和振幅对压实效果会产生显著影响。振幅即为振动压路机振动轮上下移动的距离，振幅越大，则参与振动的土或材料的质量越多，因而增加了压实的影响深度或压实的厚度。振动频率则决定了单位时间内振动轮对铺层材料的冲压次数和强度。压路机振动频率高，被压实层表面平整度好；压路机振幅大，作用在被压实层上的激振力大。根据作业内容，频率和振幅相互协调才能获得理想的压实效果。一般压实厚层路基时，应以低振频（25～30Hz）与高振幅（1.5～2mm）相配合为宜；压实薄层路面时，应以高振频（33～50Hz）与低振幅（0.4～0.8mm）相配合为宜。

（3）压实厚度

根据压路机的作用力最佳作业深度，各种类型压路机均规定有适宜的压实厚度，如：9～12t、14～16t单钢轮振动压路机碾压粉砂土、黏土适宜的压实厚度为0.2～0.25m；7～9t、10～12.5t双钢轮振动压路机碾压粉砂土、黏土适宜的压实厚度为0.15～0.2m。

（4）压实速度

压实速度过慢，会导致压实效率过低。压实速度过快，会严重影响压实的表面平整度。同时，应保持压实速度恒定，不能一会快一会慢。压实新铺材料时，驱动轮应在前，以减少波纹和断裂现象。

（5）振动轮宽度与直径

对于两个具有相同振幅和振动质量的滚轮，所引起的参加振动土壤的质量相同；宽度小的滚轮其穿透效果明显深于宽度大的滚轮，因为在相同的土壤振动质量下，窄轮沿轮宽传播振动的范围小，所以穿透较深。

如果以E表示土的压实度，E与振动压路机的振动参数和工作参数有下列函数关系：

$$E = f_1(p_L) + f_2\left(\frac{A\omega}{v}\right) \tag{2-16}$$

式中　p_L——振动压路机振动轮的线载荷，N/cm；

A——振动压路机工作振幅，mm；

ω——振动压路机的工作频率，rad^{-1}；

v——振动压路机的工作速度，m/s。

3. 压路机施工参数计算

（1）压实产量估计

项目中使用的压实设备必须具有与挖掘、运输设备相匹配的生产能力。通常，挖掘或运输能力将设定工作的预期最大产量，每小时压实体积与压实宽度、压实遍数等参数有下列函数关系：

$$每小时压实体积(m^3/h) = \frac{W \times S \times L \times 效率系数}{n} \tag{2-17}$$

式中 W——压实宽度；

S——平均滚筒速度；

L——压实厚度；

n——压实遍数。

(2) 相关算例

【例 2-4】 某型号压路机，其部分参数如下：其中，振动频率 30Hz，即：压路机在施工中钢轮 1 秒钟压路 30 次（g 取 10N/kg)；整机质量 18000kg，行驶速度 2.5/9.8km/h，钢轮振动振幅 2.0/1.0mm，发动机功率 110kW，钢轮激振力 $320/160\times10^3$N，若钢轮的激振力为大小不变垂直作用在路面上的力，振动的振幅为钢轮每次下压路面的距离，则以较大激振力和较大振幅工作 1min，激振力对路面所做的功是多少？功率是多大？

【解】

钢轮 1 min 压路的次数：$n=30\times60=1800$ 次

钢轮振动一次做功：$W_1=Fs=320\times10^3\times2\times10^{-3}=640$J

1min 做功：$W=nW_1=1800\times640=1.152\times10^6$J

功率 $P=\frac{W}{t}=\frac{1.152\times10^6}{60}=1.92\times10^4$W

【例 2-5】 黏性土上坝强度为 $4922m^3/d$，用滚筒宽度为 1100m 的 5t 羊足碾压路机来压实，松铺土厚度 30cm，压实土厚度 22cm。碾压遍数 16 次，行驶速度 4.53km/h，每日工作 12 小时，求所需羊足碾压路机台数？

【解】

(1) 压实要求

滚筒宽度=1.1m，速度= 4.53km/h，压实厚度= 0.22m，所需通过次数=16，效率系数为 0.85。

(2) 产量计算方程式

$$每小时压实体积（m^3/h）=\frac{W\times S\times L\times 效率系数}{压实遍数}$$

$$产量计算=\frac{1.1\times4530\times0.22\times0.85}{16}=58.24m^3/h$$

$$需羊足碾压路机为 N=\frac{4922}{12\times58.24}=7 台$$

2.4 无人驾驶推土机系统

随着人工智能技术的成熟，以及受到新冠肺炎疫情的冲击，目前工程机械正在积极朝着数字化、智能化、无人化的方向进行转型。无人工程机械能够缓解劳动力短缺的影响，满足施工成本、施工效率和施工质量要求，保障施工人员安全，因此工程机械系统进行无人化改造显得格外重要。我国工程机械领域产品丰富，各类产品之间的差异也较大，所以不存在一种无人系统可以满足所有工程机械的无人化需求。从产品市场占比看，推土机是我国工程机械领域较为常用的机械种类之一，实现推土机的无人化有利于提升整个工程机械行业的智能化水平。

2.4.1 基本概念

无人驾驶推土机系统的概念由无人驾驶汽车发展而来，是一种涉及环境感知技术、规划与控制技术、认知科学和人工智能等多学科交叉的智能体，自20世纪80年代被提出以来得到了长足的发展。美国Google公司、英国牛津大学等世界知名科研机构和高校，相继在无人驾驶汽车领域开展相关研究，并取得了领先水平，如今已逐渐成为研究热点并具有很高的商业应用价值。在工程机械领域，无人驾驶系统同样有着强烈的需求，对工程机械进行无人化升级逐渐成为工程机械厂商发展的新动能。

无人驾驶推土机系统内置先进的传感器技术，包括激光雷达、摄像头和全球定位系统(GPS)，从而实现对环境的实时感知和高精度数据采集。通过自主导航算法，该系统能够准确识别地形特征并规划出最优路径，实现自主行驶和土方作业。这种技术的引入不仅大幅提高了施工效率，减少了人为操作的误差，同时也为工程安全和环境保护提供了有力支持。然而，无人驾驶推土机系统的实际应用还面临各种挑战，例如复杂工程环境下的障碍物识别与避障、系统可靠性和安全性的保障等问题，这些问题的解决需要更多交叉学科的协同努力和深入研究。在此背景下，无人驾驶推土机系统涵盖了感知、通信、规划和控制四大部分，其系统结构如图2-46所示。

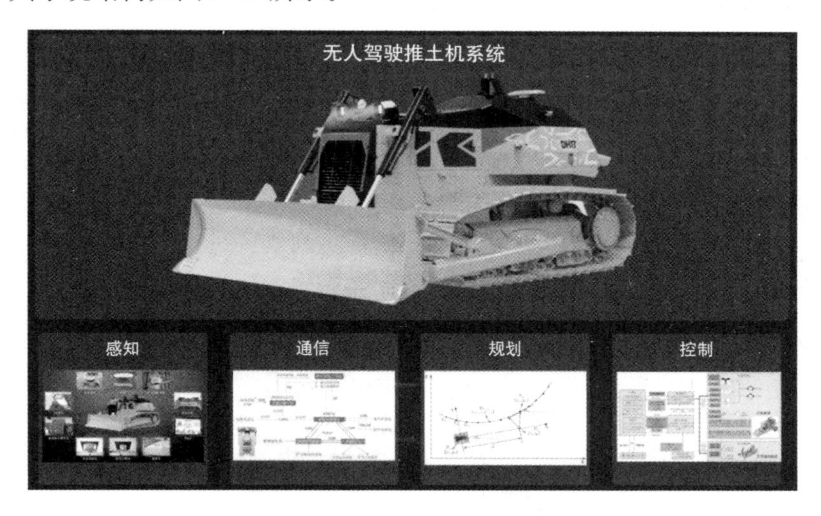

图2-46 无人驾驶推土机系统结构

基于模仿学习进行无人推土机施工控制，可以有效降低操作者的工作量。控制无人推土机施工的传统方法，是针对具体的工作任务编写相应的控制程序。一方面，精确的无人推土机控制模型难以获得，从而难以实现高精度的控制；另一方面，施工控制程序的编写需要非常专业的知识，不是普通工地上的非专业人员能够轻松胜任的。而模仿学习的出现则提供了很好的解决方案，在模仿学习中，无人推土机通过“观察”操作者的动作行为，学习规划和控制策略，进而获取特定的专家知识。模仿学习避免了针对特定任务编程需要专业知识的限制，相比传统方法有更高的效率，具有环境适应性强的特点。人类在长期的社会协作中已经能够熟练教会其他人完成新的任务，机器人的模仿学习过程与人类的学习方式和学习过程非常接近。基于模仿学习能够让机器人快速获取新技能，成为有效的技术手段。

2.4.2 无人推土机的模仿学习方法

模仿学习是一种基本而重要的认知与学习过程，旨在将人类的模仿能力应用于机器智能系统中，以实现更高效、更精准的任务执行。这一领域的研究借鉴了人类的模仿学习过程，将其转化为算法和技术，从而使机器能够通过观察和学习来掌握复杂的技能和行为。通过模仿学习，人工智能系统可以从专家的操作中获取经验，迅速适应不同情境，实现自主学习和自适应。在机器人、自动驾驶、虚拟角色等领域，模仿学习已经显示出了巨大的潜力，使系统能够更好地应对不确定性和变化。然而，模仿学习在人工智能领域也面临着挑战，例如如何从有限的样本中提取有用的信息，如何进行跨任务的迁移学习等。因此，进一步研究和创新将有助于推动模仿学习在人工智能领域的应用，为智能系统带来更加广泛的能力和效益。

构建模仿学习模型是一项关键的任务，它能够使机器智能系统从专家的行为中汲取经验，实现高效的任务执行。在构建模仿学习模型时，需要经过以下步骤：首先，明确问题和任务的定义，确定要模仿的行为或技能，以及模型应该在什么情境下执行这些任务。其次，收集合适的训练数据，这些数据应包括专家执行任务的示例，以及相应的输入和输出数据。最后，选择适当的模型结构和算法，根据问题的性质，选择适合的模型架构。模仿学习模型可以被分为行为克隆、逆强化学习和生成对抗模仿学习。

1. 行为克隆

行为克隆（Behavior Cloning）是较为基础的模仿学习方法，行为克隆模型通过收集专家执行任务的数据，直接学习输入和输出之间的映射关系，从而在新情境中模仿专家的行为。行为克隆模型可以通过监督学习方法，如神经网络、决策树等，来实现模仿。这种方法适用于那些有明确输入—输出对应关系的任务，如图像分类和语音识别。对于任意给定的一个需要估计的概率模型 $\hat{\pi}_\theta$（θ 是被估计的参数），一个数据样本（s，a）的似然可以表示为 $\hat{\pi}_\theta(a|s)$ 。因此，最大化对数似然模型可以表述为：

$$\max_{\hat{\pi}_\theta \in R^{|S| \times |A|}} \sum_{(s,a)\in D} \log\pi(a|s)$$

$$s.t. \sum_{a\in A} \log \hat{\pi}_\theta (a|s) = 1, \forall s \in S \tag{2-18}$$

可以验证公式（2-18）对应的问题是一个凸优化问题。具体而言，最优解可以用“计数”来求解：对于数据集出现的状态 s，我们令：

$$\hat{\pi}_\theta (a|s) = \frac{\sum_{(s_i,a_i)\in D} \parallel (s_i = s, a_i = a)}{\sum_{(s_i,a_i)\in D} \parallel (s_i = s)} \tag{2-19}$$

这里 $\parallel(\cdot)$ 表示示例函数，即如果（·）为真，那么 $\parallel(\cdot)=1$；否则 $\parallel(\cdot)=0$。对于数据集里没有出现过的状态 s，我们可以令其动作分布为一个均匀分布，也就说

$\pi(a|s)=1/|\boldsymbol{A}|$ 。

基于上述方法，考虑我们已有的数据集 D，从而基于行为克隆恢复专家策略 π^E 。

2. 逆强化学习

逆强化学习（Inverse Reinforcement Learning）的提出相对于行为克隆较晚，其提出旨在避免单纯模仿专家行为而忽略这些行为背后的原因。为实现这一目标，与行为克隆相似，初始阶段同样收集一批专家轨迹。不同之处在于，获取专家轨迹后不只学习状态到动作的映射关系，还要先推理出回报函数的形式，随后基于回报函数优化行为策略，形成正向的强化学习过程。其中，采用了一种概率思维的推理方法，即最大熵逆向强化学习，来推导回报函数。这一方法为逆向强化学习提供了一种有效的推理手段。

逆强化学习模型尝试从专家的行为中推断出其背后的意图和目标。这种模型基于的假设是，专家的行为是基于一定的目标和价值观，而不仅是输入—输出关系。通过比较专家行为和系统的行为，逆强化学习模型可以学习到任务的目标函数。这种方法适用于那些需要理解任务背景和动机的情况，如自动驾驶和智能游戏。

3. 生成式对抗模仿学习

生成式对抗模仿学习（Generative Adversarial Imitation Learning，GAIL）是 2016 年由斯坦福大学研究团队提出的基于生成式对抗网络的模仿学习，它诠释了生成式对抗网络的本质其实就是模仿学习。

GAIL 实质上是模仿了专家策略的占用度量 $\rho_E(s,a)$ ，即尽量使策略在环境中的所有状态动作对（s,a）的占用度量和专家策略的占用度量 $\rho_E(s,a)$ 一致。为了达成这个目标，策略需要和环境进行交互，收集下一个状态的信息并进一步做出动作。这一点和行为克隆不同，行为克隆完全不需要和环境交互。

GAIL 的设计基于生成对抗网络（Generative Adversarial Network，GAN）。生成器（Generator）和判别器（Discriminator）各是一个神经网络。生成器负责生成假的样本，而判别器负责判定一个样本是真是假。举个例子，在人脸数据集上训练生成器和判别器，那么生成器的目标是生成假的人脸图片，可以骗过判别器；而判别器的目标是判断一张图片是真实的还是生成的。理想情况下，当训练结束的时候，判别器的分类准确率是 50%，意味着生成器的输出已经以假乱真。

GAIL 算法中有一个判别器和一个策略，策略相当于是生成式对抗网络中的生成器，给定一个状态，策略会输出这个状态下应该采取的动作，而判别器 D 将状态动作对（s,a）作为输入，输出一个 0～1 之间的实数，表示判别器认为该状态动作对是来自智能体策略而非专家的概率。判别器的目标是尽量将专家数据的输出靠近 0，将模仿者策略的输出靠近 1，这样就可以将两组数据分辨开来。于是，判别器的损失函数为：

$$L(\phi)=-E_{\rho\pi}[\log D_\phi(s,a)]-E_{\rho\pi}\{\log[1-D_\phi(s,a)]\} \tag{2-20}$$

其中，ϕ 是判别器的参数。有了判别器 D 之后，模仿者策略的目标就是其交互产生的轨迹能被判别器误认为专家轨迹。于是，我们可以用判别器 D 的输出作为奖励函数来训练模仿者策略。具体来说，若模仿者策略在环境中采样到状态 s，并且采取动作 a，此时该状态动作对 D 会输入判别器 D 中，输出 $D(s, a)$ 的值。通过用任意强化学习算法，使用这些数据继续训练模仿者策略。最后，在对抗过程不断进行中，模仿者策略生成的数据分布将接近真实的专家数据分布，达到模仿学习的目标。

2.4.3 案例——山推智慧施工研究院项目

1. 项目背景

无人推土机系统在山推智慧施工研究院项目的实验目的是验证子模块功能和整体可靠性。实验涉及感知系统、控制系统等子模块的测试，以及在实际工程场景中的应用，项目实验方案示意图如图 2-47 所示。

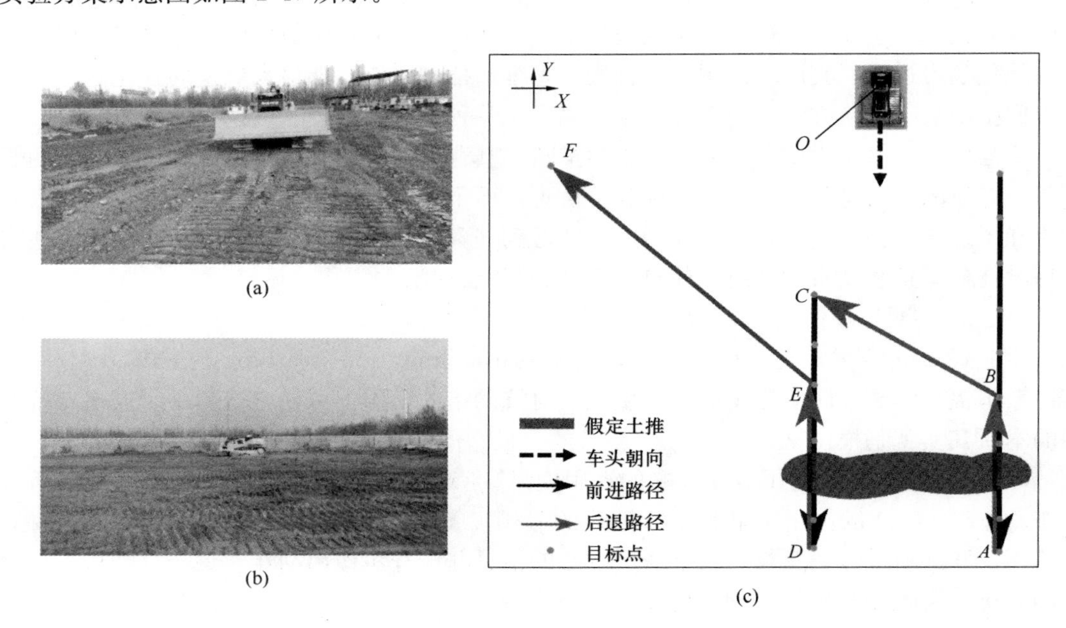

图 2-47 实验方案示意图

(a) 实验场景视角一；(b) 实验场景视角二；(c) 设定路径示意图

2. 系统应用

(1) 数据采集和决策变量分析

在进行推土机传感器选型和安装的基础上，开展推土机施工过程数据采集工作，以深入分析推土机在不同作业环境和施工阶段下的性能表现，如图 2-48 所示。在无人推土机的前部，深度相机嵌入探照灯盖下，获取车辆前方障碍物的深度信息。具有前向视角的普通摄像头安装在探照灯盖的顶部，另有三个摄像头分别安装在车身的左侧、右侧和背面。激光雷达通过支架固定在无人推土机的顶部，位于整个无人推土机的最高点，以避免机械结构对视线的遮挡。

推土机驾驶员的专家知识可以通过施工过程数据来体现，人类驾驶员在控制推土机施工的过程中，会基于环境信息和机械参数，结合自身经验控制推土机高效施工。驾驶员通过眼睛获取施工环境信息，通过观察机械仪表获取机械参数，这是人类操作手获取施工过程信息的主要方式。为获取有经验的操作手控制推土机施工过程的多源数据，本案例在有人驾驶的推土机安装多种类型的传感器，用于采集有经验驾驶员施工过程数据，安装位置如图 2-49 所示。

图 2-48　无人推土机传感器安装示意图

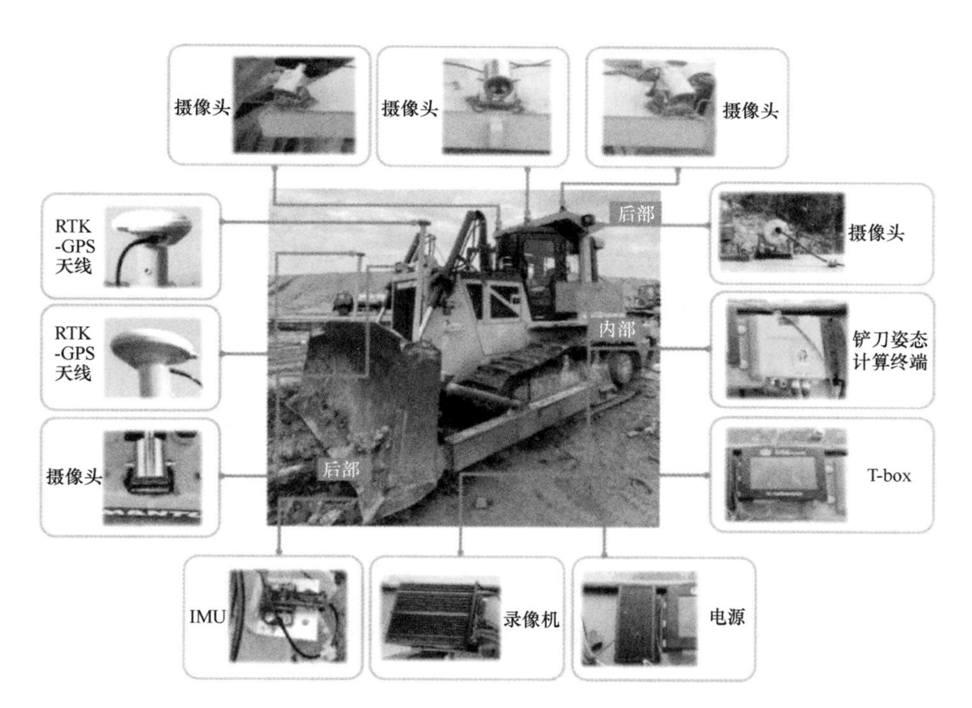

图 2-49　推土机传感器安装示意图

在推土机的每个施工循环中，铲刀通过与土壤的接触实现推土施工作业，如图 2-50 中实线箭头所示的前进轨迹。每个施工循环的倒车轨迹直接决定了下一个施工循环的起始位置，是影响施工过程的关键变量，图 2-50 中的虚线曲线展示了推土机在施工过程中的

图 2-50　无人推土机施工过程

倒车轨迹。

推土机的施工过程是由多个施工循环组成的往复作业过程，推土机倒车轨迹的起点是在上一个施工循环中前进施工轨迹的终点，有着相同的坐标值。在已知推土机施工起点坐标的条件下，理论上可以得到推土机施工轨迹和左右驱动轮转速的对应关系。但是在实际施工过程中，通过推土机左右驱动轮的转速差来计算施工轨迹是困难的，因此通过模仿学习输出推土机施工决策具有实际意义。

（2）模仿学习模型构建

无人推土机是可以与环境进行交互的，但是如果想要无人推土机高效高质量地完成不同环境中的施工任务，那么需要从每个施工过程中获得奖励（可以理解为游戏中的得分）。但是由于施工过程复杂多变，无人推土机施工过程的奖励函数是难以指定的，而人工制定的奖励函数往往会导致不可控制的结果（比如，想让机械臂学会打乒乓球，但如果设计的奖励函数是机器手与目标物体的距离，机器人可能会通过掀桌子等手段让目标物体靠近机器手，而不是像人类一样挥拍）。因此我们需要通过模仿学习（Imitation Learning）的方法，让无人推土机学习人类驾驶员的驾驶经验，来使得无人推土机的施工过程更接近有经验的驾驶员，从而以较高的施工效率，高质量地完成施工过程。图 2-51 为无人推土机模仿学习的整体框图。

基于 DCNNs 是构建模仿学习模型的有效方式，在 DCNNs 的计算过程中，输入数据是具有 RGB 三个通道的彩色图像。DCNNs 的网络结构通常包括卷积层、池化层和全连接层。卷积层在卷积核和激活函数的作用下，可以减小原始图像的维度并进行特征提取。池化层通过下采样减小特征图像的维数，提高特征提取的鲁棒性并避免过拟合。全连接层将池化层与模型的输出结构（分类层或回归层）连接起来。

（3）模型训练

为了合理地评估本节研究所提出的模型的性能，随机选取所构建数据集中的 80%、10%和 10%来进行模型的训练、验证和测试。

（4）结果分析和讨论

本节研究选取了具有代表性的施工环境来进行图像数据的展示，如图 2-52 所示。在

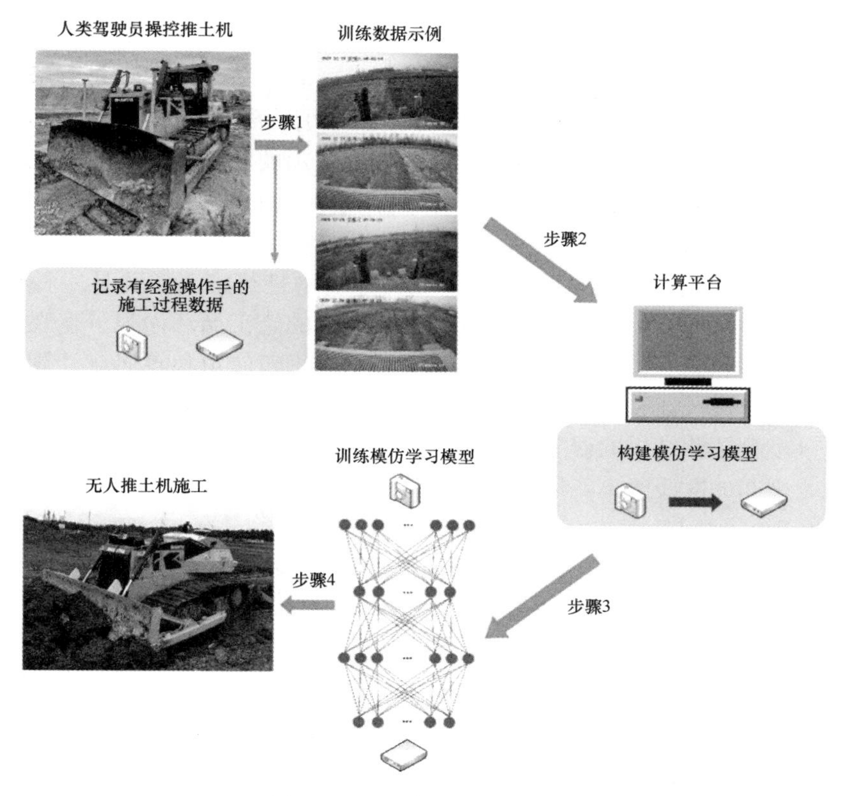

图 2-51　无人推土机模仿学习

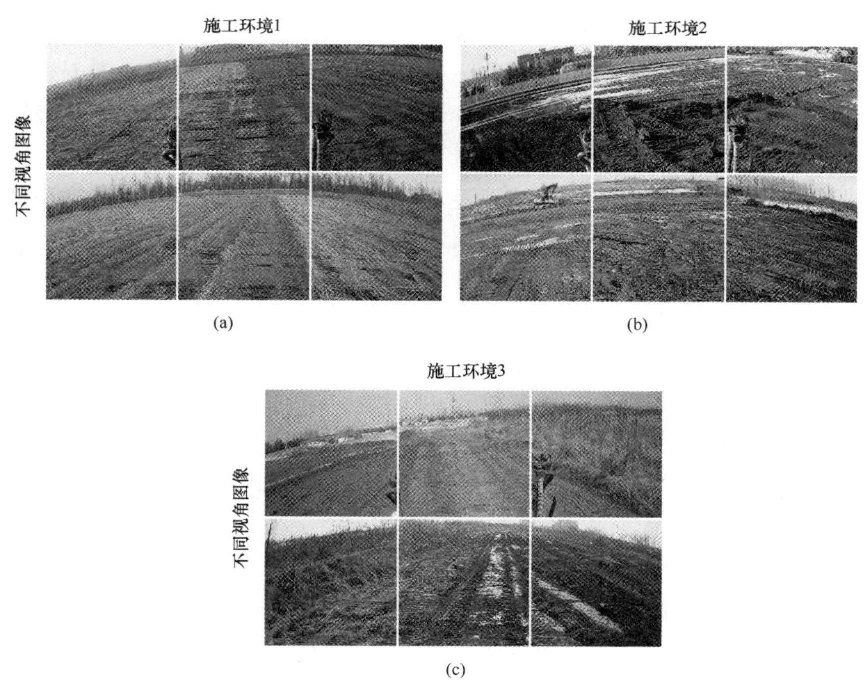

图 2-52　推土机施工场景

图 2-52 (a) 所示的施工环境中，地表覆盖着植物的根茎。在该环境的施工过程中，推土机每个施工循环的前进轨迹互为平行线，且间隔较为均匀。图 2-52 (b) 所示的施工区域地表覆盖有裸露的黏质土壤。在施工过程中由于场地边界条件的限制，推土机每个施工循环中的前进轨迹的方向发生了变化。在图 2-52 (c) 所示的施工环境中，施工区域已经进行过场地清表处理，因此驾驶员在该区域内控制推土机施工过程中，不需过多地考虑场地表面灌木或是碎石的干扰。

2-1 无人推土机运行演示

推土机在图 2-52 所示的三种环境中进行施工作业是一种往复作业模式，均遵循由前进运土和后退倒车组成的施工循环。为了直观地展示预测轨迹和真实轨迹之间的关系，本研究基于转向角和转向点计算出预测的倒车轨迹。通过计算图 2-52 中预测的倒车轨迹和实际的倒车轨迹，可以进行模型预测结果的误差分析。本研究通过测量预测倒车轨迹与真实倒车轨迹之间的欧氏距离，以定量地计算倒车轨迹不同阶段误差的变化。无人推土机运行演示见二维码 2-1。

2.5 无人驾驶挖掘机系统

2.5.1 基本概念

随着新型基础设施建设的大力推进，工程机械行业乘风而上，并不断向数字化、智能化方向演进。挖掘机作为现场使用最多的工程机械之一，在矿产资源开采、工农业生产、建设施工和抢险救灾等领域应用广泛，拥有十分可观的全球市场份额且发挥着无可替代的作用。但是在复杂、恶劣、有害的极端施工环境下，操作人员安全无保障或介入困难，为了使得操作手免受安全损害，无人驾驶挖掘机的重要性日益凸显出来。无人驾驶挖掘机是指一种利用计算机、传感器、数据处理等技术，可以实现无人驾驶的现代挖掘机。它可以实现高精度、安全、高效的挖掘作业，操作简单，可提高工作效率。

根据划分的六个无人驾驶工程机械等级，机械将在施工操作、周边监控和接管逐步取代人类操作手，实现自动施工。与推土机和装载机等工程机械相比，挖掘机覆盖场景广，工况复杂，其无人化更需要逐步、分阶段推进。因此，在完全自动施工的无人驾驶挖掘机研制出来之前，通过部分自主和远程遥控接管的无人驾驶挖掘机在未来相当长的一段时间内都会占有重要的地位。这种具备高度或部分自主的无人挖掘机，结合了远程遥控的操作方式，可以被称为“半自主化无人挖掘机”，或者是“半自主化远程控制挖掘机”。这个名字能够较为准确地描述这种无人挖掘机的特点和功能，即它能够自主完成一些简单的任务和动作，同时也能够接受驾驶员的远程遥控指令，实现更加复杂和精细的操作。

2.5.2 无人挖掘机的人机交互方法

无人驾驶挖掘机的半自主施工是一种基于云边协同方案，包含感知系统、决策与规划系统、控制系统，结合通信技术、人机交互技术等多种技术手段在内的现代工程机械。其系统实现方法需要全方位的技术支持和保障，以确保其在实际应用中能够发挥出最大的效能和优势。

1. 数字孪生

数字孪生（Digital Twin，DT）是物理世界和信息世界的交互融合，是提升建造领域数字化和智能化程度的发展方向。数字孪生的组成包括真实世界物体实体、虚拟世界物理模型以及两者之间的数据交互，可以将数字孪生理解为“信息及物理的集成（Cyber Physical Integration）”。数字孪生的理想目标是在虚拟世界物理模型中完美地再现真实世界的物体，虽然从保真度还原的视角看这是几乎不可能的，但是数字孪生在分析和预测真实世界中仍具有优势。在工程研究与实践中，有学者将数字孪生分为“先时”“实时”及“后时”三种类型。其中，“先时”表示对要分析的物体提前建立数字虚拟模型，并赋予一定的物理属性，从而可以进行仿真分析并对真实世界进行预测；“实时”代表虚拟世界中的物理模型能够与真实世界的物体状态保持一致，这离不开高通量低延迟的数据交互；“后时”表示可以对数字孪生记录的数据进行提取分析，基于大数据构建服务模型，支撑数字孪生更好地运行。

2. 三维建模

无人机倾斜摄影是获取大范围场地图像数据的一种有效方法。利用倾斜摄影技术，可以从影像中提取空间位置、色彩与纹理等信息，然后按照统一的坐标系迅速建立施工场地三维数字模型。考虑到矿山排土场占地面积大，驾驶员很难通过地面观测获取施工场地的整体情况，对实现全局最优决策提出挑战。施工场地三维数字模型是突破地面观测局限的有效手段，能够帮助驾驶员得到整个施工场地的关键信息，从而确保施工过程的安全和高效。

基于尺度固定特征变换（Scale Invariant Feature Tran sform，SIFT）算法可实现图像的特征匹配，从而进行航拍图像的整合。SIFT 算法能够将图像之间的匹配转化为特征点向量之间的相似性度量，有较好的运算速度和较好的抗噪能力。

无人机倾斜摄影的飞行高度由式（2-21）计算得到。

$$H = f_t \times GSD / a \tag{2-21}$$

式（2-21）中，H 为摄影航高；f_t 为物镜镜头焦距；GSD 为航摄图像的地面分辨率；a 为像元尺寸。图像重叠度分为航向重叠度和旁向重叠度，可由式（2-22）和式（2-23）计算得到。

$$p_x = L_x / l_x \tag{2-22}$$

$$p_y = L_y / l_y \tag{2-23}$$

其中，l_x和 l_y表示图像的长和宽；L_x和 L_y表示航向和旁向重叠图像的尺寸。在本研究中，为确保三维重建质量，航向重叠度 p_x和旁向重叠度 p_y都设置为 80%。

在三维模型重建的过程中，相机校准方法和特征点对应算法已经在之前的研究中被分析。运动恢复结构（Structure from Motion，SFM）算法可以基于二维图像估计三维结构的稀疏点云。多视图立体匹配（Multi-View Stereo，MVS）算法可以将稀疏点云转换为密集点云，从而更好地呈现场景的结构。

通过引入光束法区域网平差（Bundle Block Adjustment，BBA）算法校正相机位置，可以优化三维模型。最大似然估计被用来计算全局最小化误差，且相机矩阵模型必须考虑径向畸变，可以由式（2-24）计算得到。

$$\min_{P_k, m_i} \sum_{k=1}^{m_x} \sum_{i=1}^{n_x} D(m_{ki}, \boldsymbol{P}_k)^2 \tag{2-24}$$

式(2-24)中，$\boldsymbol{P}_k$ 为相机矩阵；m_i 为模型的三维点坐标；m_x 为图像个数；n_x 为点个数。

3. 云边协同

云计算属于分布式计算的一类，其核心概念是将庞大的数据计算处理程序分解成众多小程序，并通过网络上的“云”连接多台服务器系统，完成对这些小程序的处理和分析，最终将结果返回给用户。云计算在全局性、非实时和长周期的大数据处理与分析方面表现出色，特别是在长周期维护和业务决策支持等领域具有明显优势。另一方面，边缘计算指的是在靠近物或数据源头的一侧，采用综合了网络、计算、存储和应用核心能力的开放平台，为用户提供近端服务。边缘计算更适用于局部性、实时和短周期数据的处理与分析，有助于更好地支持本地业务的实时智能决策与执行。

因此，边缘计算与云计算之间不是替代关系，而是互补协同关系。半自主化无人驾驶挖掘机需要在不同的场景下实现多种任务，涉及大量的数据处理和计算，采用如图 2-53 所示的云边端结构，协同云计算与边缘计算，可以解决现阶段在数据传输与延时等方面的压力。

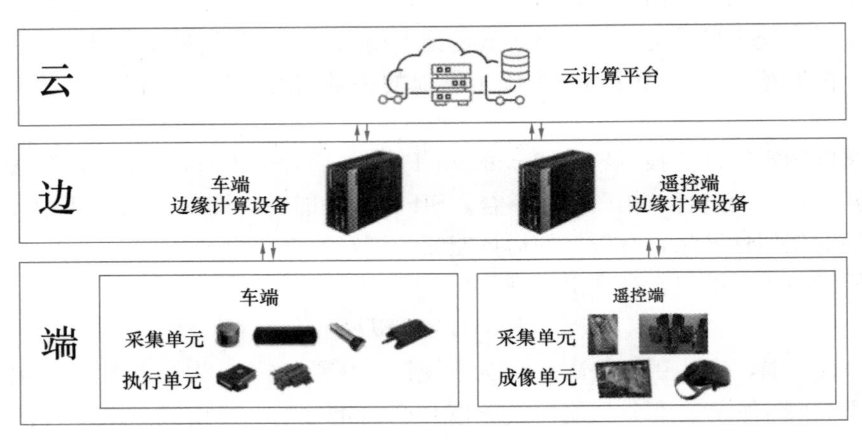

图 2-53 半自主化无人驾驶挖掘机云边协同方案

在云边协同方案下，边缘计算设备既靠近数据采集单元又靠近执行单元，大部分繁重的工作都可由边缘设备完成，仅将筛选和感知识别后的高价值数据以及云端请求的数据发送到云端，减少了数据传输的带宽压力，提高响应速度，并且部分自主动作更可本地化执行。而云计算平台则接收高价值数据，以更强大的计算能力进行更大规模的数据处理和计算，优化业务规则或业务模型，并下发到边缘侧，边缘计算基于新的业务规则或模型运行。同时，对于多机械设备的调度、大数据信息的统计也均基于云计算。一般地，在复杂场景和遥控状态下，车端边缘计算设备将获取多传感器信息，并运行融合感知算法标记障碍物等信息，仅将挖掘机运行信息、感知标签信息、主要视频传输到云计算平台和遥控端边缘计算设备。同时，遥控端边缘计算设备将解析与整合信息，以 VR、裸眼 3D 影像、力反馈等形式，为遥控与接管人员提供更身临其境的人机交互感知。

4. 车端系统

与无人推土机的系统实现方法相似，无人挖掘机车端系统也主要包括感知系统、决策与规划系统、控制系统三个部分。

其中，感知系统是半自主化无人驾驶挖掘机的核心，包括各种传感器和相应的数据处理算法。传感器以多路摄像头为主，辅以毫米波雷达、激光雷达、IMU 惯导、RTK 定位设备等，可以获取挖掘机周围环境的信息，例如地形、障碍物、目标物等。RGB 摄像机可用于获取场地内物体、人员、车辆等视觉信息，识别出工作区域的边界，对矿石进行识别和测量，并为挖掘机提供可视化的操作界面。激光雷达和毫米波雷达可用于获取三维空间中物体的距离和形状等信息，对场地中的地形和障碍物进行识别和测量，为挖掘机提供足够的环境信息和安全保障。RTK 定位设备通过全球卫星导航系统提供高精度的位置和方向信息，帮助挖掘机实现准确的位置和姿态控制，提高自主化操作的精度和可靠性。压力传感器和加速度传感器可用于实时感知机械臂的运动状态、铲斗的载荷和地质情况，以便根据不同的地质情况调整操作策略，提高操作效率。

基于感知系统获取到的实时数据，决策与规划系统可以作出相应的决策、任务规划及动作规划。例如，当挖掘机遇到障碍物时，决策与规划系统可以自主判断应该如何绕过障碍物，并规划出相应的行进路径。控制系统是半自主化无人驾驶挖掘机的关键，它能够根据决策与规划系统的指令，对挖掘机进行精准控制。控制系统需要包括运动控制、执行机构控制等，以保证挖掘机能够按照预期完成各项任务。

5. 通信组网技术

半自主化无人驾驶挖掘机需要与云计算平台、远程操作平台或者其他设备进行通信，以实现实时的数据交换和任务指令下达。基于挖掘机实时控制的需求，通信技术需要具备高带宽、低延迟、稳定可靠等特点，可选择的有 4G、5G、WiFi 等，图 2-54 为远程遥控挖掘机的通信组网示意图。

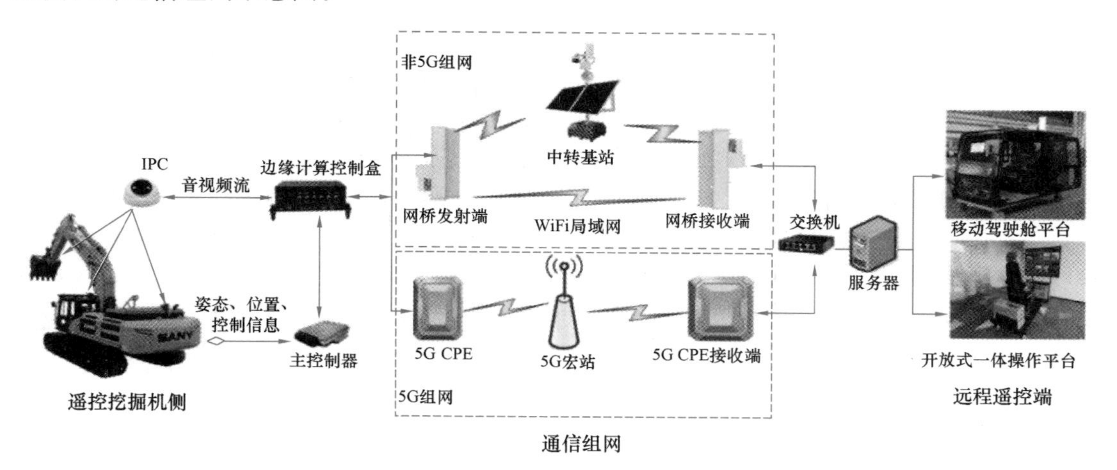

图 2-54 远程遥控挖掘机

首先，4G 和 5G 网络是当前主流的无线通信技术，它们能够提供高速的数据传输速率和较低的延迟。4G 和 5G 技术是无人挖掘机远程监控和操作的主要手段之一，无人挖掘机的感知系统采集到的大量数据需要通过 4G 或 5G 网络传输到控制中心进行分析和处理。5G网络比4G网络具有更低的延迟和更高的速度，可以更好地支持实时控制和传输大量数据。但是，由于5G网络的部署还处于早期阶段，并不是所有地区都能够获得5G网络的覆盖，因此在实际应用中需要根据实际情况选择4G或5G网络，有时为满足延迟与带宽要求，需要组建5G私网。

其次，WiFi网络是一种无线局域网技术，适用于相对较短距离内的数据传输。WiFi网络适用于无人挖掘机和控制中心之间的短距离通信，例如在设备维护、诊断和校准时，可以通过WiFi连接到无人挖掘机进行远程操作。

在无人挖掘机应用中，通信延迟是非常重要的因素，因为无人挖掘机需要实时响应并执行任务，而延迟过高会导致无法及时响应和控制。因此，选择通信技术时需要根据具体应用场景，权衡带宽、成本、延迟等因素，选择通信组网技术。总之，多种通信技术的灵活选择与结合，可以实现更高效、更可靠的无人挖掘机系统。在未来，随着5G网络的普及和发展，无人挖掘机系统的通信技术将会得到进一步提升和优化。

6. 人机交互技术

虽然半自主化无人驾驶挖掘机可以在无人驾驶模式下自主完成任务，但在某些场景下，例如复杂地形或者不可预见的情况下，需要远程操作员对挖掘机进行遥控。人机交互技术需要提供友好的操作界面和可靠的安全措施，以确保远程操作员可以准确地掌控，主要通过近程遥控和远程遥控方案来实现。近程遥控方案包含无线数传遥控器、无线图传遥控器、手机APP、航模遥控器等遥控方式。远程遥控方案主体则为可移动式远程遥控仓，真实还原了挖掘机驾驶舱的布置和操作杆等，通过屏幕监控挖掘机的运行。进一步，为使遥控驾驶员更加身临其境，还原真实操作体验，可以基于前置双摄像头进行立体匹配，并建立裸眼3D视频，同时可以追踪眼部位置，变换角度和景深；可以根据IMU惯导数据和压力传感器数据，解析并模拟真实驾驶舱的倾斜、振动以及操作感的压力；甚至可以利用双目云台随动系统和VR/MR技术沉浸式操作。

交互界面作为遥控系统的核心部件之一，应能够给操作员提供需要的信息，如挖掘机的位置、姿态、铲斗位置、落点和障碍物信息等。具体来说，应主要显示挖掘机铲斗位置，以便驾驶员能够清楚地了解挖掘机当前的位置和运行状态，而左、右、后方视频则可按需显示，如在检测到障碍物时显示。除此之外，还应该显示挖掘机的运行状态信息，如速度、加速度、倾斜角度等，这些信息可以让驾驶员更好地了解挖掘机的运行情况，及时发现问题并采取措施。最后，可配备铲斗落点自动识别等算法，自动计算铲斗落点并向驾驶员提示，让驾驶员更快地找到铲斗的落点，提高挖掘机的效率和准确性。总之，遥控驾驶舱的显示屏是无人驾驶挖掘机遥控系统中非常重要的组成部分，应该提供足够的信息，让驾驶员能够更好地掌握挖掘机的运行情况，从而更好地控制挖掘机的运动。

2.5.3 案例——拓疆者远程智控挖掘机

1. 项目背景

在矿区现场作业时，挖掘机及其操作员处于高噪声、高振动、高粉尘、枯燥甚至危险的施工环境，存在更高的人机安全风险，这也导致企业即使给予高薪也难以招募到合适的年轻从业人员。同时，在人口红利消失、高水平操作员老龄化等因素的共同作用下，企业不仅面对劳动力成本上升的问题，更要面对较大的劳动力缺口。为了解决这些痛点，拓疆者通过研发与集成远程音视频传输、无人驾驶感知、机器人自动化、人工智能与大数据处理等技术，打造了可安装于现有挖掘机等工程机械设备的后装改造套件，为矿山开采乃至隧道开挖、各类抢险工程、化工废料清理等不同工况提供远程和自动驾驶系统以及各类服务。目前，拓疆者已联合徐工矿业机械有限公司、太原重工等，将无人驾驶系统成功应用到江西铜业集团公司远程遥控挖掘机、霍林河南露天煤矿遥控电铲和北京首钢集团首云铁矿在内的国内外多个项目中。

2. 系统组成

拓疆者打造的远程智控系统，囊括硬件系统与软件系统，可以还原现场画面、声音、振动环境，让操作员在远程操作室内同样能感受到作业现场的真实环境。此外，企业可根据工程需要自由选配系统软、硬件，以平衡需求与成本。

（1）硬件系统

远程智控硬件系统包括工程机械端和远程遥控端两大组成部分，以实现机械信息与控制指令的采集、传输、处理。

1）工程机械端

工程机械端主要由智控中心、外置传感器、高精度电液控制中心组成，如图 2-55 所示。拓疆者给挖掘机安装上高清摄像头、防撞雷达、倾角仪、陀螺仪等各类外置传感器，采集包含声音、图像、IMU 在内的多种传感器数据，并通过多传感器融合算法立体化探测施工过程中的各类障碍物、工作面等信息。

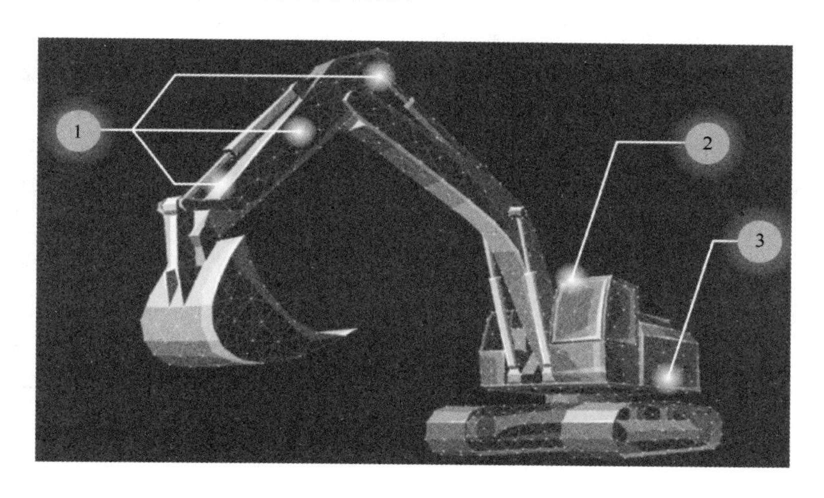

图 2-55 工程机械端组成

1—位姿传感器；2—环境感知传感器；3—智能控制中心

2）远程遥控端

远程遥控端主要包含座舱式和便携式两类操作台，均适用于 4G/5G 及局域网环境。座舱式操作台可根据需求装配 1～6 个显示屏幕，如图 2-56 所示。其中，单屏幕适合单一工况、操作多为重复动作的场景使用，而多屏幕适合复杂工况、需要观察较多视角时使用。座舱式操作台的主要优点在于还原了真实驾驶室的操作动作，更适合有经验的操作员上手。

便携式操作台如图 2-57 所示，最多可装配一个屏幕，优点在于方便携带，可以在各种场合完成遥控。

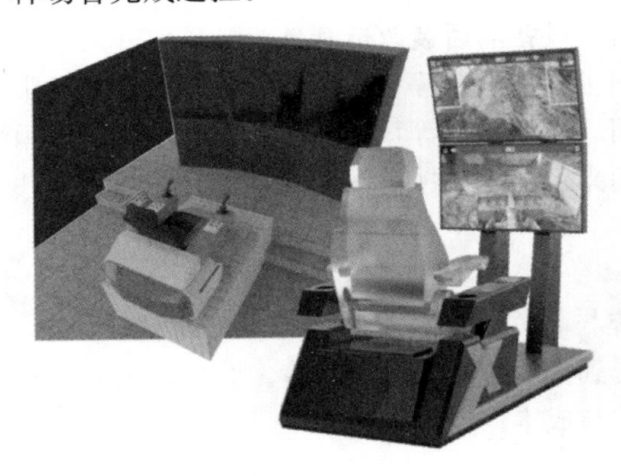

图 2-56　座舱式操作台

图 2-57　便携式操作台

（2）软件系统

集各类智能化实用功能于一身的“掘悟”系统，是拓疆者专为各类复杂真实作业环境下的工程机械打造的软件系统，其基础功能包括超低延时的音视频传输系统、三层安全保障、多模式切换、设备状态信息及调度中心接口，可以轻松驾驭远程遥控，提升驾驶安全性与功能性。

1）超低延时的音视频传输系统

拓疆者提供了超低延时音视频传输系统，可根据现场情况选择 4G/5G 公网、5G 私网和工业 WiFi 的组网方式，在不同组网方式下全链路延时见表 2-6。系统传输的视频分辨率可选 720P、1080P、4K，帧率可达到 25fps，并能实现 6 屏的音视频传输，显示效果如图 2-58 所示。太原重工和拓疆者合作部署应用在霍林河南露天煤矿的远程遥控电铲搭载了拓疆者的“掘悟 2.0”系统，该系统能在各种网络条件下保持超低延时，特别是在霍林河的 5G 公网传输条件下，11 路视频同时传输的延时可以低至 100ms 以内，满足了电铲这种大型设备远程遥控的需求。

“掘悟”系统在不同组网方式下的全链路延时　　表 2-6

组网方式	全链路延时
4G/5G 公网	180ms
5G 私网	140ms
工业 WiFi	150ms

2）三层安全保障

“掘悟”系统依照国标规定，制定了信号心跳检测、现场遥控急停、远程急停刹车在内的安全保障措施。

信号心跳监测：实现信号心跳监测的功能，设备会在通信信号不稳定或超出阈值时自动进行强制刹停，避免执行后续传回数据的操作。

现场遥控急停：为提高现场安全性，管理人员装备了无线急停锁，可随时停止设备工作。这一急停控制具备最高控制权，只有在现场管理人员结束制动状态后，其他人才能够控制设备。

图 2-58 “掘悟”系统 6 屏显示效果

远程急停刹车：通过远程急停刹车功能，可在操作台随时强制停止现场设备，以便及时处理意外情况，同时在上下操作台锁住设备，预防误操作。

3）多模式切换

在单一模式下，多屏排列显示导致画面乱、干扰多，且因带宽和延时限制只能应用于5G网络。而在“掘悟”系统的多模式切换下，操作员可以根据自身的操作习惯，划分多种操作模式，如行进模式与作业模式等。在不同模式下，一个屏幕可以呈现多个画面，画面主次分明、详略得当，降低了对操作手的干扰，并可随时通过手柄按键切换操作模式。其中，监测类画面（如后方行人）不触发时不显示，带宽要求相对较低，可应用于4G、5G、WiFi等多种网络，传输延时低。

4）设备状态信息及调度中心接口

如图 2-59 所示，设备状态信息包括发动机转速、水温、电量、油量等参数，与调度中心的接口可以独立或并行地进行各种工程机械的数据采集，能够有效地对远程操作员进行生产效率管理，并对生产任务进行调度。按实际生产需求，从单一设备扩展到全面的量化管理。例如，根据自动卸料时间戳及装满鸣笛时间戳，可以合成装车数据，并生成每日报表。

3. 系统功能

在详细调研了国内众多矿山的实际生产后，拓疆者认为单纯的远程遥控并不能实际解决客户所面临的管理痛点和安全隐患。远程控制让拓疆者实现了快速落地，但简单的远程控制无法为用户提供足够好的使用体验和施工效率，一方面是因为安装在挖掘机上的摄像头难以像真人坐在挖掘机里一样感知矿区周围环境，另一方面是因为网络和机械部件造成的操作延迟无法完全避免。因此，通过远程智控系统的软件系统和硬件系统，拓疆者在远程遥控功能的基础上为挖掘机构筑了智能化功能矩阵，为远程智能化操控打造一颗智慧的“心”，守护安全，降本增效。

（1）车载智能化安全功能矩阵

工程施工，安全第一。拓疆者车载智能化安全系统在符合国标三层安全防护规定的基

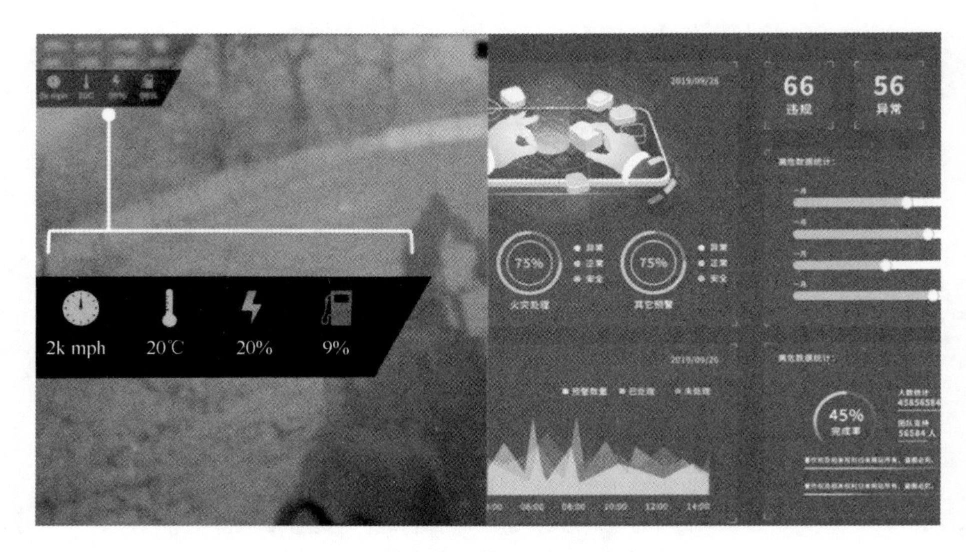

图 2-59 设备状态信息及调度中心接口

础上研发出第四层安全防护，包括周边人员监测、地形及设备姿态监测、防碰撞预警等功能。

1）周边人员监测功能

通过摄像头部署，可以消除驾驶员的视野盲区，并帮助远程遥控人员监测、感知附近行人。具体地，当有人经过时自动弹窗并框选标注，如图 2-60 所示，而当周围安全时则不会播报视频画面，同时可自动驻车并进行现场声光提醒。

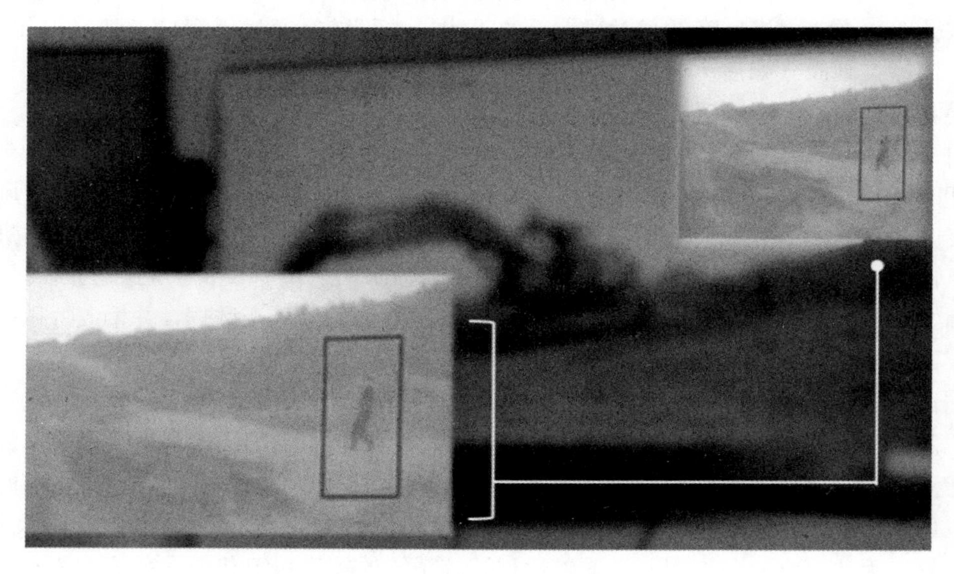

图 2-60 周边人员监测功能

2）地形及设备姿态监测功能

挖掘机很大的特点在于施工的地况复杂，起伏不定，操作员坐在驾驶室中凭经验来判断挖掘机倾斜的程度，因此很多翻车伤亡事故因操作员的疏忽侥幸而发生。通过地形及设备姿态监测功能，远程遥控人员可以感知地形的复杂状况及设备倾斜角度，并可达到±0.1°的精度。同时操作员可以设定挖掘机的姿态限制，当超出安全阈值时由系统强制接管，执行自动驻车并发出警告，保障设备安全。

3）防碰撞预警功能

该功能通过毫米波雷达监测设备周边状况，在可能发生碰撞前进行预警，防止碰撞发生，如图 2-61 所示。

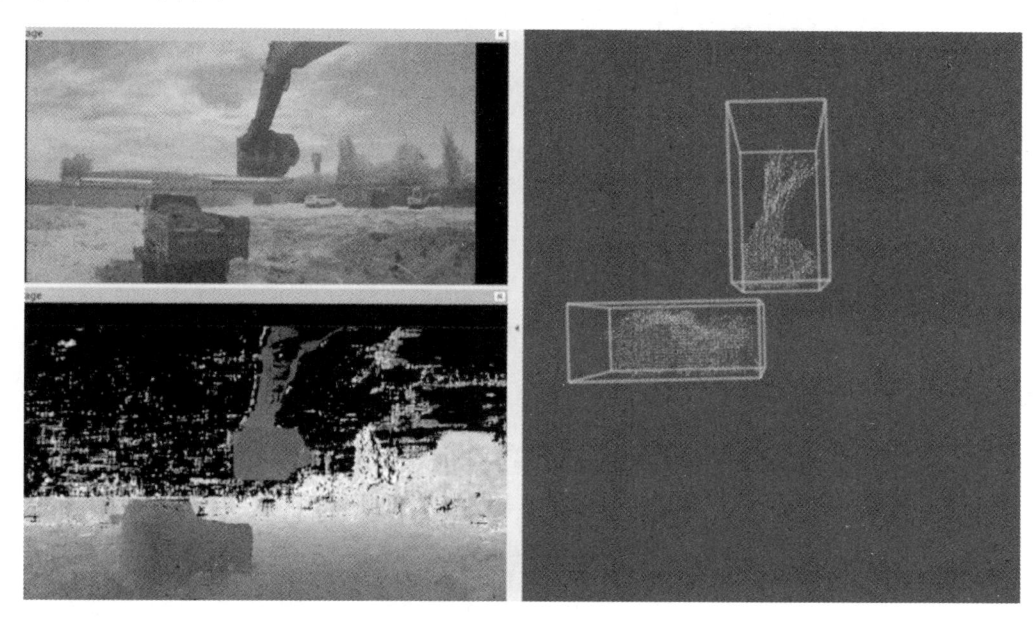

图 2-61 防碰撞预警功能

（2）“单机效率提升”功能矩阵

驾驶员的技能、经验和状态以及远程音视频传输效果会干扰生产效率，因此拓疆者将机械臂的自动控制技术、自动驾驶的人工智能感知技术融合到远程遥控作业中，通过视频实时拼接、AR 辅助感知、辅助驾驶等功能，提升单机作业效率。

1）视频实时拼接功能

视频实时拼接功能是指通过算法在超低延时下将最多三个视频画面拼接形成一个完整图像，且拼接画面连续、无畸变，如图 2-62 所示。完整图像视域宽阔，可达 140°，临场感更强，且可根据作业面亮度自动调整明暗，更实用。

2）AR 辅助感知功能

该功能包括铲斗深度感知系统（Bucket Depth Indicator，BDI）、距离探测、作业面引导等，通过采用人工智能的感知与 AR 技术，辅助远程遥控人员进行更精准的感知，高效解决在远程遥控时精确定位挖掘目标位置与卸料落点位置两大痛点问题。其景深感知功能采用 AR 感知挖斗距离，判断挖斗落点位置，将铲斗垂直地面的位置通过 AR 标注到主画面上，如图 2-63 所示，使得下铲点、落料点一目了然，且达到厘米级误差实时检测。

3）辅助驾驶功能

辅助驾驶功能是指由机器人自主完成部分操作的感知、规划、控制、执行，包括自动

图 2-62　视频实时拼接功能

图 2-63　AR 辅助感知功能

复位、限高限深、自动排孔等。

其中，自动复位功能如图 2-64 所示，按动手柄复位按钮，设备可自动找到目标并沿最优线路完成复位，在远程遥控卸料过程中开发自动化辅助功能，确保装车效率，使作业品质始终如一，不受疲劳等个人因素影响，平均单斗挖装循环耗时 18s，无碰撞风险，操作效率持续精进。

图 2-64 自动复位功能

限高限深功能是指依据复杂真实作业环境，预先设置作业臂的摆动幅度和作业空间，确保机身安全与环境安全，如图 2-65 所示。

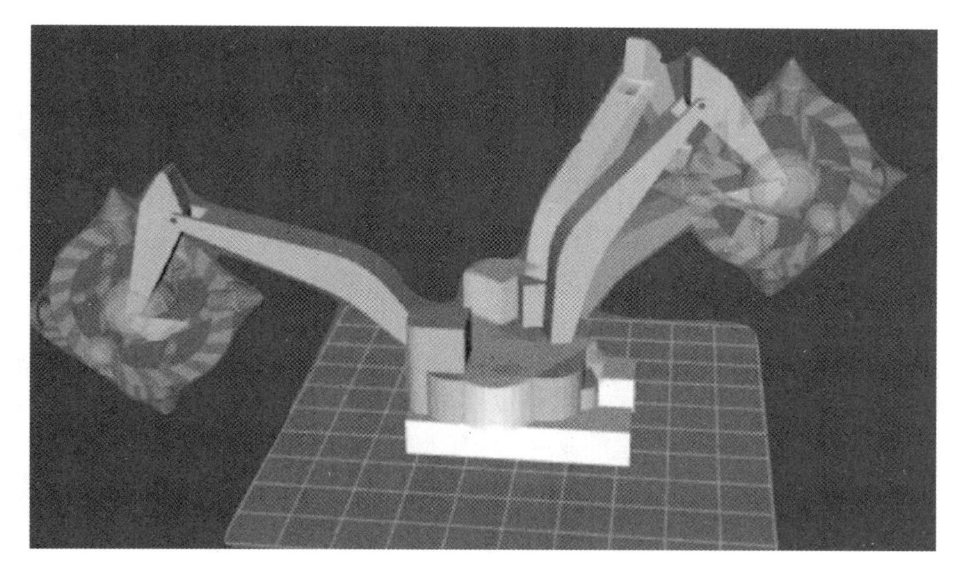

图 2-65 限高限深功能

(3)“管理效率提升”功能矩阵

拓疆者远程智控系统通过耗损管理、班组管理、作业大数据报告等功能，构建了管理效率提升的功能矩阵。

1）耗损管理功能

通过图像等传感器实时监测斗齿等特定部位，采用深度学习的方式判别其损耗程度，发生异常时及时预警，降低异常停机率，防止断齿进入、卡坏破筛设备，影响生产。其中，斗齿健康状态监测及预警功能使用多帧对象检测模型捕获铲斗位置，监测斗齿断裂磨损状况，通过图像识别实时检测斗齿是否掉落并即时预警，并可使用视频、声音、灯光提示相关人员，如图 2-66 所示。

图 2-66 斗齿健康状态监测及预警功能

2）班组管理功能

该功能应用于组建更高效的生产管理团队，将远程遥控的工程机械智能化升级为机器人，而驾驶员无需在外奔波，集中管理，效率更高。其中，通过异步操控功能，可以降低成本且极大提升设备使用效率。其依据所选受控设备（可手动选择）自动匹配操作台操控方式，在原有系统架构下，可任意增加操作台或设备，实现一个操作台操控多台设备（在不同时间分别登录不同的设备），并且在设备出现故障或需要维修保养时，可从操作台切换设备，降低设备空置时间，减少人员往来上机时间，降低人员上机安全风险。

3）作业大数据报告功能

结合真实作业环境及实际需要，拓疆者平台可出具包括：挖装耗时、卡车等待时长、设备故障统计、效率多维对比等数据和建议，为客户落实降本增效改进方案提供数据支撑。数据支撑决策，可有效提升全产业链协同作业效率。

2.5.4 案例——百度无人挖掘机作业系统（AES）

1. 项目背景

百度 RAL 实验室牵头提出了百度无人挖掘机作业系统（AES）的研究，并联合马里兰大学和百度智能云事业部合作开发。AES 包含一套以三维环境感知、实时运动规划、鲁棒运动控制为核心的 AI 算法，可在不同工作情况下进行无人化作业。目前，AES 已经落地工业废料处理相关领域，实现了工业废料连续 24h 自动上料功能，助力工业废料处理产线实现全程无人化处理。AES 赋能的无人挖掘机系统已在工业废料处理产线上无故障作业了数千小时，充分显示了 AES 系统的稳定性和鲁棒性，有效减少了工业废料对挖掘机操作手的损害，并为客户大幅节省人力成本。

2. 系统框架

如图 2-67 所示，百度 AES 的系统主体是一台配备了线控驱动系统的液压挖掘机，安装了 RTK、激光雷达、RGB 相机、压力传感器、倾角传感器等，并融合了多模态传感器数据以实现对周围环境的可靠感知。此外，车载的计算单元承载了感知、规划和控制软件模块，并利用基于 STM32F407 臂式微控制器的工业控制板实现计算单元和挖掘机之间通过 CAN 接口的底层通信，以实现整个装置的软件控制。

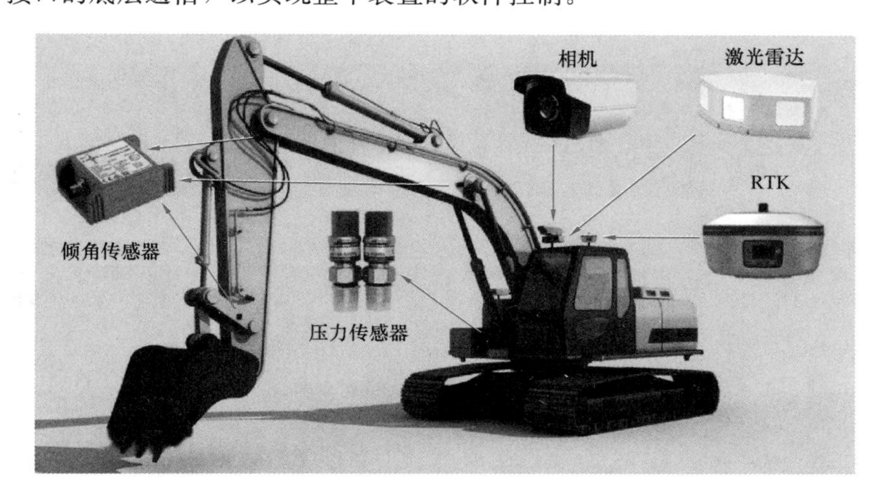

图 2-67 AES 中使用的硬件传感器

（图片来源：Zhang L，Zhao J，Long P，et al. An autonomous excavator system for material loading tasks ［J］. Science Robotics，2021，6（55）：eabc3164）

软件系统作为系统核心，包含了感知、任务规划、动作规划、控制四个软件模块。具体而言，首先，感知系统利用低成本相机和激光雷达，实时生成高精度的三维环境地图，通过计算机视觉和深度学习等算法，AES 可以检测作业环境中的运输卡车、障碍物、石块、标识和人员等，并对卡车、障碍物等物体进行准确的三维姿态估计，同时也可以识别作业物料材质等信息。其次，基于感知系统的信息反馈，通过学习和优化算法，AES 能够快速进行作业规划和多自由度的挖掘机各关节运动路径规划，确保提升作业效率的同时降低机械损耗。最后，通过高精度运动闭环控制算法，AES 能够实现挖掘机各机构的精准运动控制，解决了传统工程机械中运动控制无法闭环、轨迹难以跟踪、跟踪精度差等难题。此外，AES 还包含一整套软件和界面设计，协助终端用户完成系统的操作、部署和使用。

（1）感知

感知模块着重于解析和理解周围环境，并在非结构化的工作区域内识别目标对象。其为了处理各种具有挑战性的场景，进行精细的 2D/3D 感知，具体包括以下内容：

1）识别需要清除的阻挡障碍物。

2）检测材料的不可穿透部分，以避免其与挖掘机的动臂直接接触。

3）识别材料的纹理，并对材料堆的形状进行建模，以进行装载作业。

4）通过计算机视觉方法对图像进行增强，如除尘，其目的是消除图像采集中灰尘的影响，从而提高障碍物识别及纹理识别的性能。

为此，感知模块采用了从粗到细的方法来检测、分割和解析较大尺寸的物体、小尺寸的目标和材料纹理，且利用了最先进的算法，如语义分割、实例分割、纹理和材料识别及除尘。以图 2-68 所示的岩石检测和分割任务为例，首先使用图像增强算法；然后，利用纹理和材料识别算法从整个图像中识别出石头、水坑、管道区域；再次，使用二维检测和分割算法对这些物体进行准确分割；最后，结合二维分割和 LiDAR 的深度信息对每个检测到的障碍物进行三维包围。

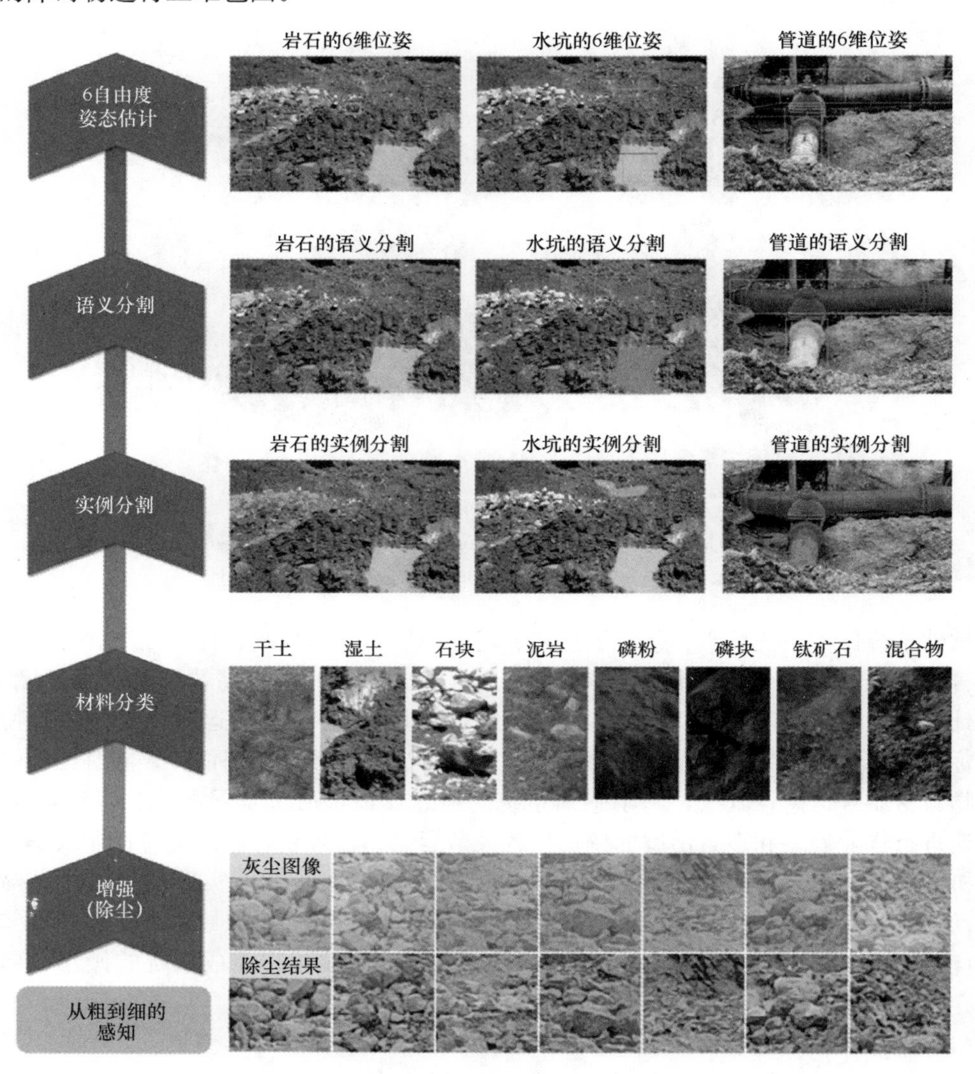

图 2-68 岩石检测与分割任务管道

（图片来源：Zhang L，Zhao J，Long P，et al. An autonomous excavator system for material loading tasks [J] . Science Robotics，2021，6 (55)：eabc3164）

1）图像增强：除尘

在挖掘作业过程中，特别是处理石头和土壤时，工作区域经常存在灰尘。灰尘会在很大程度上影响对障碍物的识别，如石头和卡车。为了解决这个问题，AES 使用除尘神经网络来从有灰尘的输入图像中生成干净的图像，该网络使用了旨在提取多尺度特征的编码模块、包含多尺度提升策略的解码模块以及用来加强解码模块特征的注意力策略，因此可以获得如图 2-68 图像增强（除尘）显示的除尘结果。

2）材料分类

装载材料的特性，如密度和硬度，会显著影响挖掘运动，因此设计了基于 RGB 图像输入的视觉纹理分类器来预测材料类型。特别地，为了有效训练纹理分类器，百度收集了一个从野生环境和用于回收的化学废物两种环境中捕获的纹理数据集，该数据集包含八个类别：干土、湿土、石头、泥石（野生环境）、磷粉、磷块、钛以及钛和磷的混合物（化学废料），如图 2-68 材料分类所示。

3）实例分割

在许多挖掘场景中，大尺寸的岩石或积累的不良材料杂质通常会导致挖掘无法继续进行。人类操作者在经过一定的训练后可以清除这类障碍物，而为了在没有人类协助的情况下稳健地保持自主操作，AES 需要有相当的能力来检测这些物体。AES 通过 RGB 相机和 LiDAR 传感器的融合数据获取障碍物的姿态和大小，并使用 Mask R-CNN 算法训练识别，结果如图 2-68 实例分割所示。这些信息被送入规划模块，以计算执行清除岩石的运动任务的轨迹。

4）语义分割

挖掘作业中通常遇到的另一个困难是避免与障碍物相撞，这些障碍物包括材料杂质、装载车、铲运作业后的材料堆等。当挖掘机触碰到材料中含有的坚硬杂质时，其进一步动作会受到阻碍。在这种情况下，人类操作者通常会在挖掘运动方面进行合理的选择，以避免杂质与铲斗端头的直接接触。为了识别这种情况，百度 AES 进行了语义分割，如图 2-68语义分割所示。

5）6 自由度姿态估计

为了进行卡车的姿态估计，提前从多个角度扫描并生成具有三维点云表示的模板卡车模型。在卡车姿态实时估计过程中，模板卡车模型与 LiDAR 扫描的点云使用迭代的基于最接近点的算法进行匹配，估计卡车姿态并确定材料倾倒的挖斗的位置。对于阻挡物体，如石头或管道，AES 利用 3D-LiDAR 点云和摄像机图像之间的传感器融合来进行形状和姿态估计，在二维实例分割结果的基础上，结合相机和 LiDAR 的深度信息，用于对每个检测到的障碍物进行三维边界盒的拟合，图 2-68 中显示了石头姿态估计的例子。

（2）规划

规划模块与感知模块密切相关，为了处理现实世界中的材料装载任务，规划模块需要明确考虑到地形形状和障碍物的位置。分层规划模块根据感知结果自动选择挖掘目标，并在此基础上产生详细的动臂运动。因此，规划模块由任务规划算法和运动生成算法组成，这种组合使 AES 能够使用数据驱动的方法和基于优化的算法。

1）挖掘目标选择

目标选择模块使用了一种数据驱动的方法，学习人类操作员的常规操作。在该模块中，工作区的地形看作 2.5D 的网格高度图，预测的输出包括铲点的位置和铲斗的行程长度。其中，铲点代表挖掘机铲斗首次接触材料的点，行程长度指铲斗在提升材料之前所走的距离。该学习任务的神经网络模型可描述为：

$$\begin{cases} y = f_{\text{core}}(x) \\ \theta = \boldsymbol{y}^{\mathrm{T}}\boldsymbol{M} \\ z_{\mathrm{x}} = f_{\text{lon}}(\theta) \\ z_{\mathrm{y}} = f_{\text{lat}}(\theta) \\ z_{\mathrm{l}} = f_{\mathrm{l}}(\theta) \end{cases} \tag{2-25}$$

其中，x 是观测值；f_{core} 是卷积层的函数；f_{lon} 、f_{lat} 和 f_{l} 是具有可训练参数的多层感知器；$\boldsymbol{M}$ 是具有可训练元素的矩阵；z_{x} 和 z_{y} 是 POA 的纵向和横向坐标；z_{l} 是挖掘机铲斗在提升前行走的距离。

2）挖掘机运动生成

运动生成模块在目标选择模块的基础上输出挖掘机关节空间的运动轨迹。对于这种计算，使用数据驱动的方法来表示人类操作的挖掘机运动模式，该模式被应用到一个基于优化的方法中，用于生成运动轨迹。

AES 使用 IRL 算法来得出运动模式。对于给定的轨迹 τ ，累积成本 $\boldsymbol{C}(\tau)$ 被定义为：

$$\boldsymbol{C}(\tau) = \boldsymbol{w}^{\mathrm{T}}\boldsymbol{\Psi}(\tau) \tag{2-26}$$

其中，$\boldsymbol{\Psi}$ 是用户定义的特征函数向量；$\boldsymbol{w}$ 是与该特征向量相关的权重向量。

给定多个人类操作的挖掘运动轨迹，目标为学习特征权重向量 $\boldsymbol{w}$ ，可以通过解决凸优化问题得到：

$$\min_{w}\sum_{i=1}^{D}\log\sum_{k=1}^{K}\mathrm{e}^{-\boldsymbol{w}^{\mathrm{T}}(\boldsymbol{\psi}_{i,k}-\boldsymbol{\psi}_{i}^{*})}+\boldsymbol{\lambda}\,||\,\boldsymbol{w}\,||_{1} \tag{2-27}$$

其中，D 是示范轨迹的数量；K 是每个示范轨迹取样轨迹的数量；$\boldsymbol{\psi}_{i}^{*}$ 是示范轨迹 i 的累积特征向量，即 $\boldsymbol{\psi}_{i}^{*}=\sum_{j=1}^{N}\boldsymbol{\psi}_{i}(j)$ ，其中，N 是该轨迹的采样点数量；$\boldsymbol{\psi}_{i,k}$ 是示范轨迹 i 周围的样本轨迹 k 的累积特征向量。

在计算出 POA 和铲斗行程长度的基础上，可以用反运动学计算出挖掘机臂的起始和结束配置。特别是，AES 定义了一些特征，包括具体配置和末端配置之间的平方误差，相对于每个关节的速度和加速度的平方，以及铲斗末端效应器到地形表面的平方距离。

在线运动生成过程中，使用特征权重和成本特征进行运动规划的随机轨迹优化。除了人类的运动模式外，轨迹优化框架还考虑到了场景中的静态和动态障碍，与这些障碍物相关的额外成本特征也会被添加到整体成本函数中。

3）挖掘机底座的移动

除了挖掘机手臂的移动，规划挖掘机底座的移动对于进行材料装载工作也很重要。例如，为了装载一大堆土壤，挖掘机可能无法在不改变其底座位置的情况下清除所有的土壤。AES 采用了挖掘机底座和手臂运动规划解耦方法，因为在真实场景中，挖掘机会交替着将底座移动到所需的位置，并通过手臂的运动来完成挖掘作业。就挖掘机底座运动规划而言，有两个主要问题：选择一连串理想的底座位置来执行给定的子任务，以及在不平坦的地形上安全地导航到选定的目标底座位置并避免与障碍物发生碰撞。

4）任务规划

AES 开发了一种包括底座移动在内快速的挖掘机任务规划方法。考虑到挖掘机要执行复杂任务，如装载较大规模土壤材料时的底座运动问题，可将整个工作区域划分为多个任务区，其主要思想是使每个任务区的底座保持静止，每个任务区的挖掘只通过手臂的运动进行。

5）挖掘机底座运动规划

为使底座可到达每个任务区的理想位置，AES在计算出任务路线后对底座运动路径进行了规划。首先，通过使用基于 LiDAR 的测绘方法计算出工作区的三维点云图；然后，使用 RTK 和 LiDAR，在地图中定位挖掘机底座位置；此外，地图中的可穿越区域是根据点云高度信息计算出来的，并且可以通过使用学习算法识别潜在的障碍物（如大石头）和不可行的区域（如坑）来进一步改进；获得了带有环境占用信息的高程图后使用基于搜索的运动规划方法来计算挖掘机底座从当前位置移动到目标位置的可行路径，并使用基于模型预测控制的运动控制器，以便挖掘机能够紧跟规划的路径；最后，由低级控制器计算出液压阀指令，并用于移动挖掘机底座。

3. 系统验证与应用

（1）模拟场景验证

目前，AES已在多种复杂的室内和室外不同工况下进行了挖装测试、石块操作及挖沟任务等，充分显示了 AES 系统具备处理多种挖掘机任务的能力，证明了 AES 系统的技术先进性、作业任务兼容性、系统稳定性和鲁棒性。为全面测试 AES 的系统能力，百度在封闭的测试场设置了 10 个不同的场景，模拟现实世界中挖掘机的常见使用情况。表 2-7 中第二列列出了每个场景的名称，其他几列表示在相关场景中 AES 需要执行的常见功能，包括装载和倾倒、清除岩石、避开障碍物、避开水区以及移动。结果表明，AES 在这些场景中都能稳健运行。

AES 验证模拟场景设置表 表 2-7

序号	场景	装载和倾倒	清除岩石	避开障碍物	避开水区	移动
1	材料装载和倾倒	√	—	—	—	—
2	清除岩石	√	√	—	—	—
3	避开障碍物	√	—	√	—	—
4	雨中装载	√	—	—	√	—
5	清除岩石与避开障碍物	√	√	√	—	—
6	清除岩石与避开水区	√	—	—	√	—
7	避开障碍物与水区	√	—	√	√	—
8	全栈式挖掘场景	√	√	√	√	—
9	挖沟	√	—	—	—	√
10	清除大堆积物	√	—	—	—	√

1）材料装载和倾倒场景。如图 2-69（a）所示，这是基本的测试场景，所使用的材料没有任何杂质，场景中也不包含障碍物和水，旨在测试地形的建模感知和基本挖掘运动的生成。

2）清除岩石场景。如图 2-69（b）所示，在这个场景中，挖掘机需要抬起挡住其工作区域的岩石，以实现挖掘任务。该场景旨在广泛地测试岩石识别模块，并进行适当的任务/运动规划。岩石识别感知模块输出目标岩石的三维边界盒，在感知结果的基础上，运动规划模块为挖掘机手臂的运动生成一个可行的轨迹，以捕获物体。

图 2-69　部分 AES 验证模拟场景

（图片来源：Zhang L，Zhao J，Long P，et al. An autonomous excavator system for material loading tasks ［J］. Science Robotics，2021，6（55）：eabc3164）

3）避开障碍物场景。通常情况下，挖掘机作业时的障碍物包括装载机、自卸车、周围的建筑物、杂质和材料堆等。在该避障场景下 AES 需要检测障碍物并规划无碰撞的轨迹，将材料倒入卡车。

4）雨中装载场景。在许多情况下，挖掘机需要在雨中作业，其工作区周围极有可能出现水坑。而为了避免铲到水里，AES 需要能识别充满水的区域，因此设计了基于该工作条件的测试场景。

5）清除岩石与避开障碍物的组合场景。这个测试场景结合了场景 2）和场景 3），更接近于现实的挖掘场景。在该场景下，首先，通过感知模块感知、标记并分割障碍物；然后，通过任务规划模块决定是否清除障碍物；最后，由运动规划模块生成手臂的无碰撞轨迹，以实现稳健的采矿作业。

6）清除岩石与避开水区的组合情景。当挖掘发生在潮湿天气或雨天时，检测水和岩石是必要的，因此设置了场景 2）和场景 4）的组合场景，识别岩石并对水区进行分割。

7）避开障碍物与水区的组合场景。该场景为场景 3）和场景 4）的组合场景，检测在雨天时，障碍物与水区的语义分割性能。

8）全栈式挖掘场景。该场景对场景 1）、场景 2）、场景 3）、场景 4）进行了结合，贴合现实但又具有一定挑战性，旨在评估感知、规划和控制模块的综合能力。在这个场景中，AES 必须在铲除材料和移除石头之间作出决定，同时避开任何障碍物和水区。

9）挖沟场景。如图 2-69（c）所示，在这个场景中，挖掘机需要重复挖掘和倾倒操作并适时向后移动，以挖掘一条沟渠。该场景旨在评估 AES 在底座移动方面的情况，包括基于 RTK 的基座定位、使用 LiDAR 捕获的三维点云感知沟渠的形状、挖掘机底座移动的规划和控制，以及挖沟的整体任务规划。

10）清除大堆积物场景。这个场景是为了测试 AES 在任务规划和底座移动方面的能力。对于大堆积物，挖掘机在不改变底座位置的情况下，无法利用其手臂运动清除所有的材料，百度 AES 的方法是将整个工作区域划分为多个任务区，挖掘机需要移动对应于每个任务区的不同位置，对每个任务区进行挖掘操作，如图 2-69（d）所示。

（2）真实场景应用

在上述模拟场景验证成功的基础上，百度将装有 AES 的挖掘机部署到一个废物处理厂，以评估在真实的废物处理与回收场景下系统的效率和稳健性。在该场景下，挖掘机需要将工业废物材料装载到指定平台，执行柔顺清扫动作以清洁平台上的物料，如图 2-70 所示，并且过程中存在出现过多灰尘和材料堆坍塌的干扰情况。结果表明，该无人挖掘作业系统可以在没有任何人工干预的情况下连续运行 24h，且在相同时间内处理的材料数量接近于人类操作员，满足效率要求。

图 2-70　AES 连续 24h 无人作业

（图片来源：Zhang L，Zhao J，Long P，et al. An autonomous excavator system for material loading tasks [J]. Science Robotics，2021，6（55）：eabc3164）

2.6　土方智能施工服务平台

2.6.1　基本概念

土方智能施工服务平台是指提供土方工程相关信息、数据处理、智能化决策和多机协同作业的综合性平台。智能施工平台可提高工程中土石方工程测量的准确性、机械工作效率和人员与机械的安全性，并根据现场资源配置，通过整合各类数据源、应用算法模型和执行机制，实现对土方施工任务的自动调度与优化，以及对作业过程的智能化管理。其优势在于减少人为错误、提高施工效率、降低成本和优化资源利用。它可以应用于各类土方施工项目，包括但不限于道路建设、土地开发、基础设施建设等。其应用领域广泛，可满足不同规模和复杂程度的工程需求。通过引入该平台，施工行业将迈入一个全新的发展阶段，进一步推动技术创新和智慧施工技术的发展。

2.6.2 土方施工多机智能调度方法

施工作业调度计划作为施工方案的核心部分，需要根据机械参数、施工工程量以及现场情况等进行调整，更是面临着智能化生成等挑战。土方工程作为建筑工程中最重要的工程之一，有工期长、工程量大、投资大、影响面广以及施工条件复杂等特点，因此，多机智能化调度方法能够有效保证施工进展和控制施工费用，对合理安排施工机械、控制施工进度和保障施工质量具有重要意义。

1. 基于 NSGA-Ⅲ的多机静态调度方法

土方施工中存在多台多种型号的机械，不同的机械由施工工序进行连接，土方施工中的某些工序并非只能由单一的施工机械进行作业，而是可以在多台施工机械中进行选择，因此土方施工的调度方案具有多样性，可称之为多机柔性土方机械调度问题（Flexible Earthwork-site Scheduling Problem，FESP）。在土方调配和场平工程中已知土方调配方案、各分区具体场平施工工程量、可用土方施工机械的参数，以及可用机械库中包括各施工机械的类型、型号参数、工作效率和施工定额等。根据以上已知信息可得到初始状态下土方机械完成各作业任务所需持续时间。调度方案是将土方施工机械合理地分配到作业面完成施工任务，并合理安排施工任务的开始施工时间，同时满足相应的条件约束，使整个工程项目中的工作时间、机械负荷、机械能耗等指标最小。多机柔性土方机械调度问题（FESP）包含机械选择、工序排序两个子问题，即确定各施工任务使用的机械编号和对机械上的施工任务进行排序。柔性土方机械调度具有多目标、高纬度、规模化的特点，是 NP-hard 问题。

根据土方施工的多目标特性，以最短工作时间、最小机械负荷、最低能耗为目标函数，利用非支配排序遗传算法（NSGA）对调度问题进行求解和优化。NSGA 算法在求解多机柔性作业静态调度问题方面具有有效性、优越性和普适性。

遗传算法是在遗传水平上模仿物种的进化，通过在决策变量空间中模拟遗传水平上的交叉和变异操作来创建一组新的点来执行搜索操作。基于遗传算法开发了不同的算法（NSGA、PAES、SPEA、MOGA 等），通过将精英主义纳入设计了 NSGAⅡ、PAES-Ⅱ、SPEA-Ⅱ算法，总结了土方施工多机柔性作业静态调度的数学模型。其以工作时间、机械总负荷、机械总能耗为目标，具体公式如下：

$$
\begin{gathered}
\Sigma M_{O} = 0 \\
F_{goal} = \min\left[f_1, f_2, f_3\right] \\
f_1 = \max\{C_i\} \qquad (2\text{-}28) \\
f_2 = \sum_{i=1}^{N}\sum_{j=1}^{n_i}\sum_{k=1}^{m} t_{ijk}x_{ijk}
\end{gathered}
$$

$$f_3 = \sum_{k=1}^{m}(p_{er} \times T_{er} + p_{ew} \times T_{ew})$$

$$s_{ij} + t_{ijk} \times x_{ijk} \leqslant C_i$$

$$\sum_{k=1}^{m} x_{ijk} = 1$$

符号描述见表 2-8。

符号描述 表 2-8

参数符号	详细描述
F_i	填方区总数，$F_i \in \{1, 2, \cdots, N_i\}$
P_{ij}	填方区 F_i 的施工过程
M_k	土方施工机械集合，$k \in \{1, 2, \cdots, m\}$
C_i	填方区 F_i 的施工结束时间
s_{ij}	施工过程 P_{ij} 的开始工作时间
e_{ij}	施工过程 P_{ij} 的结束工作时间
t_{ijk}	施工机械 M_k 在施工过程 P_{ij} 花费的工作时间
x_{ijk}	0-1 变量，表示是否使用第 k 台施工机械完成施工过程 P_{ij}；如果为 1，表示使用该施工机械；如果为 0，表示不使用该施工机械
p_{er}	施工机械空载功率
p_{ew}	施工机械的施工功率
T_{er}	施工机械的空载时间
T_{ew}	施工机械的工作时间

NSGA-Ⅲ采用了新的基于参考点的选择机制来替代拥挤距离。基于参考点的选择机制主要通过所设定的参考点（s）以及个体解到参考点的距离 d（s），对种群中的个体进行更加系统的分析，进而依次选择前沿面中的解进入子代种群。NSGA-Ⅲ算法流程和逻辑如图 2-71 所示。

2. 基于深度强化学习的多机动态调度方法

近年来，强化学习已经成为处理动态调度问题的有力方法，其中应用最广泛有效的就是 Q-learning，但其在处理连续状态空间方面具有局限性。为此，深度强化学习开始应用，展现了在这方面的求解优越性。

（1）DDQN 算法模型

深度强化学习是指通过与环境交互获得的奖励或惩罚进行不断学习，从而更加适应环境，同时将深度学习的感知能力和强化学习的决策能力结合的一种端对端系统。深度 Q 网络（DQN）方法能够更加直观地反映不同动作的利弊，需要调整的参数更少，同时也释放了连续状态的存储空间，其可使用深度神经网络作为函数求解器来计算并保存每个调度动作的值函数和选择概率。

动态调度问题本质是一个马尔可夫决策过程，深度强化学习的四个经典元素为智能体（A，Agent）、状态（S，State）、动作（a，Action）、奖励值（R，Reward）。智能体 A 在当前状态 S 下执行动作 a 得到奖励值 R，达到下一状态，通过奖励值 R 反映出与环境的交互效果，利用损失函数（L，Loss）计算出真实值与预测值之间的误差，进而不断向奖励值较大、损失函数较小的路径学习，最终形成一个能够符合预期的调度方案。

DDQN（Double Deep Q-Network）使用两个 CNN 来产生真实值和预测值，通过预测

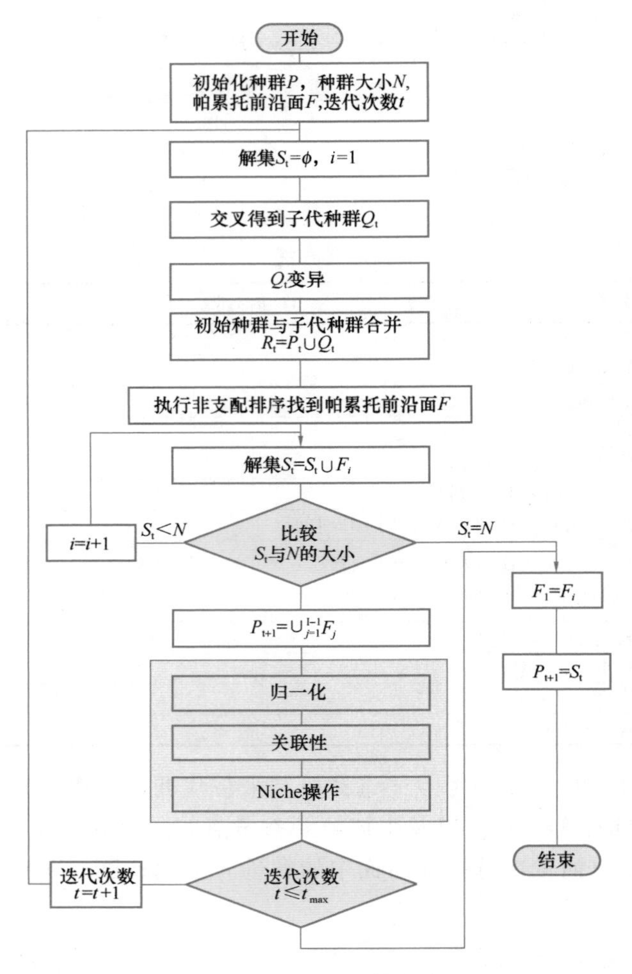

图 2-71　NSGA-Ⅲ算法流程

与真实值的偏差进行更好的学习。通过参考网络和目标网络的参数分离，减少过度优化，实现更加稳定可靠的学习，同时使用软参数更新目标网络的参数，使得目标值平稳变化，提高学习的稳定性，DDQN 算法的具体逻辑和流程见表 2-9。

（2）网络结构

Q 网络的结构是决定 DDQN 是否能够顺利求解的关键。在大多数基于强化学习的调度方法中，能够反映施工任务状态的一些指标，即施工机械、施工任务、施工工序等被作为神经网络的输入层参数。在实际调度问题应用中，施工机械、施工任务的数量范围根据实际情况变动较大，因此将范围为［0，1］的机械的平均利用率（*MAU*）、机械利用率标准差（*MS*）、施工工序完成率（*CRP*）、施工任务完成率（*CRJ*）、施工任务完成率标准差（*JS*）、施工任务预计延迟率（*TardJE*）、施工任务真实延迟率（*TardJR*）7 个状态特征作为网络的输入层参数表示每个重新调度点的状态，并且这些状态特征很容易扩展到不同未经训练的环境。根据公式计算隐藏神经元的数量：

DDQN 算法逻辑　　表 2-9

双层深度 Q 网络学习算法（DDQN）
初始参数：经验池 D 的容量为 N，随机化 Q 网络的初始参数为 θ，目标 Q 网络的初始参数 $\theta^{-}=\theta$，目标网络参数更新频率 τ，网络指针 episode 迭代次数 L，决策点 t 大小为 T，状态特征空间 φ_t，学习率 α，衰减因子 γ，动作 a 执行的探索率 ε，批量梯度下降的样本数 m，动作集 A。
1：随机初始化所有状态和动作对应的 Q 值，随机初始化当前 Q 网络的所有参数 θ，初始化目标 $\hat{Q}$ 网络的参数 θ^{-}，清空经验池集合 D；
2：for episode＝1：L
3：生成初始化状态 S_1 的状态特征空间 $\varphi_1=\{MAU(1), MS(1), CRP(1), CRJ(1), JS(1), Tard\ JE(1), Tard\ JR(1)\}=\{0, 0, 0, 0, 0, 0, 0\}$；
4：for t＝1：T
5：按照概率 ε 执行动作 a，记录 $Q(\varphi_t, a; \theta)$；
6：按照 ε-贪婪法，$a_t=\text{argmax}_a Q(\varphi_t, a; \theta)$，在当前 $Q(\varphi_t, a; \theta)$ 值输出中选择对应动作 a_t 达到状态 S_{t+1}；
7：计算 $R_t=\text{Reward}(S_t, a_t)$ 以及 $\varphi_{t+1}=\{MAU(t+1), MS(t+1), CRP(t+1), CRJ(t+1), JS(t+1), Tard\ JE(t+1), TardJR(t+1)\}$；
8：将 $(\varphi_t, a_t, R_t, \varphi_{t+1})$ 记录保存至经验池 D；
9：从经验池 D 中采样 m 个样本 $(\varphi_j, a_j, R_j, \varphi_{j+1})$，$j=1, 2, \cdots\cdots, m$，计算当前目标 Q 值 y_j；
10：$y_j=\begin{cases} R_j, & j=T \\ R_j+\gamma\hat{Q}(\varphi_{j+1}, \text{argmax}_a{}'Q(\varphi_{j+1}, a; \theta), \theta^{-}), & j\neq T \end{cases}$
11：利用均方差损失函数 $\frac{1}{m}\sum_{j=1}^{m}[y_j-Q(\varphi_t, a; \theta)]^2$，通过神经网络的梯度反向传播来更新 Q 网络的所有参数 θ；
12：目标 $\hat{Q}$ 网络参数 $\theta^{-}=\tau\theta+(1-\tau)\theta^{-}$；
输出：Q 网络参数 θ、目标 $\hat{Q}$ 网络参数 θ^{-}

$$N_h=\frac{N_S}{\alpha\times(N_i+N_O)} \tag{2-29}$$

其中，N_i 表示输入层神经元参数个数；N_O 表示输出层神经元个数；N_S 表示训练集样本数；α 表示 2～10 的自取任意值。若最终确定隐藏层数量为 5 层，输出参数为 6 个规则，网络结构则如图 2-72 所示。

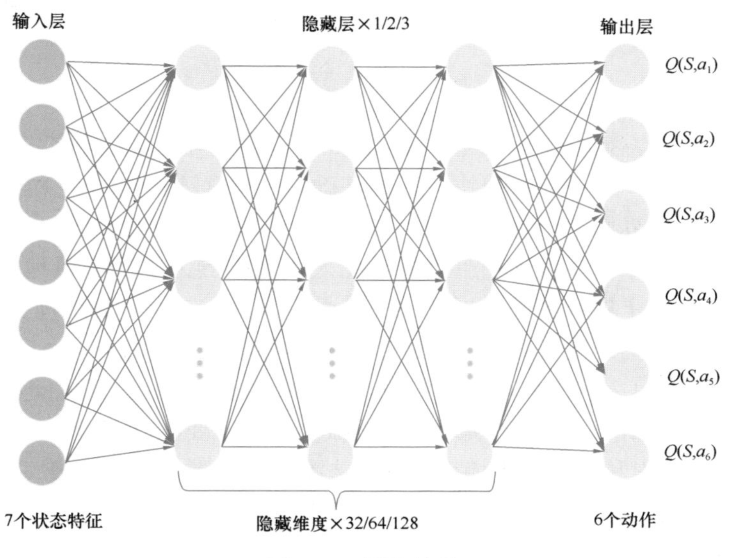

图 2-72　网络结构

参考网络和目标网络的结构相同，随着学习的过程，参考网络将不断更新自身参数 θ，根据两者之间的关系，从而阶段性地更新目标网络的参数 θ^-，达到最优的学习训练效果。

2.6.3 案例——土方智能施工服务平台

1. 项目背景

当前土方工程施工中常存在推土机、摊铺机、压路机等施工机械配置不够合理的问题，无法随着施工过程动态下发施工任务以及进行机械动态调度，无法在天气变化、机械故障停工等动态环境影响下进行机械调度计划的调整，导致出现土方断流或积压、生产率低下、机械窝工等问题，因此施工机械的动态智能优化调度是解决该问题的重要方法，也是推动智能施工机械发展的必要趋势，同时也是加快无人土方工程发展的重要手段。

2. 平台功能

土方智能施工调度系统至少需要包含工程基础信息、施工方案、机械监控三大功能模块，为了保证业务逻辑中的信息利用率和降低系统界面层级，系统共包含工程项目、施工方案、任务管理、质量监测四大功能模块。土方智能施工框架如图 2-73 所示。

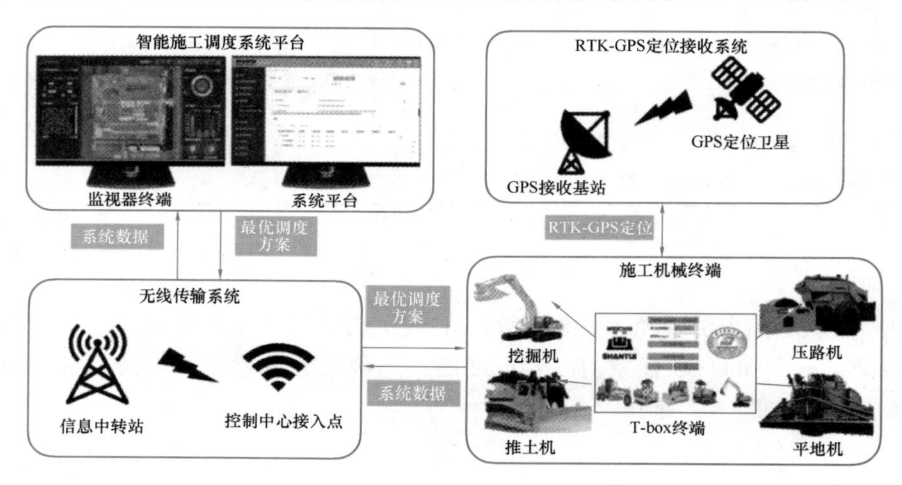

图 2-73 土方智能施工框架图

2-2 土方智能施工系统功能演示

土方智能施工系统界面设计如图 2-74 所示。系统功能演示见二维码 2-2。

（1）工程项目模块。工程基础信息包含项目地图、工程日历、机械库，在系统界面中设置“工程项目”模块来实现工程基础信息的增加、查询功能。其中，项目地图可以通过无人机航拍导入得到实景地图，同时也可以手动划定项目区域。项目地图界面可以点击查看项目地理位置、占地面积、海拔高程、区域划分等工程项目界面如图 2-75 所示。

（2）施工方案模块。通过工程项目模块，可以掌握土方项目的项目地图、工程日历及可用机械库等工程基础信息，为了实现施工机械调度还需要在此基础上生成施工方案，进行施工方案的业务流程和算法逻辑梳理。施工方案模块需要包含选择施工区域、作业段划分、工程量计算、选择施工方法、生成施工方案及施工任务下发等功能。施工方案模块界面如图 2-76 所示。

图 2-74　土方智能施工系统界面设计

图 2-75　工程项目界面示意图

图 2-76　施工方案模块界面示意图

(3) 任务管理模块。任务管理模块是为了对重要的施工方案执行过程进行可视化管理，保证施工方案的执行效果，即包括任务作业段管理、任务调度可视化、任务完成情况可视化及执行情况的统计报表生成等功能。任务管理模块界面如图 2-77 所示。

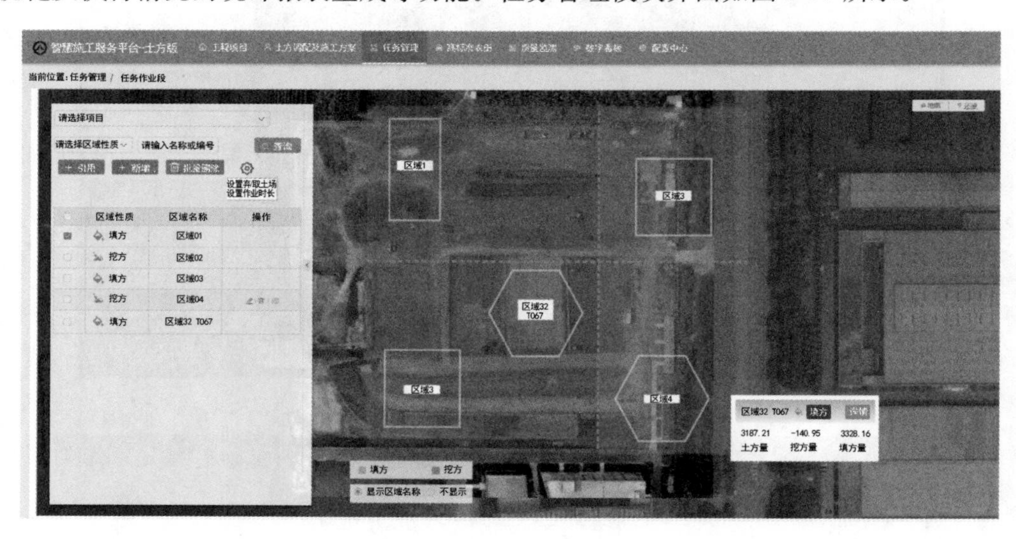

图 2-77 任务管理模块界面示意图

(4) 质量监测模块。质量监测中包含机械定位、机械监控、质量检测及历史报告四个功能。其中，机械定位能够通过 GPS 实现机械的实时定位，以保证施工机械在指派作业段作业。机械监控则是从机械参数、操作记录等方面对施工机械的状态进行监控，减少违规作业并及时进行机械检修。质量检测可以对已完成的施工任务的质量进行检测，结合质量评价标准以判定施工任务是否顺利结束，还是需要返工。历史报告主要进行多个质量检测报告的存储和查看，及时记录相关施工数据，实现土方施工的智能化监测。质量监测模块界面如图 2-78 所示。

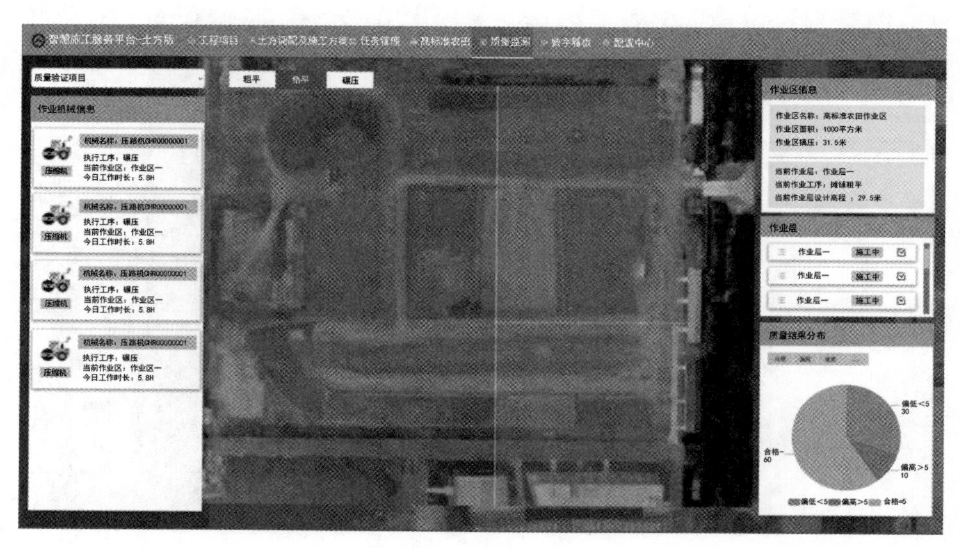

图 2-78 质量监测模块界面示意图

本章小结

本章对推土机、挖掘机、压路机的基本概念、工作原理及关键施工参数进行了系统阐述。从无人驾驶推土机系统构建的视角出发，介绍了行为克隆、逆强化学习、生成式对抗模仿学习等知识点，并以山推智慧施工研究院项目为例介绍了上述方法的应用过程。从无人驾驶挖掘机系统构建的视角出发，介绍了数字孪生、三维建模、云边协同等知识点，并以拓疆者远程智控挖掘机和百度无人挖掘作业系统（AES）为例介绍了上述方法的应用。从土方施工多机智能调度方法构建的视角出发，介绍了基于 NSGA-Ⅲ的多机静态调度方法和基于深度强化学习的多机动态调度方法，并通过土方智能施工服务平台的实际案例介绍了应用过程。

复习思考题

1. 土方机械的种类有哪些？试述其作业特点和适用范围。

2. 常见的土方机械在机械组成、工作原理、应用场景等方面是否存在共同点？请简要概述。

3. 参考美国汽车工程师学会定义的无人驾驶汽车等级，无人驾驶工程机械同样可以划分为六个等级，请分类并简述。

4. 请总结出目前土方工程智能化进程中所应用的相关智能技术，并针对其中感兴趣的 1～2 个查阅资料，进行深入了解。

5. 你还了解哪些智能土方机械的应用案例或者土方工程施工中智能系统的案例？请收集 1～2 个相关案例。

6. 铲运机每小时可以交付 $459m^3$（松土体积）干黏土的填料。现使用自行式夯实压路机进行压实填料（已知该压路机轧制宽度为 2133.6cm）。根据试验段压实信息表明，需要以 4.83km/h 的速度进行 9 次压实，才可以获得项目所需的压实度。压实层厚 20.32cm。根据这些信息，试确定该操作所需的压路机数量？

3 起重机械及其智能化

知识图谱

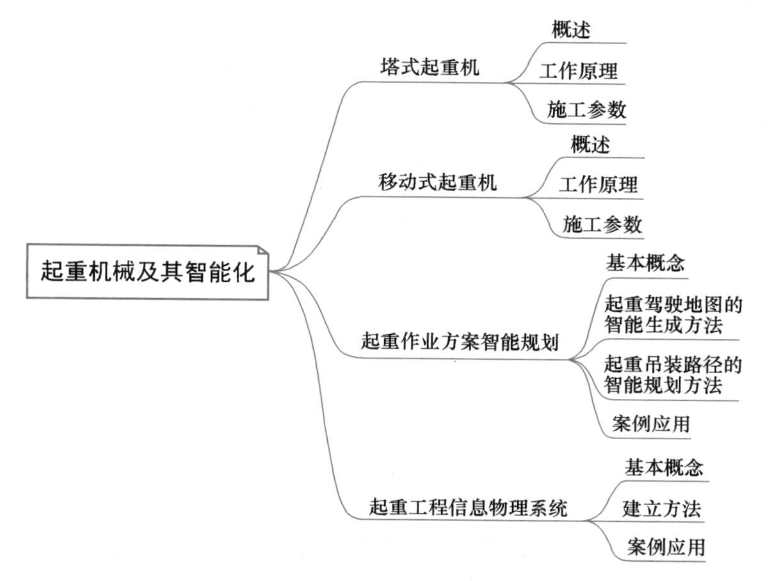

本章要点

知识点1. 塔式起重机与履带式起重机的基本概念与工作原理。

知识点2. 起重作业方案的智能规划方法。

知识点3. 起重工程信息物理系统。

学习目标

(1) 掌握塔式起重机与履带式起重机的基本概念，能够进行关键施工参数的计算。

(2) 掌握起重驾驶地图的智能生成方法以及起重吊装路径的智能规划方法，具备在典型工程场景进行分析计算的能力。

(3) 掌握起重工程信息物理系统的基本概念及建立方法，具备在典型工程场景进行信息物理系统应用的能力。

3.1 塔式起重机

3.1.1 塔式起重机概述

1. 塔式起重机及其用途

塔式起重机（以下简称“塔机”）是建筑工地上最常用

图 3-1　沪通长江大桥 28 号墩主塔塔机

的一种起重设备，其塔身由一节一节的标准节拼装而成，用来吊运钢筋、木楞、混凝土、钢管等施工原材料。与其他起重方式相比，塔机可以提供较好的提升高度和工作半径，并具有作业灵活、速度快、覆盖范围大等特点，适合高层建筑施工。目前，塔机广泛应用于各个工程领域。

典型塔机工程应用案例如下：

（1）桥梁施工：图 3-1 为沪通长江大桥 28 号墩主塔上塔柱的施工场景。与传统塔机安装基础位于地面相比，该塔机基础坐落在近 200m 高的中塔柱上。

（2）房建施工：图 3-2 为成都某中心项目中创新研究并使用的多吊机回转平台。

（3）港口作业：图 3-3 为江苏连云港码头装卸货物所用的塔机。

图 3-2　成都某中心项目多吊机回转平台

图 3-3　江苏连云港码头装卸货物所用的塔机

2. 塔式起重机的类型

塔机是可以通过悬挂在电缆上的吊钩执行起重、分配和负载运输任务的设备，其工作特性由产品设计决定，可按下述方式划分类型。

（1）组装方式

按照组装方式进行分类，塔机可分为部件组装与自行架设两种。部件组装的塔机在组装时需要借助汽车起重机或其他辅助设备进行架设（图 3-4 左）；而自行架设的塔机可以在不用辅助设备的情况下完成快速架设（图 3-4 右）。

（2）变幅方式

按其变幅方式进行分类，塔机可分为小车变幅、动臂变幅和折臂式变幅三种。小车变幅的起重机一般都装配有固定的水平臂架，通过轨道上的小车进行变幅，这种类型是最为常见的；动臂变幅类型的塔机，其臂架与塔身一般为铰接；折臂式变幅则一般用于十分狭窄的作业区域。图 3-5 为三种不同变幅方式的塔机。

（3）回转方式。上回转式塔机的回转机构设置在塔身上部；相对而言，下回转式塔机的回转机构一般设在基座上，如图 3-6 所示。

除了上述三种分类，塔机分类还有：按支承方式可分为固定式和移动式两种；按爬升方式可分为附着式和内爬式两种；按安装方式可分为非快装式和快装式两种。

图 3-4 不同组装方式的两种塔机

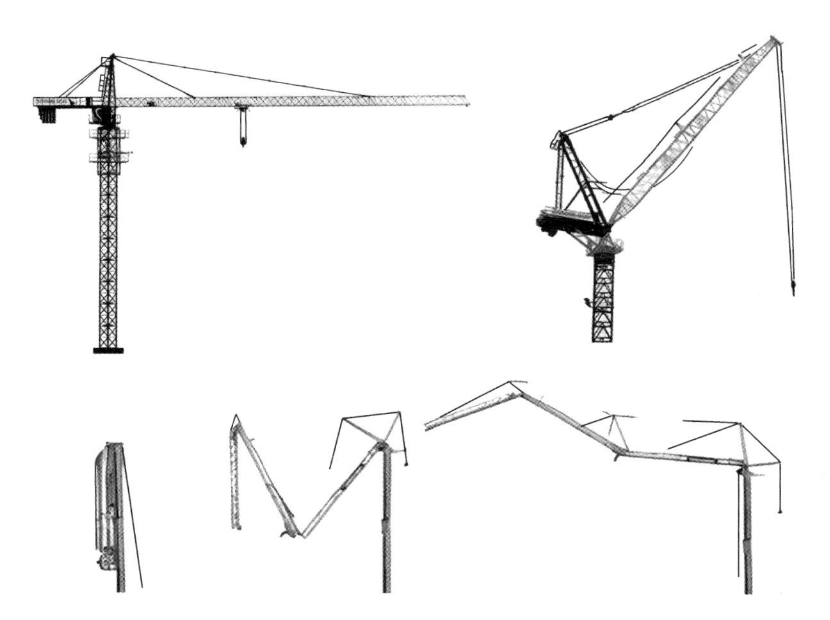

图 3-5 三种不同变幅方式的塔机（左上：小车变幅；右上：动臂变幅；下：折臂式变幅）

3. 塔式起重机发展现状

（1）国内发展概况

国内独立生产塔机始于 20 世纪 50 年代。1954 年，当时的抚顺重型机械厂仿制了第一台塔机——TQ2-6 型塔机。20 世纪 80 年代到 20 世纪 90 年代，中国塔机行业得到较快发展，不但产品形成了系列，而且型谱日趋完善。进入 20 世纪 90 年代，塔机生产企业纷纷加大研发能力，不断有塔机新产品问世，产品技术水平显著提高。2010—2020 年，我国塔机行业实际需求量呈波动变化趋势，如图 3-7 所示。近年来，随着我国房地产行业的发展以及我国出台政策大力发展装配式建筑，拉动了我国对塔机的需求量，所以 2016—

2020 年我国塔机的实际需求量呈逐年增长趋势。

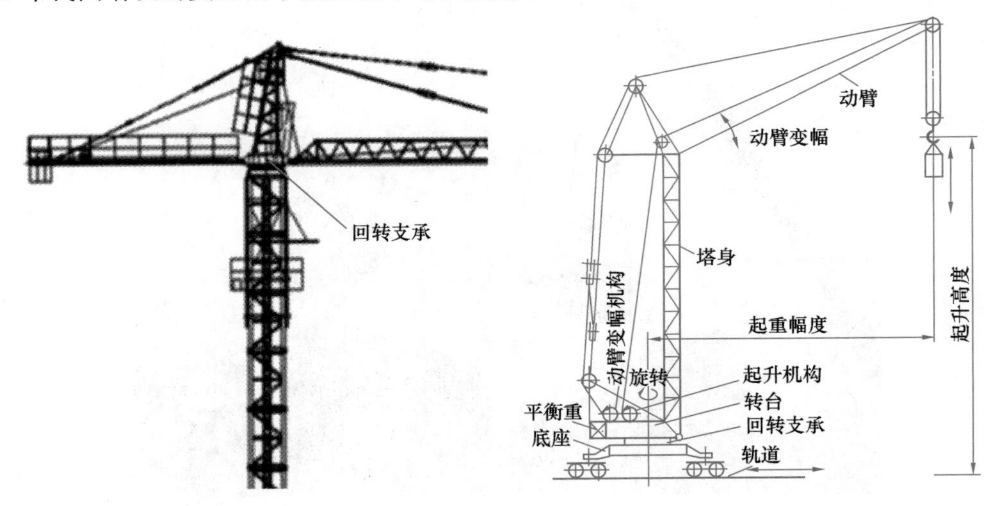

图 3-6 两种不同回转方式的塔机（左：上回转式塔机；右：下回转式塔机）
（图片来源：高顺德，等．工程机械手册·工程起重机械［M］．北京：清华大学出版社，2018）

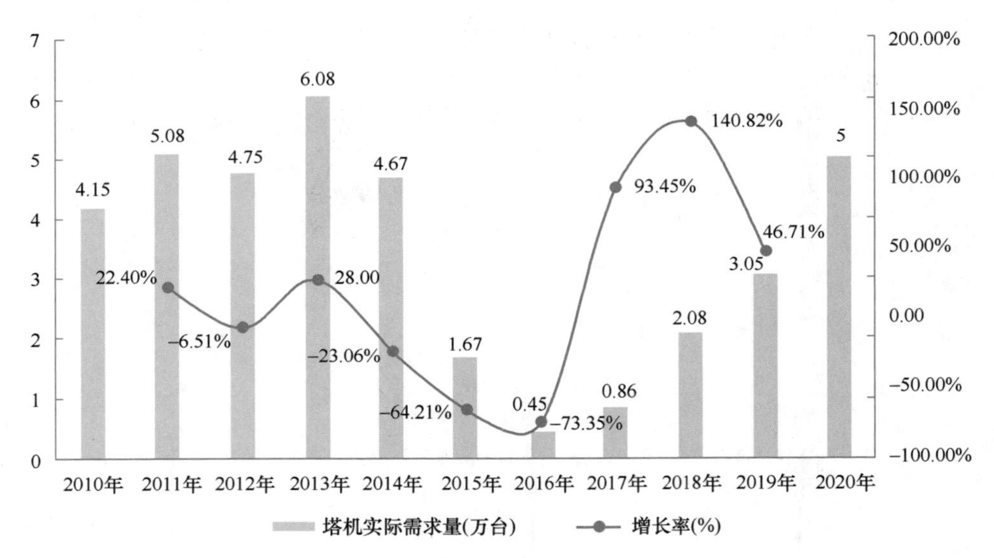

图 3-7 2010—2020 年中国塔机行业实际需求量
（图片来源：前瞻产业技术研究院）

（2）国外发展概况

1900 年，欧洲有关部门颁发了首个建筑塔机专利。1905 年，出现了臂架式、固定塔身的起重机。1912—1913 年，首台塔机出现。1923 年，制成了第一台近代塔机原型。1941 年，有关塔机的第一个标准——德国工业标准 DIN 8670 公布。

20 世纪 60 年代，欧洲地区塔机的产量猛增，塔机行业整体处于鼎盛时期。20 世纪 60 年代末期，上回转、小车变幅式塔机逐步取代了传统动臂变幅式塔机的地位。20 世纪 90 年代，欧洲塔机行业的主要厂家有法国的波坦，德国的利勃海尔、佩纳、沃尔夫等。

进入21世纪后，塔机产品型谱日益完善。

3.1.2 塔式起重机工作原理

1. 机械组成

塔机基本由金属结构、工作机构、电气控制系统及附属部件组成。

（1）金属结构

金属结构是塔机的骨架，承受塔机自重和各类工作荷载，一般由固定基础、底架结构、塔身、塔顶、起重臂、平衡臂、台车、驾驶舱、套架和爬升节等主要部件组成。重点介绍以下几种：

塔身——金属空间桁架结构，截面通常为方形，其主要职责是为塔机提供足够的高度。通常情况下，它由便于起重机运输的桁架模块组成（图3-8）。

塔顶——主要用来承受起重臂钢丝绳和平衡臂钢丝绳传来的上部荷载，通过转台传递给塔身结构（图3-9）。

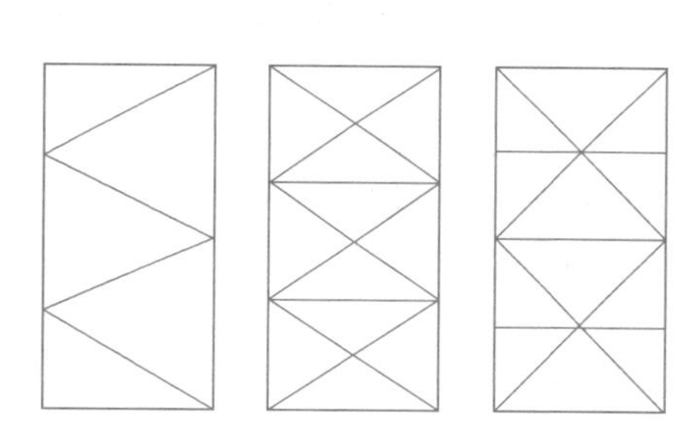

图3-8 塔身不同的腹杆形式示例

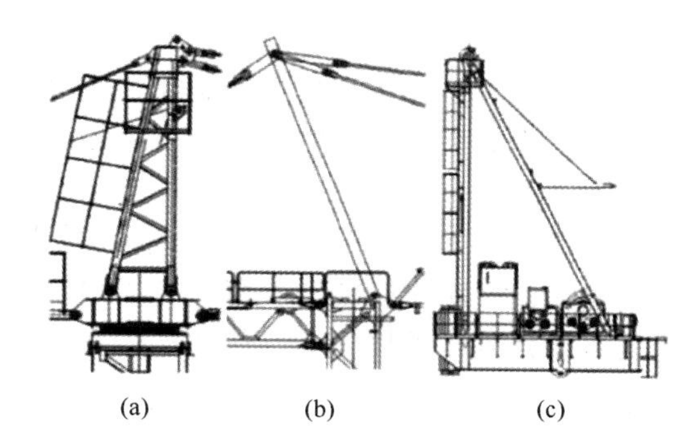

图3-9 三种不同的塔顶

（a）截锥柱式塔顶；（b）斜撑式塔顶；（c）人字架式塔顶

（图片来源：高顺德，等．工程机械手册·工程起重机械［M］．北京：清华大学出版社，2018）

起重臂——通常为三角形截面的金属桁架结构，其主要任务是为起重机提供必要的工作半径，它也被称为吊臂（图3-10）。起重臂按照结构形式可分为桁架压杆式和桁架水平式两种。

平衡臂——上回转塔机大都配备平衡臂，其末端挂有配重，以满足维持塔身平衡的力

图3-10 起重臂与平衡臂

臂要求（图 3-10）。平衡臂上还可放置起升机构、俯仰变幅机构和电气柜等。

（2）工作机构

工作机构包括起升机构、变幅机构、回转机构、运行机构和顶升机构。

起升机构——用于实现重物的升降，通常由电动机、联轴器、制动器、减速机、卷筒、钢丝绳、导向滑轮、滑轮组和吊钩等组成。

变幅机构——用于改变塔机作业幅度以扩大工作范围，可分为小车变幅机构和俯仰变幅机构。

回转机构——使起重臂绕塔机回转中心作 360°回转，改变吊钩在工作平面的位置，扩大塔机作业范围。

运行机构——指专门在铺设的轨道上运行的机构，用以支承塔机自身重量和起升载荷，并驱动塔机水平运行。

顶升机构——用于实现塔机的升降，可分为绳轮顶升、链轮顶升、齿条顶升、丝杠顶升和液压顶升等类型。自升式塔机广泛采用液压顶升机构。

（3）电气控制系统

电气控制系统包括电动机、控制器、配电柜、连接线路、信号及照明装置等，具有生产效能高、操作简便、保养容易和运行可靠等特点。

（4）附属部件

塔机附属部件——多为安全保护装置，是防止塔机发生机械事故的必要措施，主要包括起重量限制器、小车防坠落装置、行程限位装置和顶升防脱装置等。

下面列出几种常见塔机的具体结构，如图 3-11、图 3-12 所示。

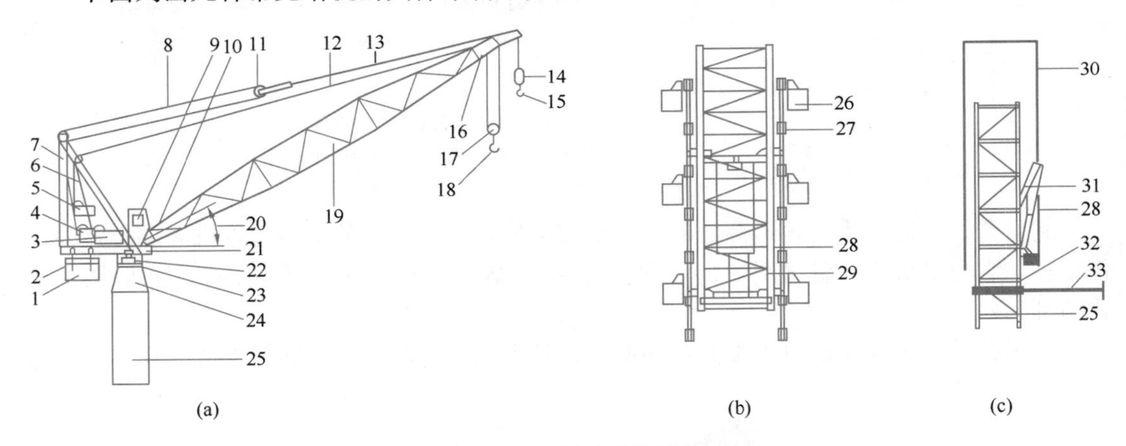

图 3-11 上回转动臂塔机

（a）动臂塔机；（b）内爬升；（c）外爬升

1—平衡重；2—平衡重小车；3—起升机构；4—动臂变幅机构；5—副起升机构；6—起升钢丝绳；7—人字架；8—动臂变幅钢丝绳；9—操纵室；10—臂根；11—变幅滑轮组；12—副起升钢丝绳；13—臂架拉索；14—副起升滑轮组；15—副钩；16—臂头；17—起升滑轮组；18—吊钩；19—动臂臂架；20—臂架仰角；21—回转平台；22—回转机构；23—回转支承；24—回转支承座；25—塔身；26—爬升框架；27—爬升梯；28—爬升装置；29—爬升塔节；30—爬升套架；31—支承靴；32—附着框架；33—附着构件

（图片来源：高顺德，等．工程机械手册·工程起重机械［M］．北京：清华大学出版社，2018）

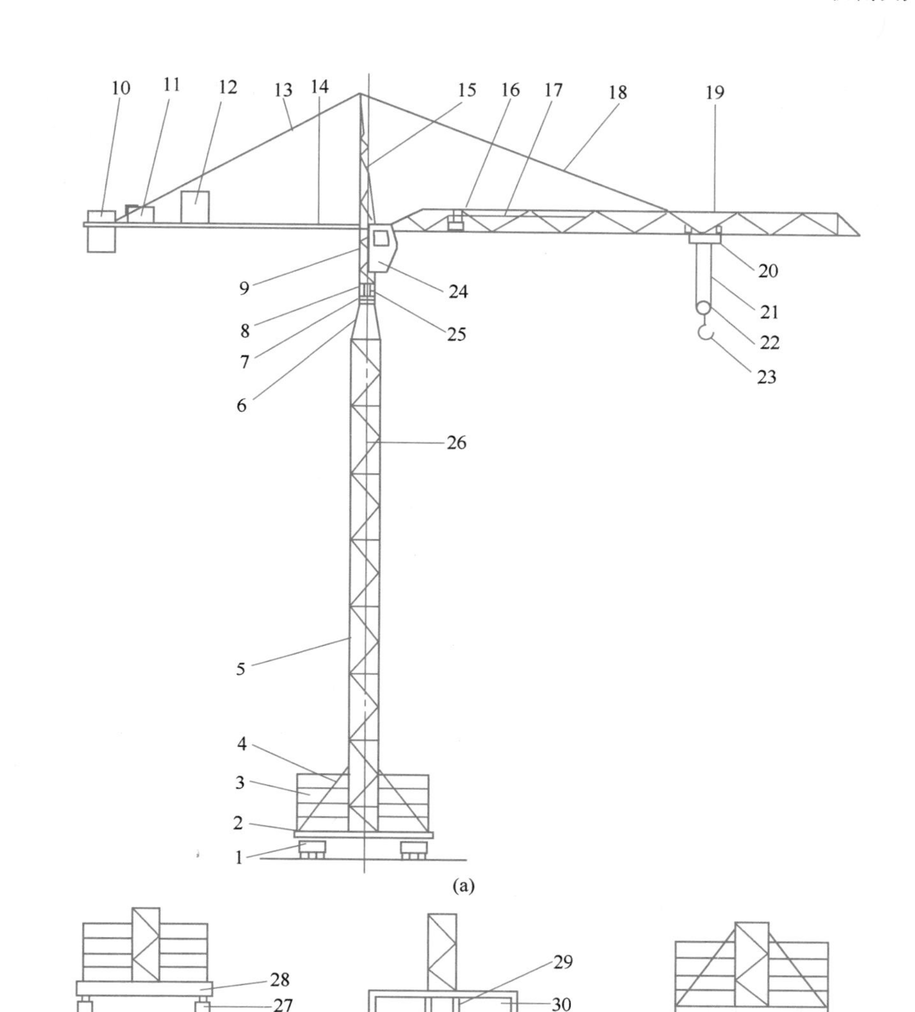

图 3-12 上回转水平臂塔机

（a）移动式；（b）固定式

1—行走台车；2—底架；3—压重；4—塔身撑杆；5—塔身；6—回转支承座；7—回转支承；8—回转平台；9—回转塔身节；10—平衡重；11—起升机构；12—电控柜；13—平衡臂拉索；14—平衡臂；15—塔顶；16—小车变幅机构；17—小车变幅钢丝绳；18—臂架拉索；19—水平起重臂；20—小车；21—起升钢丝绳；22—起升滑轮组；23—吊钩；24—操纵室；25—回转机构；26—回转中心；27—支脚；28—固定底架；29—地脚螺栓；30—基础

（图片来源：高顺德，等．工程机械手册·工程起重机械［M］．北京：清华大学出版社，2018）

2. 运行原理

（1）起升机构工作原理

起升机构简图如图 3-13 所示。起升机构工作时，通过减速器带动卷筒旋转，缠绕在卷筒上的钢丝绳通过滑轮组带动吊钩做垂直上下的直线运动，从而实现起升或下放重物。制动器和减速器等控制部件保证重物在空中停止在某一位置。

(2) 变幅机构工作原理

塔机按变幅方式可分为俯仰变幅机构和小车牵引变幅机构(图 3-14)。小车牵引变幅机构安装于起重臂根部,通过变幅卷筒绕出的两根钢丝绳来控制起重臂上小车的移动,其中一根绳安装于小车的后端,另一根固定于小车前端,小车沿臂架轨道移动实现变幅。俯仰变幅机构通过臂架的俯仰摆动实现变幅。该方式能充分发挥起重臂的有效高度,机构简单,缺点是最小幅度被限制在最大幅度的 30%左右,不能完全靠近塔身,不能带负荷变幅。

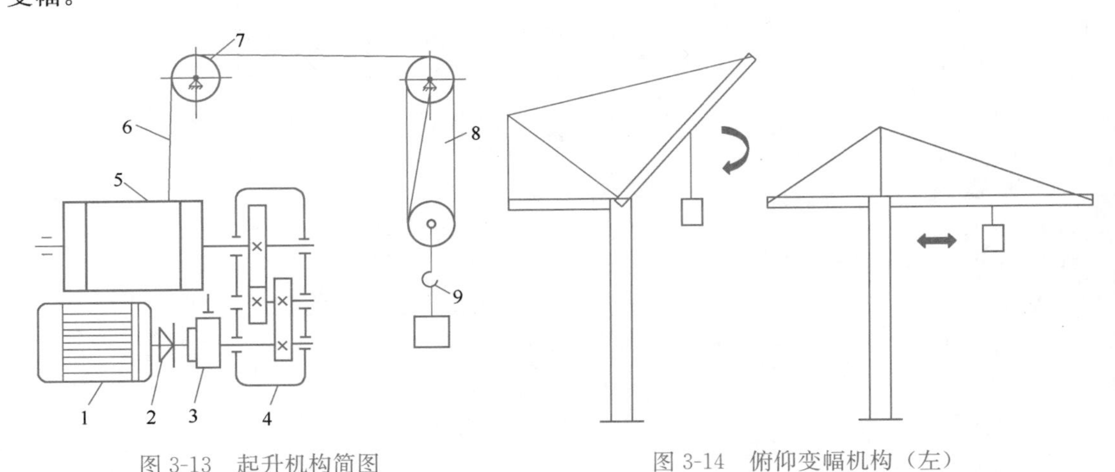

图 3-13 起升机构简图

1—电动机;2—联轴器;3—制动器;4—减速机;5—卷筒;6—钢丝绳;7—导向滑轮;8—滑轮组;9—吊钩

(图片来源:高顺德,等. 工程机械手册 · 工程起重机械 [M]. 北京:清华大学出版社,2018)

图 3-14 俯仰变幅机构(左)与小车牵引变幅机构(右)

(3) 回转机构工作原理

回转机构示意图如图 3-15 所示。回转支承的内圈与塔顶连接,外圈与顶升套架连接。回转机构的电动机通过减速器减速后带动小齿轮旋转,小齿轮与固定在下部的内齿圈或外齿圈啮合,小齿轮围绕大齿圈做行星运动,既自转又围绕大齿圈公转,从而带动转台旋转运动。

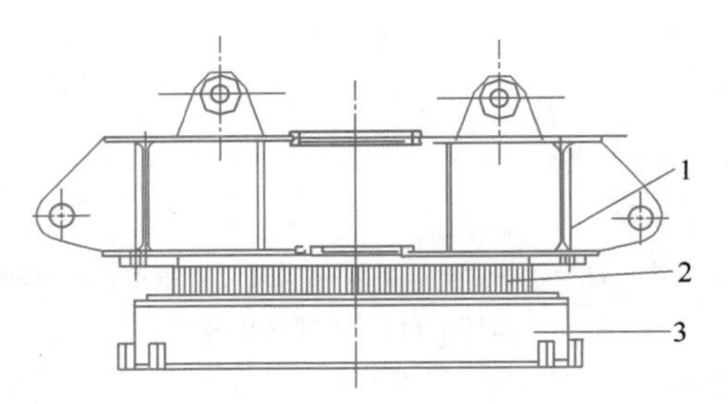

图 3-15 回转机构示意图

1—上支座;2—回转支承;3—下支座

(图片来源:高顺德,等. 工程机械手册 · 工程起重机械 [M]. 北京:清华大学出版社,2018)

(4) 行走机构工作原理

行走机构是指在专门铺设的轨道上运行的机构,用以支承塔机自身重量和起升荷载,并驱动塔机水平运行。目前,塔机常用的行走机构为融减速机、电动机和制动器于一体的三合一减速机,其直接驱动主动轮,主动轮通过车架带动从动轮转动,进而驱动整机运行。

(5) 塔机顶升工作原理

塔机的顶升在立塔完毕需升高至初始安装高度或是在工程施工中途需要增加塔机高

度时进行。首先，检查相关设备是否正常；然后，吊起第一节标准节，将标准节放在引进导轨上，操纵液压缸向上顶升，顶升起一节塔身标准节的高度；最后，将标准节推入塔身顶升套架、锁定标准节，吊起第二节标准节，进入下一个加节循环。塔机顶升过程示意图如图 3-16 所示。

塔式起重机起吊回转操作过程模拟见二维码 3-1。

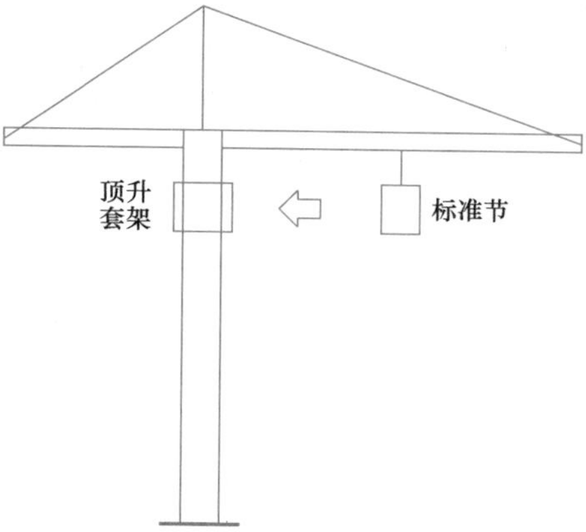

顶升
套架
标准节

图 3-16 塔机顶升过程示意图

3-1 塔式起重机起吊回转操作过程模拟

3.1.3 塔式起重机施工参数

1. 塔式起重机选型

塔机的选型主要考虑四方面因素：起重参数、起升高度、生产效率、经济效益。

起重参数主要包括幅度、起重量和起重力矩等内容。而作业参数的选择和实际作业场景息息相关。面向高层或超高层建筑施工时，作业参数主要考虑最大工作幅度的起重量；面向装配式建筑作业时，作业参数则以所需吊装的构件最大重量为主要依据；面向以现浇混凝土为主的建筑结构施工时，作业参数则是以混凝土料斗的最大起重量为主要依据。

起升高度包括塔机吊钩与吊索钢丝绳的长度、起吊重物的自身高度、重物下安全操作距离、施工楼层防护脚手架高度和建筑物总高度。如果现场实际高度超过了塔机的自由高度，应按要求对塔机进行附着锚固。

除此之外，生产效率指标是在能够满足作业场景要求的前提下，选择运动速度快、变速平稳的塔机；经济性指标也是以作业需求为主，尽可能降低有关费用。

2. 塔式起重机规格

塔机的规格型号按 ZBJO4008 执行，我国塔机型号组成为：类组代号＋形式＋特性代号＋主参数代号。塔机类组代号为 QT，其不同形式的代号为：上回转自升式 Z（自）；下回转自升式 S（升）；固定式 G（固）；内爬式 P（爬）。塔机的主参数为公称起重力矩。因此，对于公称起重力矩 600kN・m 固定式塔机，其型号为 QTG600，而公称起重力矩 1000kN・m 自升式塔机型号为 QTZ1000。

3. 塔式起重机施工参数计算

（1）施工参数

1）额定起重力矩——最大额定起重量与其在设计中确定的各种组合臂长中所能达到的最大工作幅度的乘积，常用的单位为 kN・m、t・m。

2）起升高度——对于小车牵引变幅塔机，空载、塔身处于最大高度，吊钩处于最小幅度，吊钩支承面对塔机基准面的允许最大垂直距离，用 H 表示。对于动臂变幅塔机，起升高度分为最大幅度时起升高度和最小幅度时起升高度，单位为 m。

3）起升速度——稳定状态下，额定荷载的垂直位移速度。

4）运行速度——稳定运动状态下，小车运行的速度规定为离地 10m 高度处，风速小于 3m/s 时带额定荷载的小车在水平轨道上运行的速度。

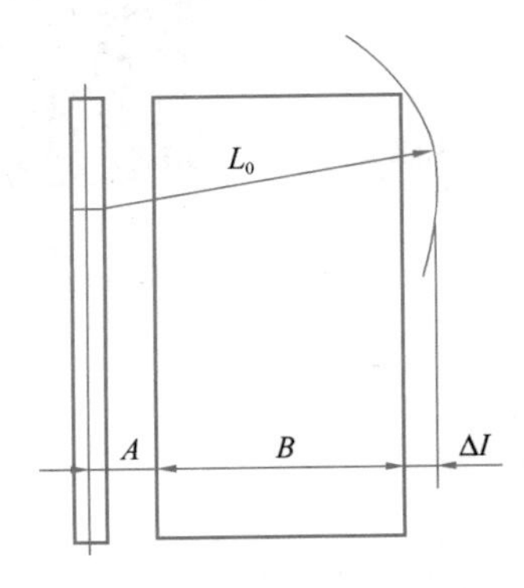

图 3-17 最大幅度计算示意图

5）滑轮组的倍率——省力滑轮组省力的倍数称为滑轮组的倍率，也称为走数。倍率等于动滑轮上钢丝绳有效分支数与引入卷筒的绳头数之比。当需要起吊大重量物件时，改 2 倍率为 4 倍率。

6）起重特性曲线——表示起重机作业性能的曲线，包括表示起重量与幅度关系的曲线和表示起升高度和幅度关系的曲线。

（2）重要参数及其计算

1）工作幅度

塔机空载时，从塔机回转中心线至吊钩中心垂线的水平距离，表示起重机不移动时的工作范围，单位为 m。选用塔机首先要考虑塔机的最大幅度是否满足施工需要，塔机应具备的最大幅度 L_0，应满足（图 3-17）：

$$L_0 = A + B + \Delta I \tag{3-1}$$

式中 L_0—— 塔机应具备的最大幅度；

A——塔机尾部回转半径＋安全操作距离（0.7～1m）；

B——多层建筑物的宽度；

ΔI——构件堆存和构件挂钩预留的安全操作距离，取 1.5～2m。

2）基础抗倾覆稳定性

$$e = \frac{M}{F+G} \leqslant \frac{1}{3}B_c \tag{3-2}$$

式中 e——偏心距，即地面反力的合力至基础中心的距离；

M——作用在基础上的弯矩；

F——作用在基础上的垂直载荷；

G——混凝土基础重力；

B_c——基础的底面宽度。

3）起重能力验算

塔机起重能力验算时，应同时考虑荷载重量和塔机所用索具的重量。出于安全考虑，计算时还应在其质量后乘以相应的安全系数。可按下式验算：

$$(W_L + W_R)m < W_m \tag{3-3}$$

式中 W_L——塔机待吊荷载的质量；

W_R——塔机索具的质量；

m——验算载荷时附加的安全系数，一般取 $m=1.05$；

W_m——塔机型号的额定荷载，对应不同的半径和滑轮倍率，查表获得。

4）塔机稳定性验算

① 塔机有荷载时，计算简图如图 3-18 所示：

塔机有荷载时，稳定安全系数可按下式验算：

$$K_1 = \frac{1}{Q(a-b)}\left[G(c - h_0\sin\alpha + b) - \frac{Qv(a-b)}{gt} - W_1 P_1 - W_2 P_2 - \frac{Qn^2ah}{900 - Hn^2}\right] \geqslant 1.15 \tag{3-4}$$

式中 K_1——塔机有荷载时稳定安全系数，允许稳定安全系数最小取 1.15；
G——塔机自重力（包括配重、压重）；
c——塔机重心至旋转中心的距离；
h_0——塔机重心至支承平面距离；
b——塔机旋转中心至倾覆边缘的距离；
Q——最大工作荷载；
g——重力加速度；
v——起升速度；
t——制动时间；
a——塔机旋转中心至悬挂物重心的水平距离；
W_1——作用在塔机上的风力；
W_2——作用在荷载上的风力；
P_1——自 W_1 作用线至倾覆点的垂直距离；
P_2——自 W_2 作用线至倾覆点的垂直距离；
h——吊杆端部至支承平面的垂直距离；
n——塔机的旋转速度；
H——吊杆端部到重物最低位置时的重心距离；
α——塔机的倾斜角。

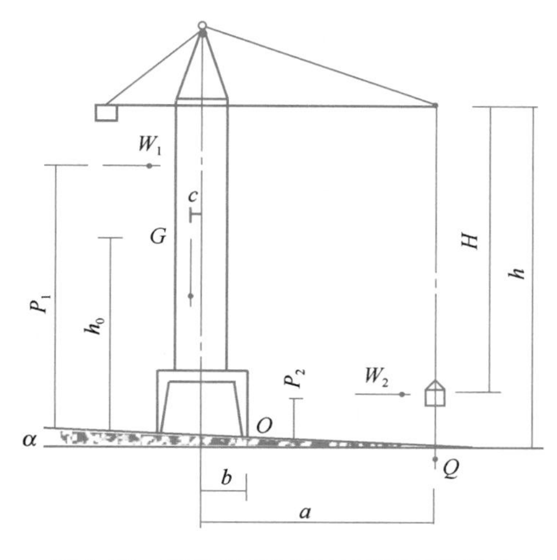

图 3-18　有荷载情况下计算塔机稳定性

② 塔机无荷载时，计算简图如图 3-19 所示：

塔机无荷载时，稳定安全系数可按下式验算：

$$K_2=\frac{G_1(b+c_1-h_1\sin\alpha)}{G_2(c_2-b_1+h_2\sin\alpha)+W_3P_3}\geqslant 1.15 \tag{3-5}$$

式中 K_2——塔机无荷载时稳定安全系数，允许稳定安全系数最小取 1.15；
G_1——后倾覆点前的塔机各部分重力；
c_1——G_1 至旋转中心的距离；
b——塔机旋转中心至倾覆边缘的距离；
h_1——G_1 至支承平面的距离；
G_2——使塔机倾覆部分的重力；
c_2——G_2 至旋转中心的距离；
h_2——G_2 至支承平面的距离；
W_3——作用在塔机上的风力；
P_3——自 W_3 作用线至倾覆点的垂直距离；
α——塔机的倾斜角。

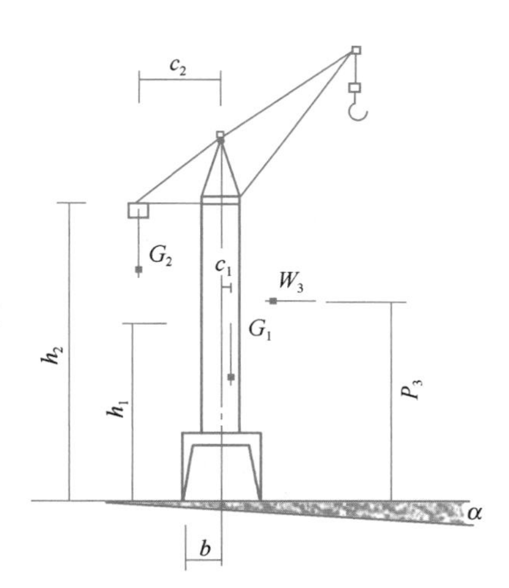

图 3-19　塔机无荷载时的验算简图

(3) 塔机计算

【例 3-1】已知塔机型号：QTZ80，起升高度 H：50.00m，宽度 B：1.60m，基础埋深 d：1.60m，自重 G：600kN，基础承台厚度 h_c：1.00m，最大起重荷载 Q：60kN，基础承台宽度 B_c：5.50m，风荷载对塔机基础产生的弯矩计算：M=960kN·m；验算基础抗倾覆稳定性是否满足要求？

【解】

$$e=\frac{M}{F+G}=0.678\leqslant\frac{1}{3}B_c=1.833$$

【例 3-2】已知某型号塔机在现有工作状态下的最大荷载为 7439kg，则该塔机使用质量为 181kg 的索具起吊 6804kg 的荷载是否满足安全要求？

【解】 $(W_L+W_R)m=(6804+181)\times1.05=7334.25<W_m=7439$

经计算，该塔机使用质量为 181kg 的索具起吊 6804kg 的荷载可以满足安全要求。

3.2 移动式起重机

3.2.1 移动式起重机概述

1. 移动式起重机及其用途

移动式起重机又称流动式起重机，是工程起重机的一个重要门类，可以进行起重、运输、装卸和安装等作业，其被广泛地应用于大型场馆建设、桥梁工程、工业设施、能源工程等方面。典型移动式起重机工程应用如下：

(1) 大型场馆建设：北京冬奥会延庆赛区工程

在北京冬奥会延庆赛区工程的“奥运五环”吊装工程中，选用履带起重机作为主吊，在精准严密的高空吊装下，“奥运五环”惊艳亮相北京冬奥会延庆赛区，高高耸立，方圆 5km 清晰可见，与蜿蜒恢弘的长城交相辉映（图 3-20）。

(2) 桥梁工程：港珠澳大桥工程

2016 年，中港重机采购了两台全地面起重机，主要负责在“港珠澳大桥”香港段人工岛施工（图 3-21）。

图 3-20 北京冬奥会延庆赛区工程

图 3-21 港珠澳大桥工程

（3）工业设施：南非 KUSILE 发电厂

2013 年 10 月，三一重工成功出口履带起重机到非洲市场，刷新了国产起重机出口非洲最大吨位的纪录。2014 年，在南非 KUSILE 发电厂施工现场正式投入使用，并成功实现首次吊装作业，百米高度吊载近 200t（图 3-22）。

图 3-22　南非 KUSILE 发电厂工程

2. 移动式起重机的分类

移动式起重机是指在工作过程中，整机能沿无轨路面大范围移动的臂架型起重机，主要分类包括：履带式起重机、轮胎式起重机、汽车起重机、全地面起重机、随车式起重机、港口起重机和特种起重机。

（1）履带式起重机

履带式起重机的主要特点是具备履带式的底盘结构，具有接地比压小、转弯半径小、爬坡能力好、起重性能好、可带载行走等优点。图 3-23 为桁架臂式履带式起重机。

（2）轮胎式起重机

轮胎式起重机是将起重机构安装在加重型轮胎和轮轴组成的特制底盘上的一种移动式起重机。图 3-24 为越野轮胎式起重机。

（3）汽车起重机

汽车起重机的优点是机动性好，转移迅速；缺点是工作时须支腿，不能负荷行驶，也不适合在松软或泥泞的场地上工作。汽车起重机的底盘性能等同于同样整车总重的载重汽车，符合公路车辆的技术要求，可在各类公路上通行无阻。图 3-25 为汽车起重机。

图 3-23　桁架臂式履带式起重机
（图片来源：徐工集团工程机械股份有限公司）

（4）全地面起重机

全地面起重机集众多工程车辆的特点于一体。既能像汽车起重机一样快速转移、长距离行驶，又可满足在狭小和崎岖不平或泥泞场地上作业的要求，即具有行驶速度快、多桥驱动、全轮转向、三种转向方式、离地间隙大、爬坡能力高等特点。图 3-26 为全地面起重机。

（5）随车式起重机

图 3-24　越野轮胎式起重机
（图片来源：中联重科股份有限公司）

图 3-25　汽车起重机
（图片来源：中联重科股份有限公司）

图 3-26　全地面起重机
（图片来源：三一重工股份有限公司）

随车式起重机简称随车吊，机动性好，转移迅速，可以集吊装与运输功能于一体，提高资源利用。随车吊可装载各类抓辅具，如夹木抓斗、吊篮、夹砖夹具、钻具等，以实现多场景作业。图 3-27 为随车式起重机。

（6）港口起重机

港口起重机是将货物由码头岸边往船上吊装或者由船上往码头岸边卸货的机械设备，一般分为岸桥式、门座式、斗轮连续式等几种类型，具有机动灵活、操作方便、稳定性

图 3-27　随车式起重机
（图片来源：中联重科股份有限公司）

好、轮压较低、堆码层数高、利用率高等优点。图 3-28 为港口移动起重机—正面吊运起重机。

图 3-28　港口移动起重机一正面吊运起重机
（图片来源：徐工集团工程机械股份有限公司）

（7）特种起重机

特种起重机是指为完成某种特定任务而研制的专用起重机。例如：为机械化部队实施战术技术保障用的、装在越野汽车或装甲车上的起重轮救援车；为处理交通事故用的公路清障车等，均属此类。图 3-29 为风电专用起重机。

3. 移动式起重机发展现状

在众多类型的移动式起重机中，履带式起重机是移动式起重机中应用最为广泛、特点

图 3-29　风电专用起重机
(图片来源：三一重工股份有限公司)

最为鲜明的起重机类型，因此，下面将介绍履带式起重机的发展现状。

(1) 国内发展概况

国内履带式起重机历史较短，起源于20世纪50年代，没有专业生产企业，均为兼营。“七五”期间分别从日本、德国引进的中大型履带式起重机（50～300t）产品技术水平属国外20世纪70年代末期水平。“八五”时期及近年来，国内有些厂家引进了国外大型履带式起重机的生产技术，主要是引进国外成型的设计图纸、成套的零部件，在此基础上生产了履带式起重机，以抚顺挖掘机制造厂为主，在50～150t产品上形成了一定的生产能力。20世纪90年代末，随着国家各大建设工程的发展需求，国内企业纷纷开发履带式起重机，尤以徐工集团、中联重科、三一重工、抚顺挖掘机制造厂为代表，短短十余年，先后开发了50～4000t系列产品，产品性能也随着科技的发展而不断向大型化、自动化、智能化方向发展。

(2) 国外发展概况

国外最早的履带式起重机是英国的 Coles、美国的 Norwest Enineering、Bay City Crne 和马尼托瓦克等公司在20世纪20年代研发出来的。随后，德国的格鲁夫、哥特瓦尔德、克虏伯，美国的 P&H、American Hoist 等公司相继开发了不同型号的产品。20世纪70年代以后，随着欧美及日本等工业强国的发展，履带式起重机的研发和制造技术得到迅速发展，德国的德马格、利勃海尔公司向全系列方向发展，日本的神钢、石川岛（IHI）、日立（Hitachi）、住友（Sumitomo）等公司也开发了系列产品。进入20世纪80年代以后，随着电子技术的发展，系列产品的性能与技术得到了进一步发展，目前已形成以德国的利勃海尔和德马格、美国的马尼托瓦克、日本的神钢为核心公司的局面。

随着国内外市场逐渐定型，各主要厂商的产品型谱已比较齐全，各个制造商都在寻求新的起重机发展方向，尤其是近几年，新产品的推出愈发火热，对于履带式起重机的发展趋势，主要向轻量化设计、智能化控制以及拆装运输便利性设计等方向发展。

3.2.2　履带式起重机工作原理

1. 机械组成

起重机一般都由起重机架、工作机构、操作系统三大主要部分组成。其中，履带式起重机工作机构主要包括：起升、变幅、回转和行走四大基础工作机构。

(1) 起升机构

起升机构包括电机/内燃机、减速器、卷筒、制动器、离合、滑轮组和吊钩，主要实现重物的起吊（图 3-30）。

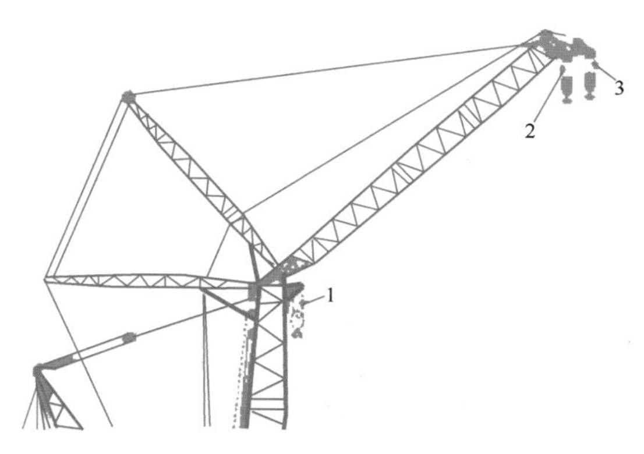

图 3-30 起升机构图

1—主起升机构；2—副起升机构；3—鹅头起升机构

（图片来源：高顺德，等．工程机械手册·工程起重机械［M］．北京：清华大学出版社，2018）

（2）变幅机构

变幅机构通过改变吊钩中心线与起重机回转中心轴线之间的水平距离来达到改变起吊范围的目的（图 3-31）。

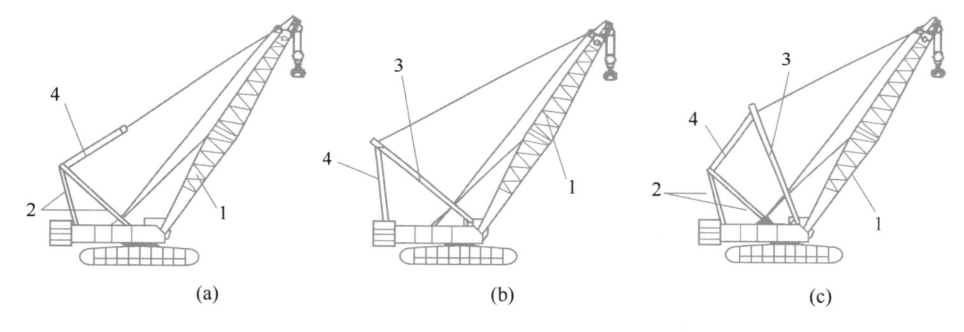

图 3-31 变幅方式图

1—臂架；2—人字架；3—桅杆；4—变幅绳

（图片来源：高顺德，等．工程机械手册·工程起重机械［M］．北京：清华大学出版社，2018）

（3）回转机构

回转机构将上车结构与行走机构连接起来，使吊臂实现 360°全回转，平面吊装范围扩展成为空间吊装范围（图 3-32）。

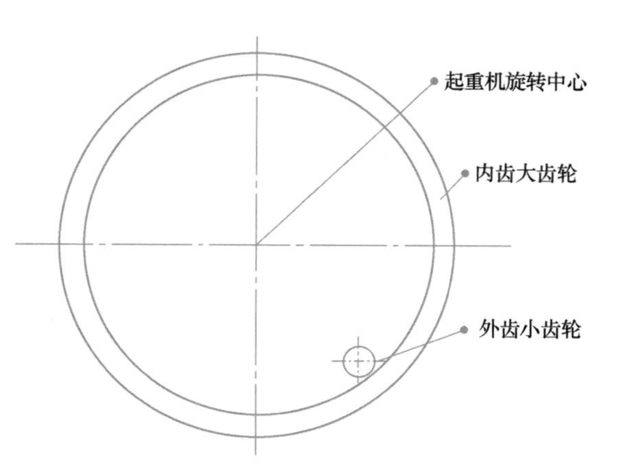

图 3-32 回转机构结构图

（4）行走机构

行走机构将动力装置及传动装置的驱动转矩和旋转运动转变为工程机械工作与行驶所需的驱动力和前、后运动执行行走功能，并支承整机的重量，同时将整机重量通过大面积的履带地盘传递给地面（图 3-33）。

2. 运行原理

履带式起重机工作时，主要通过四种动作来起吊被吊物，这四种动作分别为起升绳起升、臂架变幅、转台回转及下车行走。由于履带式起重机操作动作多，相较于其他种类的起重机，履带式起重机在工作时具有高自由度的特点。履带式起重机运动模型如图 3-34 所示。

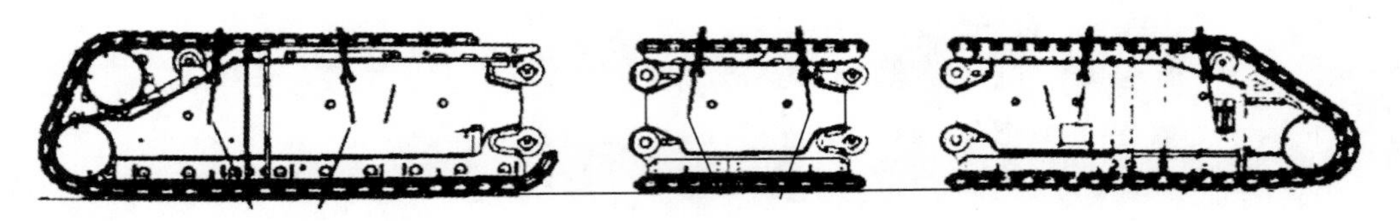

图 3-33 行走机构结构图

(图片来源：高顺德，等．工程机械手册・工程起重机械［M］．北京：清华大学出版社，2018)

第一步：履带式起重机作业前的组装与进场。起重机进行作业前的组装时，场地空间要足够。如果条件允许，可直接在站位上组装。如果臂架长度较大，需要组装的场地会更长，而且要保证在起臂的空间上下不得与其他周围设施干涉。组装好的起重机可自行进场到站位处，调整站位姿态。

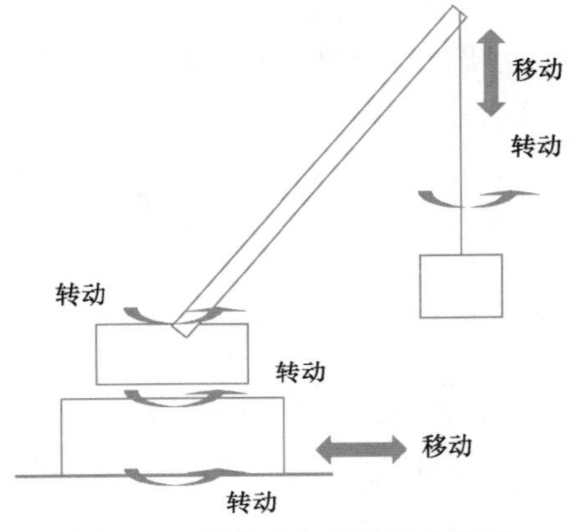

图 3-34 履带式起重机运动模型

第二步：履带式起重机作业中的吊装和作业后的拆运。起重机在单机作业时，应按照既定的动作序列与路线完成吊装工作，而且动作要平稳，时刻观察起重机的负荷率和是否有碰撞的可能性。就位时，一般要求起重机具有较好的微动性，实现准确就位。就位后，起重机回到组装场地，完成整机拆分工作，做转场运输准备。

3.2.3 履带式起重机施工参数

1. 履带式起重机选型

履带式起重机选型工作包括两方面：一是选择合适的起重机型号，确定起重机的吨位；二是选择此起重机合理的工况组合，如标准工况还是超起工况，主臂工况还是主、副臂组合工况，整机作业幅度与额定起重量等。主要选型依据有以下几种：

(1) 作业能力。为确保起重机可以安全顺利的工作，需要对起升高度、作业幅度、臂架与重物的最小净距和起重量等重要指标进行实际考量。

(2) 工作条件与环境。工作条件与环境包括起重机站位因素、地基因素、风载因素等，这些条件不仅是选型的重要参考，同时也是影响施工安全的重要因素。对于某些特殊环境下的起重施工，甚至需要相关制造商来进行特殊定制，以确保施工的安全进行。

(3) 经济效率。在进行选型时，经济效率也是必不可少的选型依据，这主要体现在起重机的拆装成本、运输成本和吊装成本几方面，考虑经济效率是为了在保障起重机工作能力的同时，对成本进行把控，确保工程效益最大化。

2. 履带式起重机规格

履带式起重机的规格型号从其命名中就可以看出，以三一重工的 SCC36000W 型履带式起重机为例：

SCC ｜ 36000 ｜ W

其中，开头的英文字母表示生产厂家或品牌代号，如 SCC 表示三一重工生产；中间的数字为主参数代号，一般是起重量或起重力矩，36000 表示起重力矩为 36000t · m；最后的英文字母为更新、变形代号，如 W 为风电专用起重机变形代号。

3. 履带式起重机技术参数

履带式起重机的主要技术参数包括起重量、起升高度、工作幅度、起重力矩、起重特性曲线、稳定性参数、接地比压参数等，见表 3-1。其中，履带式起重机的起重特性曲线、稳定性参数、接地比压参数是履带式起重机在制订吊装方案时需考虑的重要技术参数。

履带式起重机技术参数表　　表 3-1

名称	参数介绍
起重量（Q）	吊装工作时，对起吊重物的质量参数 Q 的计算
起升高度（H）	起重吊钩中心至停机面的垂直距离 H
工作幅度（L）	起重机回转中心轴线至吊钩中心的水平距离 L，表示起重机的作业范围
起重力矩（M）	起重机的工作幅度与对应于此幅度下的起重量的乘积 M，表示起重机受力情况
起重特性曲线	不同起重作业性能的曲线：包括起重量与幅度关系的曲线和起升高度与幅度关系的曲线
稳定性参数	起重机在自重和外部荷载作用下抵抗倾覆的能力
接地比压参数	工作过程中，履带机械的履带板对其接触的单位面积的地面产生的压力

下面针对起重特性曲线、稳定性参数、接地比压参数三个重要的技术参数进行介绍。

（1）起重特性曲线

起重特性曲线是表示起重机作业性能的曲线，包括表示起重量与幅度关系的曲线和表示起升高度与幅度关系的曲线（图 3-35）。在起重特性曲线的图形中，起重作业安全区是由钢丝绳强度线、起重臂强度曲线和起重机稳定性曲线的包络线所限定的区域。

（2）稳定性参数

起重机稳定性主要是用于判断其稳定状态，主要包括静态稳定性和动态稳定性两种。本文主要介绍静态稳定性计算，具体指被吊物处于静止或者匀速上升状态时的稳定性计算，主要采用力矩法来实现。该方法主要是通过稳定力矩之和与倾覆力矩之和的关系来判断，如果前者更大，则起重机处于稳定状态；如果后者更大，则起重机处于不稳定状态。

公式如下：

$$\Sigma M = K_G M_G + K_P M_P + K_i M_i + K_f M_f \geqslant 0 \tag{3-6}$$

式中　M_G——起重机自重对倾覆线的力矩；

M_P——起升荷载对倾覆线的力矩；

M_i——水平惯性力对倾覆线的力矩；

M_f——风荷载对倾覆线的力矩；

K_G——起重机自重的荷载系数；

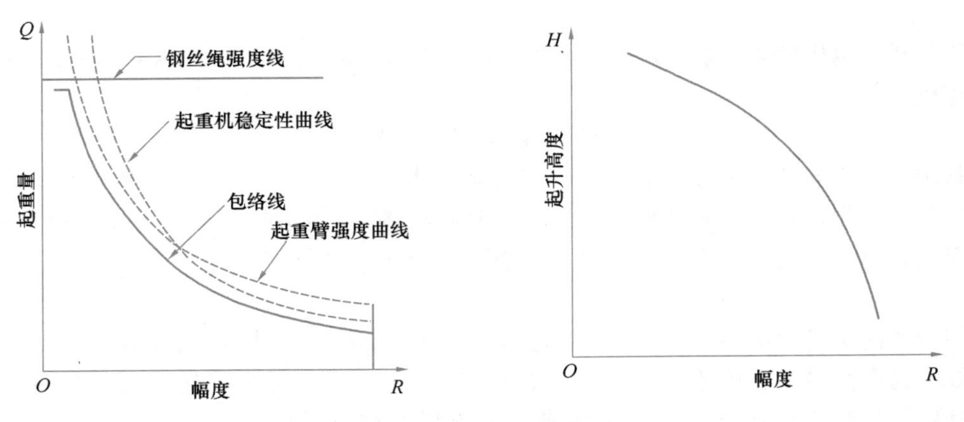

图 3-35　起重特性曲线图

K_P ——起升荷载的荷载系数；

K_i ——水平惯性力的荷载系数；

K_f ——风荷载的荷载系数。

(3) 接地比压参数

起重机的接地比压参数分为平均接地比压和偏心接地比压。

1) 平均接地比压

平均接地比压，即：理想情况下，考虑履带机械重力均匀分配的平均比压（图 3-36）。

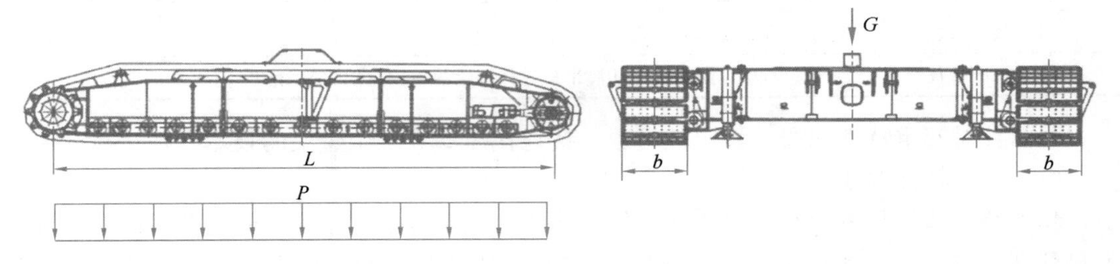

图 3-36　平均接地比压示意图

（图片来源：张扬，顾珂韬，刘涛．履带式起重机接地比压计算方法研究［J］．工程机械，2012，43（11）：39-41+3）

公式如下：

$$p=\frac{G}{2bL} \tag{3-7}$$

式中　p ——公称接地比压；

b ——履带板宽度；

G ——机器所受总重力；

L ——履带接地长度。

2) 偏心接地比压

偏心接地比压，即：工作过程中，履带式起重机重心偏移时的接地比压（图 3-37）。

公式如下：

$$p_{\min}=\frac{G}{2bL}\left(1-\frac{6e}{L}\right) \tag{3-8}$$

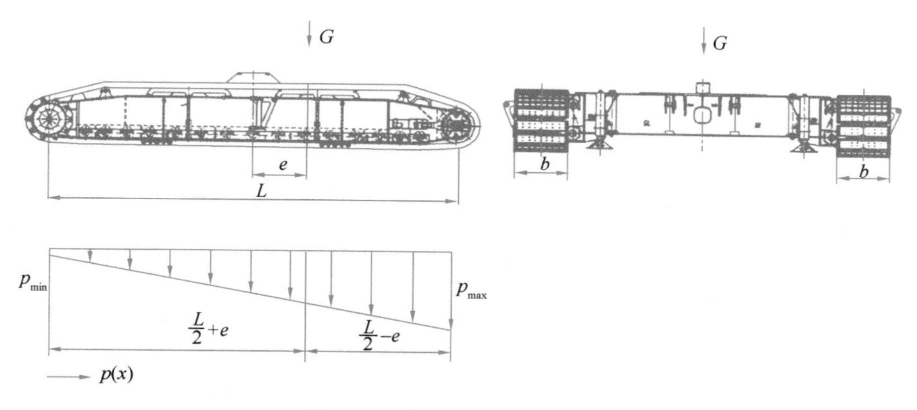

图 3-37　偏心接地比压示意图

（图片来源：张扬，顾珂韬，刘涛．履带式起重机接地比压计算方法研究［J］．工程机械，2012，43（11）：39-41+3）

$$p_{\max}=\frac{G}{2bL}\left(1+\frac{6e}{L}\right) \tag{3-9}$$

式中　$p_{\min}$、$p_{\max}$——最小、最大接地比压；

b——履带板宽度；

e——重心偏移；

G——机器所受总重力；

L——履带接地长度。

（4）相关算例

【例 3-3】对于某一履带式起重机，整理得到其空载情况的各项参数如下：起重机空载自重 G_0 为 830kN，履带长度为 5.37m，履带宽度为 0.85m，带载时偏心距为 0.81m。该履带式起重机在理想条件下（空载）的平均接地比压和在实际情况下（带载）的偏心接地比压分别为多少？

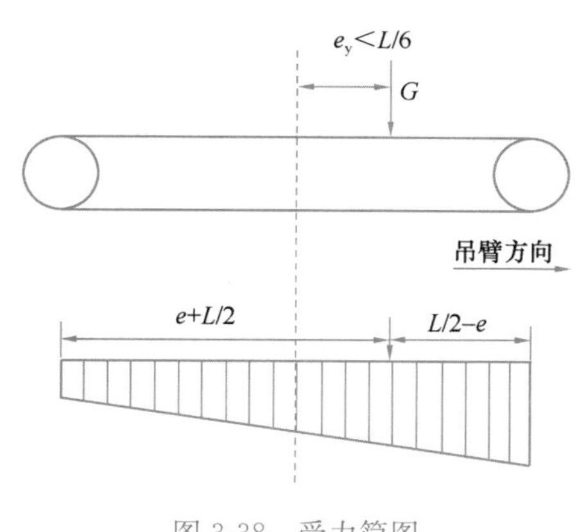

图 3-38　受力简图

【解】考虑理想条件下，履带式起重机空载时的整机自重未发生偏移，沿履带均匀分布，则平均接地比压为：

$$P_0=\frac{G_0}{2bL}=\frac{830}{2\times5.37\times0.85}=90\text{kPa}$$

实际情况中，假设履带式起重机臂架系统沿履带方向放置，此时，履带式起重机空载时的整机重心会发生偏移，且偏移方向为臂架系统方向。

受力简图如图 3-38 所示：

偏心接地比压可以做如下计算：

$$p_{\min}=\frac{G}{2bL}\left(1-\frac{6e}{L}\right)=\frac{830}{2\times5.37\times0.85}\left(1-\frac{6\times0.81}{5.37}\right)=8.55\text{kPa}$$

$$p_{\max}=\frac{G}{2bL}\left(1+\frac{6e}{L}\right)=\frac{830}{2\times5.37\times0.85}\left(1+\frac{6\times0.81}{5.37}\right)=171.45\text{kPa}$$

3.3 起重作业方案智能规划

3.3.1 基本概念

随着我国城市基础设施建设进程的加快，吊装作业正朝着大型化、重型化、多机化等方面发展，比如：华农一号半球形结构穹顶吊装使用了3000t履带式起重机，仅用数小时就高效地完成作业；港珠澳大桥建设使用了当时全球最大的“振华30”起重船，完成了超重桥面吊装、沉管吊装等多项高难度作业；雄安新区建设协同了1500余台塔机同步作业。如何保障吊装作业的安全、高效成为当下各项工程建设的难点之一。

吊装方案的制定是保障起重吊装施工顺利开展的前提。一般而言，吊装方案在作业前完成设计，包括：吊索具选型、起重机选型、站位设计、起重机吊装过程规划、地基处理方案设计、施工计划制订、人力资源规划、应急预案等。同时，还包括与上述内容相关的组织管理工作。在工程实践中，大部分吊装方案的制订还依赖于人的经验，具体过程为：①吊索具与起重机选型。设计者依据被吊物重量及工程量选择吊装形式（如单机或多机），随后根据吊装形式选择吊索具类型（如是否需要平衡梁、吊耳形式选择等）并确定尺寸，接着依据被吊物、吊装形式以及吊索具信息咨询起重机型号或者查阅相关表格，从成本、性能等角度选用最为合适的起重设备。②吊装站位及路线规划。设计者依据现场平面布置图（如二维的CAD图），根据工地环境的计划状态，结合其他施工信息，对吊装作业的被吊物、起重机的位置进行布局设计并设计吊装路径，进而根据吊装路径中的关键点对可能发生的碰撞风险及应力极限的位置进行校核，得到最终的作业路径。③地基处理及周边方案设计。根据上述选择的吊索具、起重机及作业路径，对工地地面进行加固处理，防止作业时的失稳。上述过程完成后，开展吊装组织管理设计，完成整个吊装方案的撰写。

在上述过程中，起重机的选型及吊装路径的规划是整个方案中最为关键的环节，但是随着起重工程难度的逐步增加，现有的依赖于人工及专家经验的设计方式难以满足当下施工的需求，主要体现在：

（1）效率问题。吊装方案制订过程中需要查阅起重机标准资料，特别是在大型设备吊装时，在吊装工艺选型及校核的过程中需要开展大量的计算，仅依靠人工操作效率低，同时出错率较高。

（2）安全性问题。以最典型的吊装碰撞风险为例，依赖于静态二维图纸存在诸多安全漏洞。其一，在空间尺度上，吊装作业是一个三维的作业活动，在有限的作业空间内二维图纸无法准确地反映三维空间上的碰撞；其二，在时间尺度上，静态的图纸校核只能反映吊装作业某一时刻的危险状态，不能对连续的吊装活动进行校核，显然在动态的工地空间内，上述碰撞校核方式是无法准确地保证吊装作业路径的安全性的。

（3）灵活性问题。工程建设是一个时空变化的过程，施工方案的制订也是如此。受工程变更、现场作业环境变化等多个因素的影响，吊装方案随时需要调整。然而，在调整过程中再次组织起重吊装工程的各个参与方耗时费力，特别是在大型吊装方案制订中需要大量的计算，这种方式更不具备可行性及灵活性。

（4）协同性问题。传统的吊装方案完成后一般通过文本来传递，方案的信息无法直观、准确地传递给每个参与对象。特别是对于现场的吊装操作人员而言，在吊装、牵引被吊物的过程中还是依据个人经验，使得吊装路径规划方案与实际的作业过程处于“两张皮”的状态，难以保障施工高效、安全。

在吊装方案的制订中，吊装场景的勘察与路径规划是耗时最多、难度最大的部分，因为这一部分不仅需要考虑起重机及吊装方式，还需要综合考虑工地现场的环境因素。因此，用算法代替人工进行吊装场景识别及路径规划是目前发展的主流趋势。类似的问题是在机器人领域最先提出，美国麻省理工学院教授 John J. Leonard 将其归结为三个问题“Where am I”“Where I am going”以及“How should I go there”，这些问题也正是吊装路径规划中需要回答的。

3.3.2 起重驾驶地图的智能生成方法

施工场地上随处可见各类坑槽、非硬化区域以及积水区域，这些危险工作区域的地基承载力往往存在极大的缺陷，而吊装机械的驾驶员由于视线范围有限，难以快速感知各类驾驶风险。因此，需要建立起重吊装地图，对工地现场工况及各类危险信息进行识别，以支持各类吊装作业活动的开展。

1. 场景信息采集

场景信息采集最普遍的方式是基于传感器的方法，如 GPS 和 RFID。但是采用这种方式获取信息，需要安装大量的传感器设备，成本高且耗时费力，该方法更适用于障碍物的采集等。除此以外，基于计算机视觉的方法具有更灵活的场景信息采集能力，可以有效地识别和分割目标。然而，仅使用固定或手持相机可以收集的区域很小，无人机的出现解决了这一问题，拓宽了视觉方法的范围。安装在无人机上的摄像头可以有效地收集整个施工现场的高分辨率图像，从而为获取场地地面信息提供了条件。

图形采集完毕是一张张零散的图像，需要将其拼接形成完整的施工场地图像以便后续处理。如图 3-39 所示，采用基于特征的 SIFT 匹配算法对无人机拍摄的图像进行对齐拼接，即首先，对每张图像提取图像中的兴趣特征点，计算特征点的方向；随后，根据相邻照片顺序进行特征点的筛选与匹配，并计算相邻照片特征点的变换矩阵；最后，依据相邻匹配图像中特征点的变换矩阵，将图像进行拼接融合，从而形成完整的

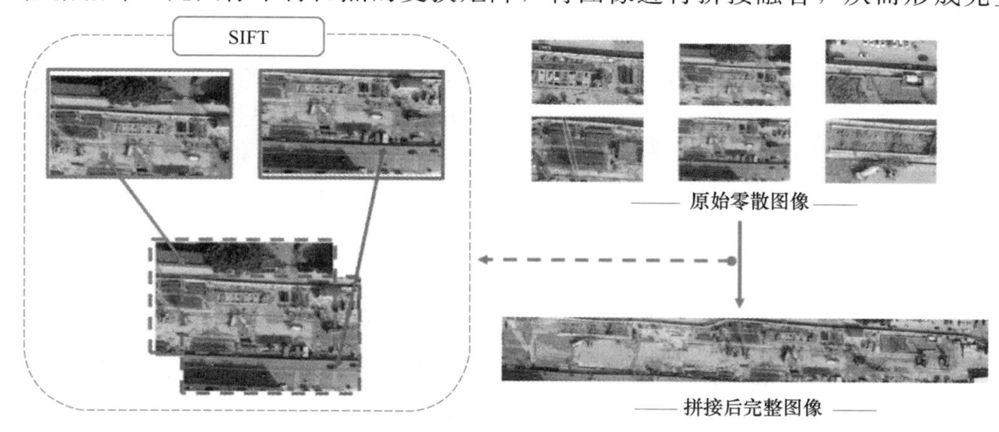

图 3-39 基于特征的 SIFT 匹配算法的图像拼接
（图片来源：华中科技大学，国家数字建造技术创新中心）

施工现场地图。

2. 危险区域识别

施工场地的图像收集仅是完成了数据的获取，还需要利用深度学习算法来自动识别和提取图像中的危险信息，目前有两种方法：①卷积方法，卷积神经网络（CNN）结构多年来一直在计算机视觉领域占据主导地位。然而，由于卷积核的尺寸限制，卷积方法的感受也很小，这种限制导致其不能很好地获取全局信息，容易受到噪声的干扰。②Transformer 方法，这类方法最初被大量应用于自然语言处理领域，近年来开始进入视觉领域，由于注意力机制的优势，Transformer 方法不仅在性能上不输卷积方法，并且还可以获取全局信息。而施工场地的环境并不优越，这也导致了采集的图像往往会存在大量的环境噪声，采用 Transformer 方法可以适应性地解决这个问题，实现对危险信息的高效、准确识别。

危险区域识别的问题本质就是从图像中分割出属于危险区域的像素。因此，可以采用经典的 Maskrcnn 作为图像分割模型，随后，将卷积骨干网络替换成 Swin Transformer 网络形成全新的 Mask Transformer 模型，从而发挥 Transformer 方法的优势，模型的架构如图 3-40 所示。

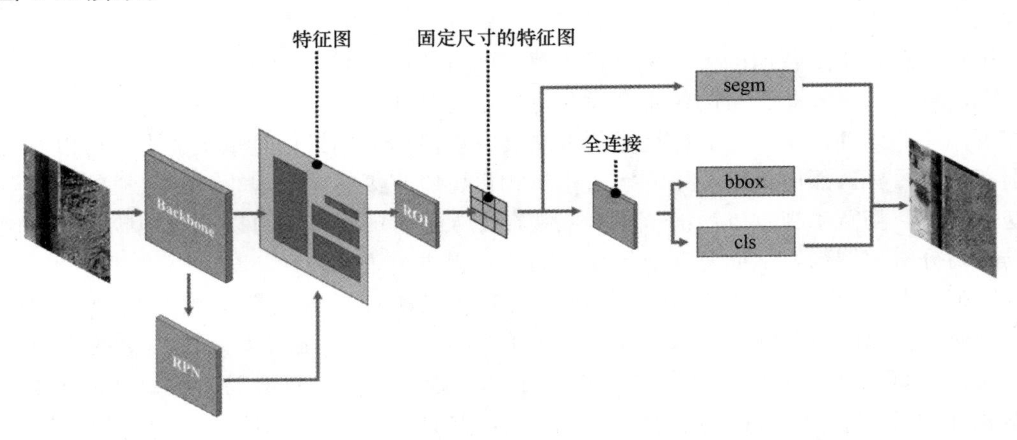

图 3-40 Mask Transformer 模型架构

（图片来源：华中科技大学，国家数字建造技术创新中心）

图像输入后，首先，由骨干网络提取特征图，随后对特征图中的每一点设定预定 ROI，从而获得多个候选 ROI，将这些候选的 ROI 送入 RPN 网络进行二值分类（前景或背景）和回归，从而实现过滤；然后，对这些剩下的 ROI 进行 ROIAlign 操作，即先将原图和特征图的像素点对应起来，再将特征图和固定的特征对应起来；最后，将结果传输到三个分支，分别输出识别的目标分类、目标识别框和目标像素分割信息。

3. 安全风险地图的生成

识别到的风险信息是以一张张图像为载体，驾驶员很难从中直观地获取到有益的参考信息。因此，需要对识别到的风险信息进行进一步处理，最简单易懂的方式就是生成一张施工场地的栅格化安全风险地图。

首先，需要确定栅格的大小。通过图像像素与真实尺寸的换算关系，设计合适的栅格像素长度。栅格的像素长度过大，会导致风险信息的颗粒度过粗，能提供的参考价值下降；栅格的像素长度过小，会导致栅格密集，遍历一个栅格耗时太短，驾驶员来不及做出反应。其次，需要划定栅格的风险等级。如图 3-41 所示，根据不同类型风险信息的危险程度确定栅格不同的颜色形式，对于危险等级高的区域要求驾驶员严格规避，对于危险等级低的区域可以要求驾驶员根据实际情况确定是否规避，这样既保证了安全风险地图的价值，同时避免对驾驶员的正常工作产生额外的干扰。

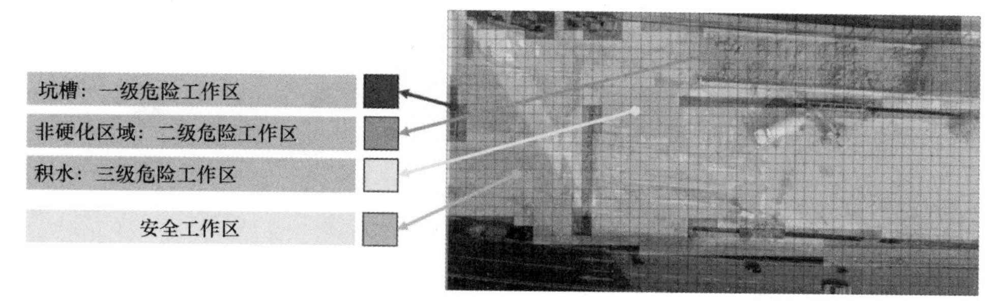

图 3-41　风险等级划分示例图

（图片来源：华中科技大学，国家数字建造技术创新中心）

最后，将风险信息映射到每个栅格内形成最终的安全风险地图。为了最大化地保证行驶的安全，采用 0-1 映射的方式对风险信息进行处理，即只要栅格内存在风险信息的像素就判定该栅格为危险区域栅格。按照该映射方式依次遍历所有栅格，即可形成最终的安全风险地图。

3.3.3　起重吊装路径的智能规划方法

1. 算法驱动的智能规划

（1）图搜索算法（Graph Search Algorithms）

工地的环境状态是吊装路径规划的基本依据，而空间数据往往可以用图（Graph）这类数据结构来表示，那么图结构中常用的搜索算法就可以应用到工地吊装路径的规划中。该算法的基本思路是：通过构造图来描述工地环境空间，采用搜索算法从图上找到满足吊装作业准则的最优路径。目前，图搜索算法已经形成很多成熟的方法，主要包括：利用深度优先搜索（Depth First Search，DFS）与广度优先搜索（Breadth First Search，BFS）的思路（图 3-42），具体涉及 Dijkstra、A*、爬山法等方法。其中，BFS 从起点开始，按照某个顺序一条路走下去，直至不能再继续为止，然后回到上一节点，再换另一条路走下去；而广度优先则是每一步都扩展同一层的所有可能节点，一层一层扩展下去，直到某一层搜索到终点为止。

（2）智能演化算法（Intelligence Evolutionary Algorithms）

与图搜索算法类似，智能演化算法同样是将路径规划问题抽象为空间搜索问题。但是在求解方式上，演化过程的核心是智能算法的设计，比如：蚁群算法（Ant Colony Optimization，ACO）、遗传算法（Genetic Algorithm，GA）、粒子群优化算法（Particle Swarm Optimization，PSO）、人工神经网络（Neural Network，NN）以及相关的基于数理逻辑的规划算法等。在吊装作业站位及路径规划中，智能演化算法的研究已经十分普遍。其中，ACO 的规划思路是基于仿生的思路，即：蚁群总能够寻找到一条从蚁巢和食

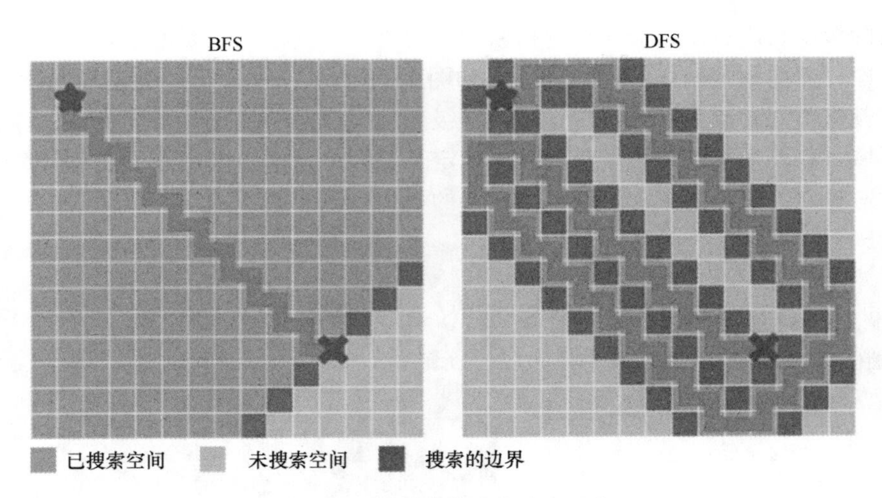

图 3-42　图搜索算法的基本思路

物源的最优路径，在吊装应用中通过反复迭代搜索找到一条最优的作业路径，该算法在塔机的工地站位优化、桥式起重机作业避障规划等方面均有应用。GA 则是遵循达尔文进化论的思路，可以理解为通过不同吊装路径方案的交叉以及变异最终找到最优的作业路径。目前，基于 GA 的吊装路径研究已经在起重机的选型及站位布置、双起重机协同作业路径规划等方面都有所体现。PSO 是模仿鸟群随机搜索食物的行为，通过不同吊装路径方案的信息交互与更新以找到最优解，该算法在起重机作业排班的规划中应用较多。NN 算法及相关的人工智能方法已经被广泛地应用于工程管理的各个领域，其主要采用的是数据驱动的思路，通过已有的历史经验数据提供最佳作业路径，NN 在移动式起重机复杂三维空间作业路线规划及作业过程的防碰撞中有所应用。

（3）随机采样算法（Random Sampling Algorithms）

面向更为复杂的作业空间，随机采样算法具有一定的优势。目前该算法的求解思路主要分为综合查询方法和单一查询方法两类。前者在图空间的基础上，首先构建路线图，通过采样和碰撞检测建立完整的无向图，以得到构型空间的完整连接属性，再通过图搜索得到可行的路径，比较有代表性的是概率路线图法（Pobabilistic Road Map，PRM）；后者则从特定的初始构型出发局部建立路线图，在构型空间中延伸树型数据结构，最终使它们相连，比较有代表性的是快速探索随机树法（Rapidly-exploring Random Tree，RRT）。值得注意的是，经典的随机采样算法的目标是找到一条无碰撞的路径而非最优路径（图 3-43），在高维空间计算中具有效率优势。在起重机作业路径的规划中，随机采样算法可以解决单台起重机作业姿态动作序列的规划问题，也可以求解多台起重机协同吊装规划的问题。同时由于求解速度上的优势，该方法可以和传感器数据进行动态交互，在采用 RRT 的求解过程中可以根据现场环境进行路线的动态调整，以适应工地现场的突发状况。

2. 虚拟模型驱动的智能规划

近年来，随着 BIM 技术的快速发展，越来越多的学者开始将虚拟模型与规划算法联合起来共同驱动起重吊装作业的规划。BIM 的优势在于能够更加全面地提供工地实时的各类信息，比如：既有建筑半成品的信息、材料堆场情况、施工进度计划信息等。这些信息给起重路径规划提供了更准确、更及时的输入条件，所得到的规划结果也能够更好地支

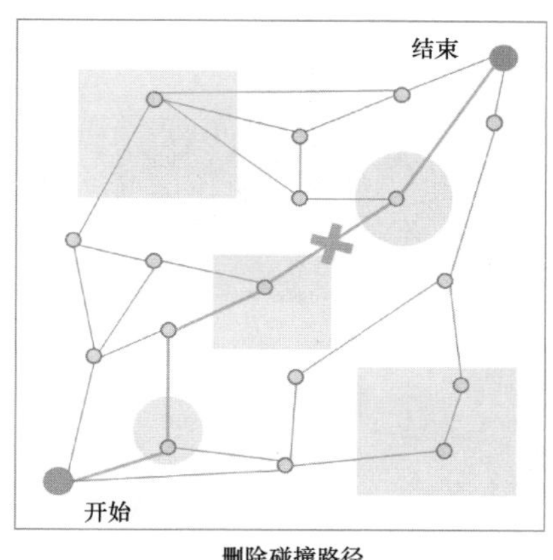

删除碰撞路径

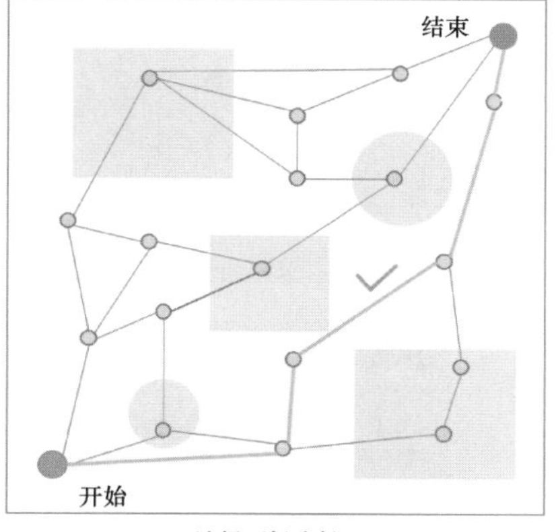

选择可行路径

图 3-43 随机采样算法的经典思路

撑实际应用。在目前的研究中，经典的图搜索算法 A* 已经与 BIM 模型相结合，利用 GIS 数据进行动态更新，全面促进建筑现场作业的动态布置与路径规划；还有学者将 GA 与 BIM 模型相结合用于解决起重机现场布局等问题；人工智能算法也与 BIM 进行交互，实现了大型工厂建造全过程中移动式起重机的动态规划；基于图片的快速建模技术也应用到了路径规划中，通过工地实时的场地模型快速重构获得现场既有设施的 3D 参数，从而为起重机路径规划提供准确依据。起重吊装路径规划应用见二维码 3-2。

3-2 起重吊装路径规划应用

3.3.4 案例——某地铁吊装危险区域智能识别

1. 项目背景

某地铁站长 315m，宽 12m，施工期间需要进行大量的地下连续墙作业，共需完成 124 个钢笼的吊装。施工方采用了两台履带式起重机进行吊装作业，其中主吊为 100t，次吊为 70t。在该项目中，履带式起重机活动范围广、工作量大，运行过程中存在较大的风险。

如图 3-44 所示，在该项目中，对于履带式起重机行驶时的场景风险，主要包括三类，分别为：①包含坑槽的危险区：地下连续墙作业会开挖大量的坑槽，其深度达十几米甚至数十米。地下坑槽会导致土体移动，墙体外侧土层会向坑内变形，同时由于施工过程中的降水会带走土体颗粒，造成地层损失以及地下连续墙体外土体固结，导致地下结构附近土体的承载力下降，严重减弱坑槽段临近区域的地基承载力。而地下连续墙槽段常分布于驾驶道路两侧，履带式起重机在带载行走过程中若接近地下连续墙槽段，可能会出现履带踏空、履带临边现象，导致整机受力不均出现倾覆事故；②包含非硬化区域的危险区：吊装场地内的非硬化路面强度低，路面存在大量土壤间隙，有较大的浮土，当履带式起重机吊装重物行驶过程中经过非硬化路面，会导致土壤受力不均匀产生土壤的塌落。同时非硬化路面更易受到雨水的影响，经浸润后会出现承载力极速下降甚至打滑的现象；③包含积水的危险区：由于降水、坑槽泥浆浇灌等原因会导致大量的地表积水，一方面积水的浸润会影响地基承载力，另一方面积水会掩盖地表的真实信息，容易使驾驶员产生误判。

图 3-44 履带式起重机行驶的场景风险
(图片来源：华中科技大学，国家数字建造技术创新中心)

2. 吊装危险区域智能识别应用

(1) 无人机数据采集

为全面获取场景信息，使用无人机进行图像采集。采集过程中，无人机镜头 FOV 角度设置为 84°，飞行高度为 70m。采集过程中，图像长宽比设置为 3∶2，重叠率设置为 70%，按照既定路线飞行，总共获得 136 张图像，这些图像经过拼接后可以转换成完整的施工现场实时地图。经过裁剪和挑选，最终获得了 1038 张包含三种危险工作区域的图像，图像尺寸为 400 像素×400 像素。

在将所采用的图像收集为数据集后，使用一个名为 labelme 的 python 库对数据集进行标记。考虑到某些图像有多个危险工作区，最终一共统计得到 1516 个标记样本。随后对数据集进行分割，其中训练集为 988 个，验证集为 50 个。最后，将标记好的 json 数据文件转换为 coco 格式，用于模型训练。

(2) 模型训练与识别

基于已有的数据集训练图像识别模型，图像输入后，首先由骨干网络提取特征图，为特征映射中的每个点设置预定义的感兴趣区域（ROI），随后获得多个候选 ROI，并将其输入 RPN 网络进行二值分类（前景或背景）和 bbox 回归以实现过滤。然后，对这些过滤后得到的 ROI 进行 ROIAlign 操作，即将 ROI 与特征图进行对齐，从而获得目标所在位置、大小等的准确特征信息。最后将信息传递给三个分支，分别输出目标分类、目标识别 bbox 和目标像素分割信息。

训练时对学习率、梯度衰减区间、历元等部分训练参数进行了参数寻优，以提高模型在训练过程中的训练效率和优化模型的效果。模型对于坑槽、非硬化区、积水的识别效果如图 3-45 所示。检测效果表明，三类危险工作区的检测置信度大多在 0.9 以上。少数置信度较低的图像的坑槽类主要集中在小尺寸的坑区，模型难以从过小的区域中提取特征；未硬化区类别主要集中在局部散土，可能是由于该类型个体的样本量较小；积水类主要集中于轮廓不清晰的个体。

图 3-45　安全风险地图的生成

（图片来源：华中科技大学，国家数字建造技术创新中心）

（3）安全风险地图的生成

生成风险地图时，首先需要对栅格的风险等级进行界定。一级风险为包含坑槽的危险工作区，司机必须严格避开这些区域；二级风险为包含硬化区的危险工作区，驾驶员必须尽量避开这些区域；三级风险为包含积水的危险工作区，驾驶员可根据实际情况判断是否避开此类区域。

通过换算，可以得到施工场地的实际长度与图像像素的比值为 0.02m/像素。而履带式起重机在有载时行走速度小于 0.5km/h，无载时行走速度约为 0.5～1km/h。其中，风险地图的栅格大小设置为 80 像素×80 像素，对应于现实世界的大小为 1.6m×1.6m，因此履带式起重机覆盖每个栅格需要 6～11s，从而保证履带式起重机驾驶员有足够的反应时间。如图 3-46 所示，将模型识别出来的含有风险信息的像素采用 0-1 映射的方式对应到安全风险地图中，最终构建出像素大小为 2400 像素×17600 像素、栅格数量为 6600 的地铁站建设工程安全风险地图。

（4）伴随施工进程的动态地图的生成

在数据收集期间，地下连续墙施工正在进行。在此期间，该地点的沟槽数量很多，并且降雨不断。这种情况对正在工作的两台履带式推土机构成了相当大的倾覆风险。为了跟踪施工进度，为履带式起重机提供最实时的风险预警，体现所提方法的实用价值，在本案

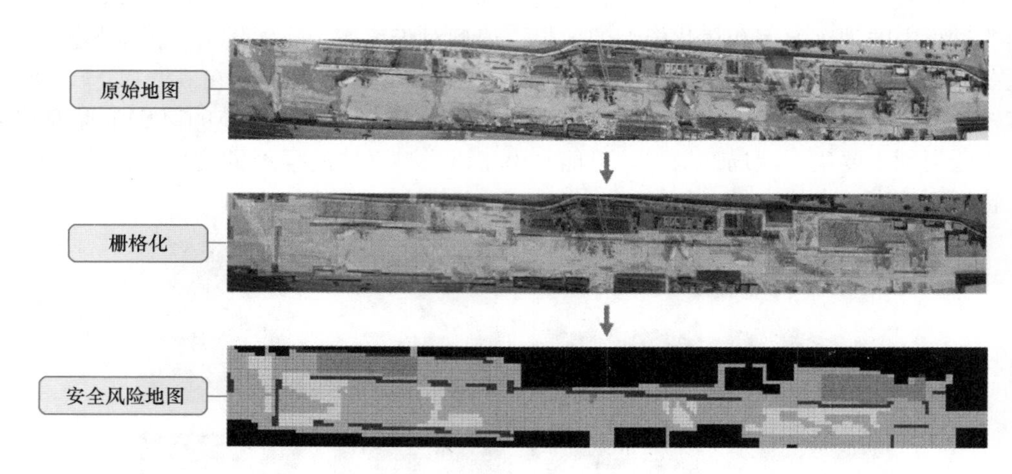

图 3-46 危险风险地图的生成

（图片来源：华中科技大学，国家数字建造技术创新中心）

例中进一步生成了三种施工进度下施工现场的相应安全风险图。

图 3-47 所示日期为 2020 年 11 月 2 日。当天进行的主要作业是钢筋笼捆绑作业，这是地下连续墙作业的准备工作。安全风险图显示，现场的坑槽开挖基本全部施工完成，并且几乎所有的坑槽都处于暴露状态。因此，来自一级危险区的风险大大增加。

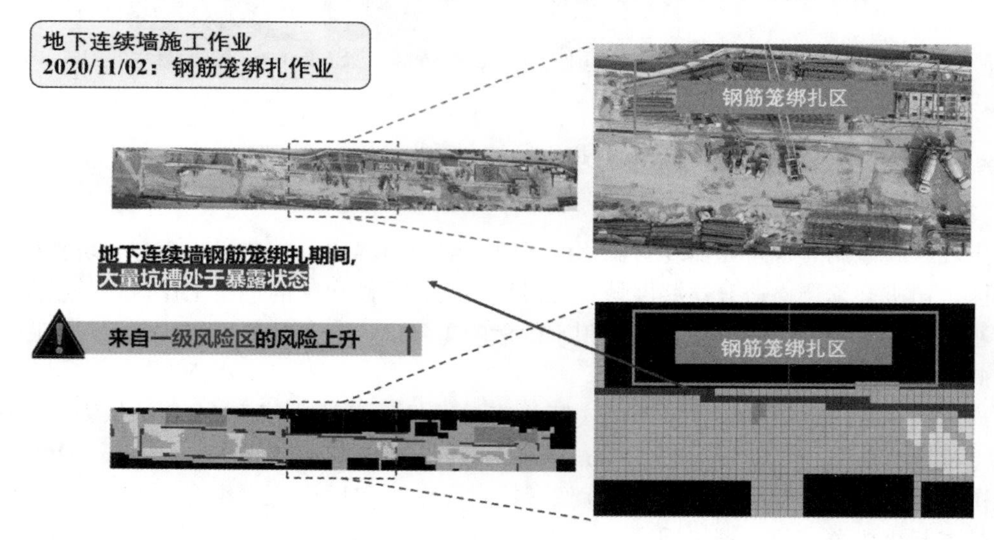

图 3-47 11 月 2 日安全风险地图

（图片来源：华中科技大学，国家数字建造技术创新中心）

图 3-48 所示日期为 2020 年 11 月 4 日。这一天进行的主要作业是钢笼吊装转运，将捆扎好的钢笼从绑扎作业区吊装到存放区。但是由于降雨导致现场的地表积水量大大增加，特别是在主要的起重工作区域。因此，来自三级风险区的风险大大增加。

图 3-49 所示日期为 2020 年 11 月 9 日。这一天进行的主要作业是钢筋笼吊装作业。由于钢筋笼吊装完成后，便进行注浆，使地图上坑槽的面积大大缩小了，因此一级风险区

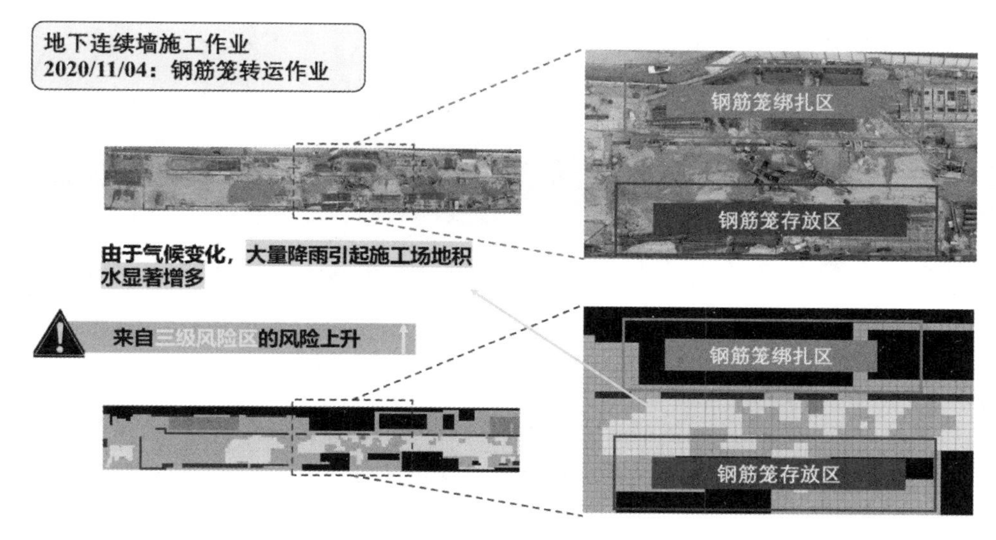

图 3-48　11 月 4 日安全风险地图
（图片来源：华中科技大学，国家数字建造技术创新中心）

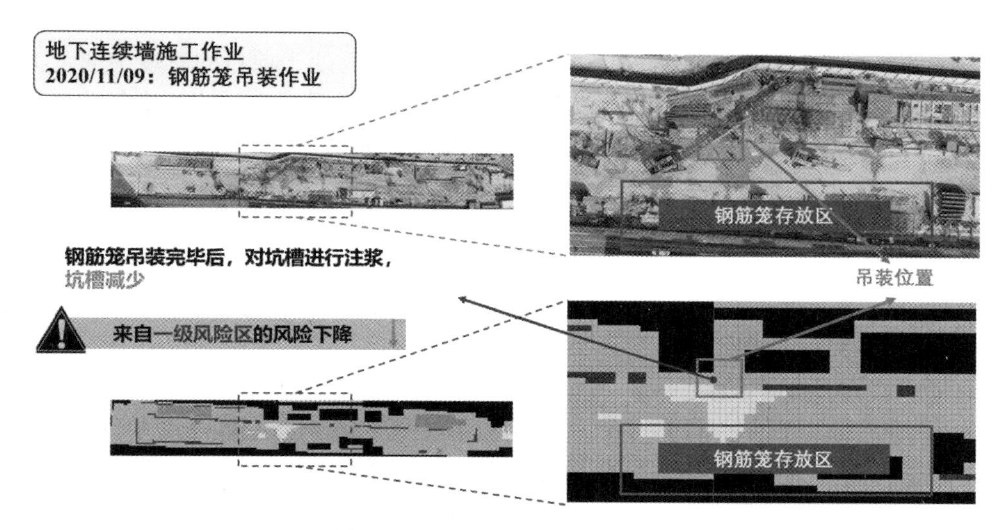

图 3-49　11 月 9 日安全风险地图
（图片来源：华中科技大学，国家数字建造技术创新中心）

的风险降低了。但是在此期间，履带式起重机在工作时需要遍历整个工地，因此，接触危险工作区域的可能性也增加了，大大展现了安全风险图的价值。

3.3.5　案例——某石化大型吊装路径智能规划

1. 项目背景

某石化项目占地约为 8000m^2（图 3-50）。由于石化工程由大量钢结构、设备及管道组装形成，在项目建设过程中存在大量的起重吊装作业活动。不同于一般装配式结构，石化设施的吊装有其典型的特点：①吊装物重量大且以长细结构为主；②吊装的机械涉及轮胎式起重机、履带式起重机等多种类型且协同作业；③吊装空间既有设施极为密集，存在较

图 3-50　项目俯视图及现场吊装作业空间
（图片来源：华中科技大学，国家数字建造技术创新中心）

大的碰撞风险。这些特殊性大幅增加了现场安全管理的难度。因此，在施工前制订详细的吊装作业方案，尤其是确定吊装设施的布设位置及路径对施工安全及效率的提升起着决定性作用。

在本项目中，C101 脱氢烃塔是项目开展过程中难度最大、安全风险最高的吊装活动，塔体高 42.8m，重 150t，具体参数见表 3-2。整个吊装工艺包括：设备进场运输及起吊两个主要过程，吊装设备主吊型号为 LR-1400/2 型 400t 履带式起重机；副吊型号为 QUY 200 型 200t 起重机，如图 3-51 所示。由于设备安装时已经处于项目的建设中期，工地现场已经存在诸多正在建设的施工半成品设施，现场空间极为狭窄，使得整个吊装过程的碰撞风险极大，选择合适的吊装设施布置点位及作业路径成为 C101 塔安全、高效完成安装的前提。

吊装设施参数　　表 3-2

被吊物		
设施名称	C101 脱氢烃塔	
设施长度	42.8m	
设施重量	150t	
吊装起重机型号		
起重机名称	主吊： LR-1400/2 型履带式起重机	副吊： QUY 200 型履带式起重机
主臂	77m	32m
额载	400t	200t
吊钩重量	6t	2t
最大工作半径	18m	11m
最小工作半径	10m	5m
基座尺寸	5m	5m
作业安全距离	13m	5m

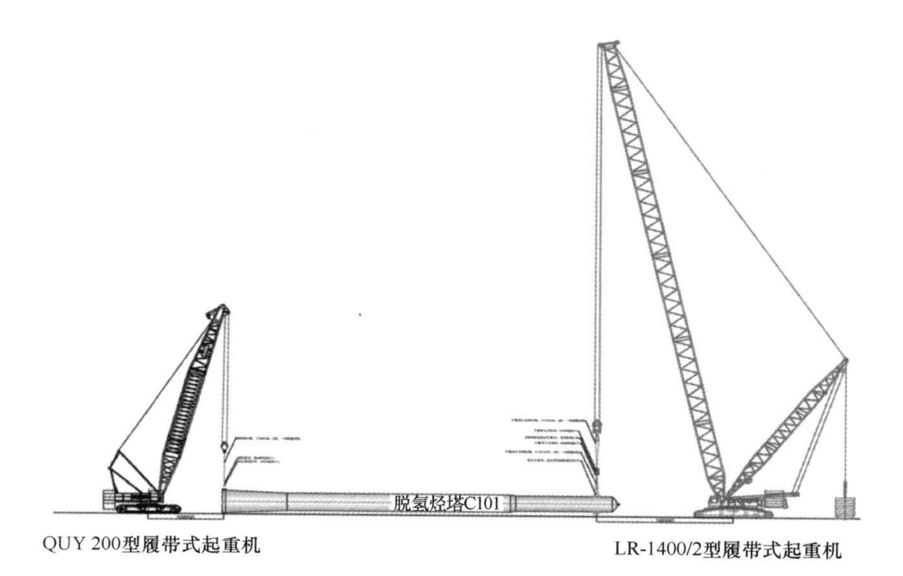

图 3-51　C101 塔与履带式起重机
（图片来源：华中科技大学，国家数字建造技术创新中心）

2. 智能规划应用

（1）算法驱动的吊装作业站位的选择

在 C101 塔起重吊装作业方案的制订中，吊装设施布置点位的选择是需要解决的第一个问题。在既有作业空间极为狭小的吊装作业空间内，布设点位的精确性显得更为重要。因此，本项目采用了基于无人机拍照建模的吊装设施规划方法，其主要思路包括：步骤一：利用无人机获得工地现场的图片；步骤二：3D 场景的重构；步骤三：通过标定提取场地设施的尺寸信息；步骤四：基于线性规划算法求解最优的吊装设施布设位置，如图 3-52所示。

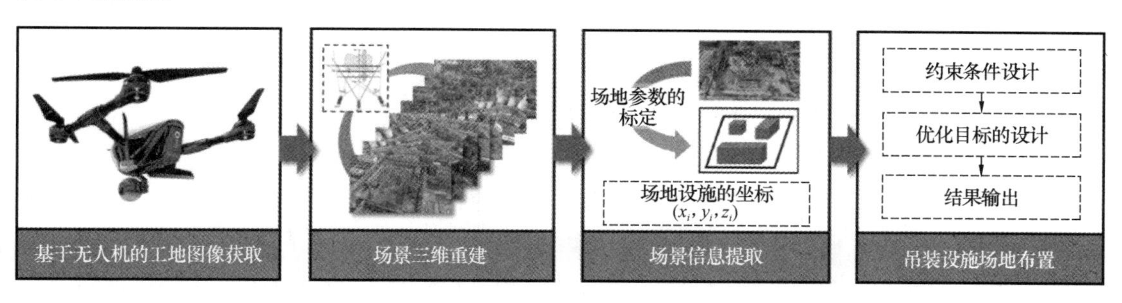

图 3-52　基于无人机图像建模的起重吊装设施布置思路
（图片来源：华中科技大学，国家数字建造技术创新中心）

1）算法假设

为了更好地表述布设状态，吊车用单点坐标来表示；而 C101 可以视作线性杆件，通过塔体首尾的两个绑扎点位坐标值来表示。除此以外，计算过程还设置如下假设条件：

假设一：场地内固定设施的物理形状假定为立方体；

假设二：主吊的绑扎点在被吊物的头部，挂件的绑扎点在尾部；

假设三：待优化吊装设施布置点的坐标值都取整数，精确到 m。

2）约束条件

① 一般性约束

吊装安全和效率是本项目考虑的两个优化约束指标，在此之前要对一些吊装作业规范中的常规条件进行明确。首先，将整个吊装场地布设的对象分为固定设施以及吊装设施（包括吊车以及被吊物）两类。固定设施将抽象成平面矩形与三维高度的集成，即：用 $Fixdots_j$ 表示现场第 j 个固定设施四个顶点的集合，并用设施角点坐标（x_j，y_j）表示；吊装设施将抽象为该设施中心点及该设施的空间尺寸，即：用 $Freedots$ 表示待优化布设点的集合，点位坐标用（a_i，b_i）表示。同时，为了保证吊装设施的优化结果在场地内，定义了 R_{i1} 表示吊装设施离周边固定设施的最小安全距离，则场地约束条件表述为式（3-10），以限制吊装设施的最优布设点位在施工场地内部。

$$\begin{cases} a_i > R_{i1}\ a_i + R_{i1} < X_0 \\ b_i > R_{i1}, b_i + R_{i1} < Y_0 \end{cases} \tag{3-10}$$

同时，考虑吊装活动的作业面积，必须保证被吊物在吊车的作业范围内。定义了 d_{ik} 表示吊车 i 与被吊物 k 之间的距离，R_{i2} 表示吊车的最大作业半径，R_{i3} 表示最小作业半径。作业过程包含的约束条件表述为式（3-11）。

$$\begin{cases} d_{ik} \leqslant R_{i2}, i = 1,2,\cdots\cdots,I \\ d_{ik} \geqslant R_{i3}, i = 1,2,\cdots\cdots,I \end{cases} \tag{3-11}$$

除此以外，吊装设施与固定设施的距离不能小于作业规范中的最小安全距离。定义了 d_{ij} 表示上述两种设施之间的最短距离。一般而言，吊装设施有其自身的空间尺寸，如吊车的底座面积、被吊物的体积。因此，定义 R_{i4} 表示吊装设施 i 的最小尺寸信息，得到式（3-12），进而充分地保障吊装设施的布设空间不与周边固定设施发生冲突。

$$\begin{aligned} d_{ij} \leqslant R_{i1}, i = 1,2,\cdots\cdots,I, j = 1,2,\cdots\cdots J \\ d_{ij} \geqslant R_{i4}, i = 1,2,\cdots\cdots,I, j = 1,2,\cdots\cdots J \end{aligned} \tag{3-12}$$

② 安全距离约束

在满足基本布设要求的前提下，吊装安全约束用以求解吊装设施到所有固定设施最远的布设点位，以保证在起吊时吊装设施具有足够的操作空间。在实际布设空间内，仅考虑可能会与吊装设施产生接触的周边固定设施的影响。值得注意的是，履带式起重机的吊装作业活动会涉及纵向空间的作业幅度。因此，在设计安全约束条件时必须考虑高度因素，即：当固定设施的高度越高时，吊装设施理应离其越远。根据这一约束，本书定义了一个基于固定设施三维高度和吊装设施到固定设施最小距离的评价参数，称为安全系数 K_{ij}，公式如下：

$$K_{ij} = \frac{d_{ij}}{h_j} \tag{3-13}$$

式中，h_j 表示固定设施 j 的三维高度，d_{ij} 表示吊装设施 i 到固定设施 j 的最短距离。当吊装设施到固定设施的最短距离 d_{ij} 一定时，固定设施的三维高度 h_j 越大，安全系数

K_{ij} 越小，说明待优化设施的状态越不安全；当固定设施的三维高度 h_j 一定时，待优化设施到固定设施的最短距离 d_{ij} 越大，安全系数 K_{ij} 越大，说明待优化设施的状态越安全。因此，安全系数 K_{ij} 的大小可以明显表示待优化设施的安全状态。

理论上，每个吊装设施到每个固定设施都有一个安全系数 K_{ij}，每个吊装设施的最安全状态是其到所有固定设施的安全系数 K_{ij} 最大。为了简化计算，选取吊装设施 i 到所有与其可能接触固定设施的安全系数 K_{ij} 中的最小值 K_i 作为待优化设施 i 的优化目标，最终建立安全目标函数公式：

$$\begin{cases} K_i = \min K_{ij} \\ Safe_{\max} = \sum K_i \end{cases} \tag{3-14}$$

③ 作业效率约束

吊装作业效率具体指主吊载重运输的距离。为了简化计算，将吊车和被吊物最后就位点的相对位置关系分为两类：一类是主吊和被吊物就位点之间没有固定设施，可以直接移动；另一类是主吊和被吊物就位点之间有固定设施，需要沿着场内道路进行移动。设置判断系数 q，当主吊和被吊物就位点为第一类位置关系时，$q=1$；否则，$q=0$。

随后，定义这两种情况下的吊装效率计算方法。当第一类位置关系成立时，吊装效率用主吊和被吊物就位点之间的距离 d_{i0} 来表示。当第二类位置关系成立时，效率用主吊坐标（a_i，b_i）、就位点坐标（x，y）及运输路线的主要控制点坐标（m_l，n_l）之间的距离 d_{i1}，d_{l2}，……，d_{l0} 来表示。其中，d_{i1} 表示待优化坐标到路径控制点 1 的距离；d_{l2} 表示运输路径主要控制点 1、2 之间的运动距离；d_{l0} 表示主吊运动路径上最后控制点到就位点的距离。同时，运输路径主要控制点必须满足主吊安全要求。为使运输效率最高，距离应该最小，建立吊装效率目标函数公式：

$$Efficiency_{\max} = -[q \times \sum d_{i0} + (1-q) \times \sum(d_{i1} + d_{l2} + \cdots\cdots + d_{l0})] \quad l = 1,2,3,\cdots\cdots,L \tag{3-15}$$

④ 优化目标

在吊装场地的布置中，不能单一地考虑最安全或者最有效率的布置方案，而是综合考虑这两个目标，得到较安全且较有效率的布置方案。为此，本文设置权重系数 p 来表示安全目标的相对重要程度；$(1-p)$ 来表示效率目标的相对重要程度。p 的取值由用户根据实际情况确定。建立起综合考虑两个目标的公式：

$$Hoisting_{\max} = p \times \sum K_i + (1-p) \times \{-[q \times \sum d_{i0} + (1-q) \times \sum(d_{i1} + d_{l2} + \cdots\cdots + d_{l0})]\} \tag{3-16}$$

3）求解过程及结果

① 场地建模及信息提取

按上述规划思路，首先利用无人机对施工工地进行三维重建以获取施工场景的实时数据。现场采用无人机以俯视角 45°围绕工地现场拍摄了 60 张图片，图片采集时间在 15min 左右。随后，通过图像建模软件进行 3D 重建。依次经过稀疏点云、稠密点云、网格化贴图的过程，最终形成尺寸比例为 1∶1 的实景工地模型，建模过程如图 3-53 所示。

随后，在场景模型中提取出现场固定设施的参数以便后续布设方案的计算。必须要提取的数据包括场地尺寸、就位点位置、每个固定设施的角点坐标及高度。图 3-53 中的第四步将上述场地设施进行了抽象化，以方便参数的提取计算。其中，同一颜色的色块代表

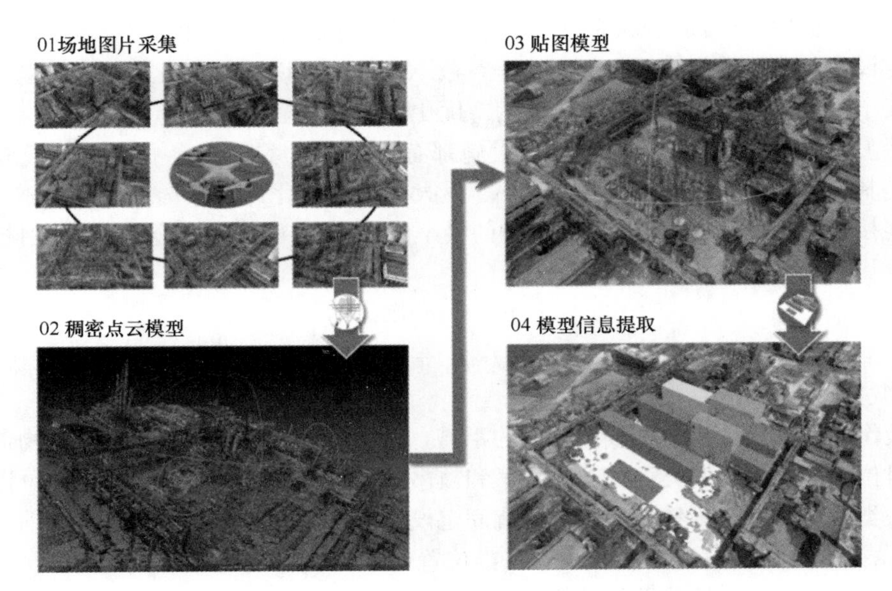

图 3-53　项目的三维重建过程

（图片来源：华中科技大学，国家数字建造技术创新中心）

设施的高度相同。在模型抽象的结果上，取本场地的左下角为坐标原点，即（0，0），得到现场设施的基本参数，见表 3-3。

场地信息提取　　表 3-3

类型	序号	固定设施的二维坐标			高度（m）
		符号	坐标集表示	角点坐标（m）	
固定设施	1	$Fixdots_1$	(x_1, y_1)	(55，78)；(90，78) (55，90)；(90，90)	1
	2	$Fixdots_2$	(x_2, y_2)	(40，59)；(40，70) (125，70)；(125，59)	12
	3	$Fixdots_3$	(x_3, y_3)	(0，35)；(0，50) (24，50)；(24，35)	12
	4	$Fixdots_4$	(x_4, y_4)	(24，35)；(24，50) (49，50)；(49，35)	20
	5	$Fixdots_5$	(x_5, y_5)	(49，35)；(49，50) (105，50)；(105，35)	18
	6	$Fixdots_6$	(x_6, y_6)	(0，15)；(0，35) (47，35)；(47，15)	18
	7	$Fixdots_7$	(x_7, y_7)	(24，0)；(24，15) (60，15)；(60，0)	20
	8	$Fixdots_8$	(x_8, y_8)	(60，0)；(60，15) (110，15)；(110，0)	14
工地尺寸	9	宽 $X_0=140$m；长 $Y_0=110$m			
就位点坐标	10	$X=116$m；$Y=15$m			

② 吊装场地布置结果

根据本文提出的数学规划方法，在施工场地内对 C101 塔机吊装设施的布设位置进行了求解。为了体现出本算法的适用性，分别求解了在全区域中最安全、最有效及考虑安全、效率权重的三种结果。图 3-54（a）表述了最安全状态下的求解结果，这意味着在整个厂区内，此方案中三种设施的分布与相邻固定设施距离最大。同时，在这个区域内进行 C101 塔的起吊翻转作业也将更为安全。图 3-54（b）表述的是吊装运输最高效的布设结果，此时主吊 LR-1400/2 型履带式起重机吊装承载 C101 塔的运输距离最小。除此以外，针对场景的密集程度，在考虑吊装方案布设时倾向于考虑更多的安全因素。因此在本案例研究中，通过搜索的方式得到了最优路径，其中安全系数权重 p 为 0.45，效率权重则为 1，最终得到图 3-54（c）的布设结果。上述三种吊装设施的布设参数见表 3-4。

三种布置方案的具体参数　　表 3-4

优化目标	权重取值		布置结果	
	p	q	吊装设施	坐标点位
方案一：最安全	1	0	主吊	(13，84)
			副吊	(38，95)
			C101 头部	(3，84)
			C101 尾部	(46，89)
方案二：最高效	0	1	主吊	(116，26)
			副吊	(63，30)
			C101 头部	(106，20)
			C101 尾部	(63，20)
方案三：综合目标	0.45	1	主吊	(126，20)
			副吊	(131，49)
			C101 头部	(136，14)
			C101 尾部	(136，57)

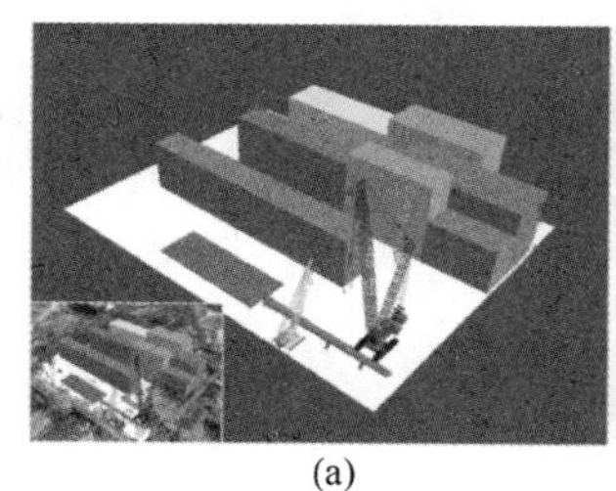
(a)
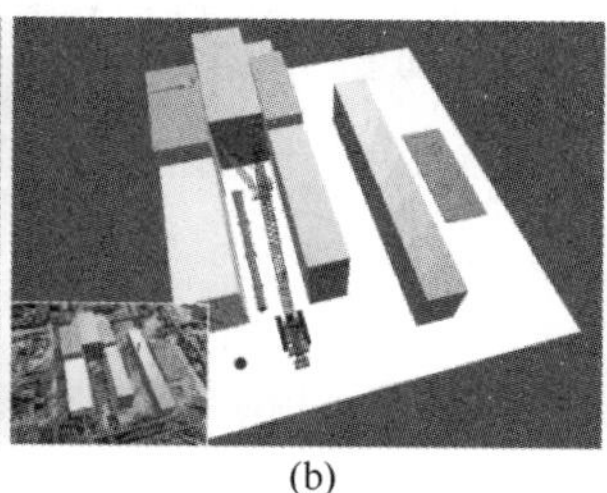
(b)
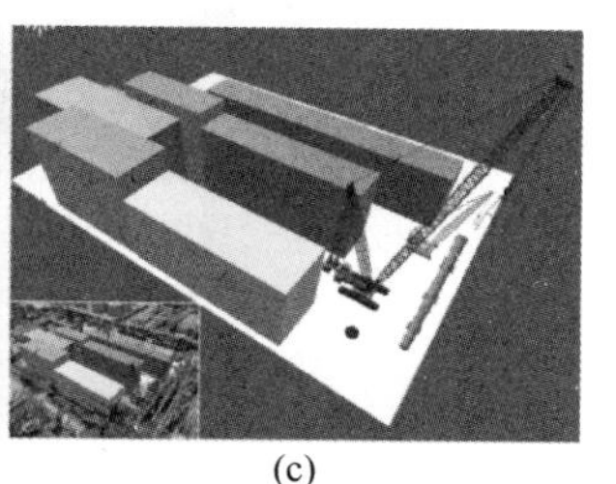
(c)

图 3-54　三种不同效益的吊装设施的布置方案
（a）最安全的方案；（b）最高效的方案；（c）推荐方案
（图片来源：华中科技大学，国家数字建造技术创新中心）

（2）虚拟模型驱动的吊装作业方案

在最优布设点位的基础上，本项目利用 BIM 技术构建了吊装作业的虚拟模型，可视化地表达了 C101 塔的施工方案，具体涵盖：吊装设施的简介、吊装设备进场模拟、吊装作业模拟等。相比于传统二维平面方案，虚拟模型不仅能够更好地辨识空间碰撞风险，还能模拟整个施工工序从而指导工人作业。同时，虚拟模型还支持视角上的可交互操作，从而让不同的人员能够更加全面、细致地了解作业过程。

1）吊装设施简介。通过三维模型展示 C101 塔的尺寸参数，同时介绍主吊及副吊的作业工况、作业载荷以及作业半径等参数，如图 3-55 所示。

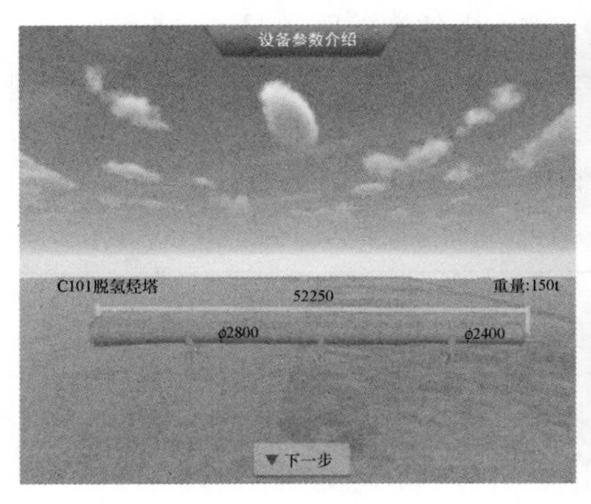

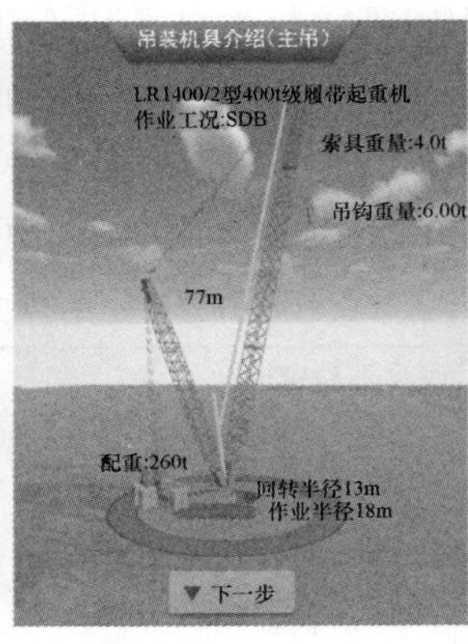

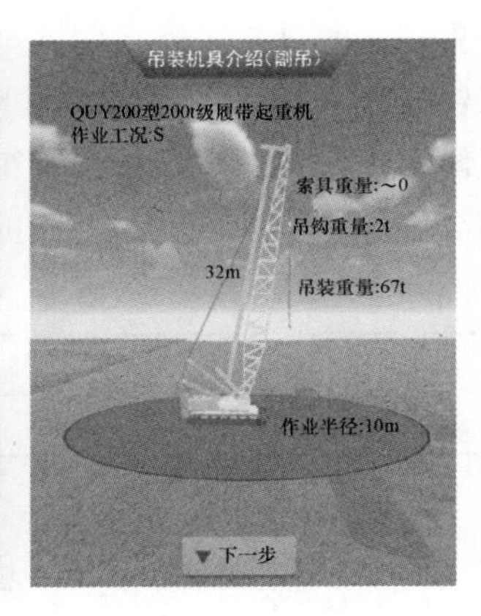

图 3-55　吊装设施简介界面

（图片来源：华中科技大学，国家数字建造技术创新中心）

2）吊装设备进场模拟。模拟吊装 C101 塔分节段进场、就位及就位后的组装过程，依序展示上述步骤中的施工工序，同步检测进场路径中可能存在的碰撞风险，指导设施运输人员开展作业，如图 3-56 所示。

C101塔分节段运输模拟

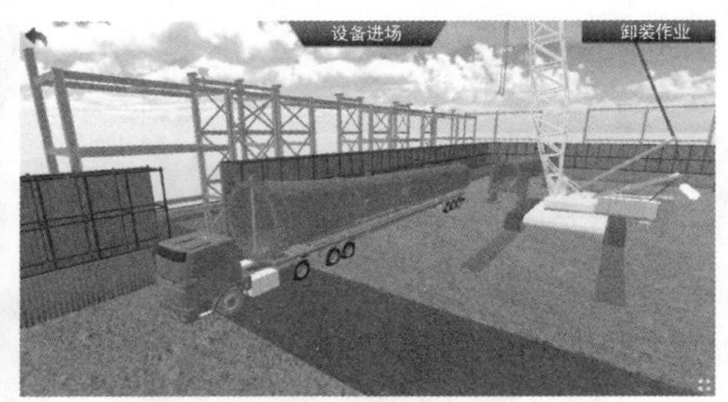

C101塔卸装作业模拟

图 3-56　吊装进场模拟界面

（图片来源：华中科技大学，国家数字建造技术创新中心）

3）吊装作业模拟。模拟 C101 塔机吊装提升、副吊脱钩、空中翻转、空中回转及下落就位安装的过程，动态依序展示上述步骤中的施工工序，同时校验在每个工序中的碰撞风险。除此以外，吊装作业的模拟还嵌入了主吊与副吊的运动学模型，支持两台履带式起重机作业参数的动态显示，包括：起重机的行进距离、C101 塔与地面角度、回转角度、平衡梁与吊臂距离、载荷变化、主吊力、溜尾力等，更加准确地指导工人开展作业，如图 3-57所示。

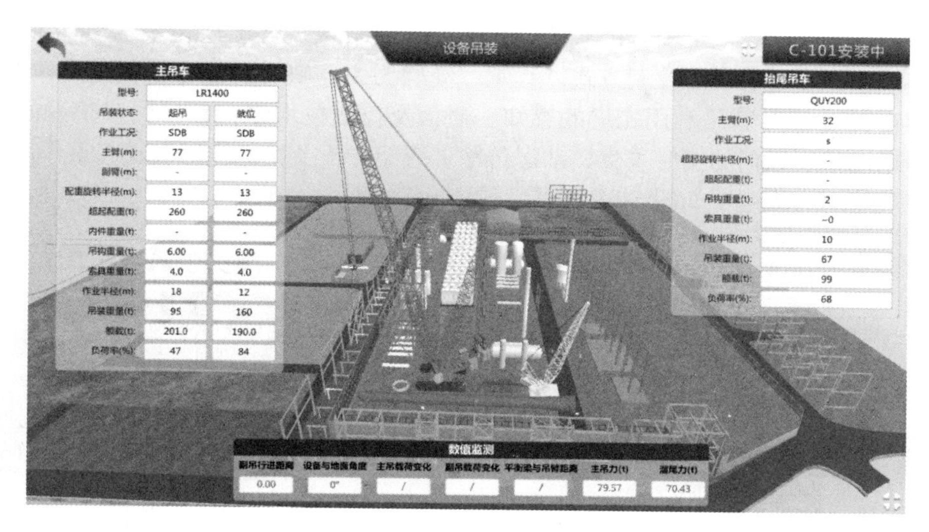

图 3-57　吊装作业模拟界面

（图片来源：华中科技大学，国家数字建造技术创新中心）

3.4　起重工程信息物理系统

吊装方案的智能规划是施工前保障起重作业安全、高效的重要手段。但是施工作业活动本身是一个动态发生的过程，即使是完美的方案也不能杜绝施工中的安全风险。因此，面向施工作业过程中的保障措施也极为重要，在新一代物联网技术的支持下，面向起重工程的信息物理系统被逐步开发及应用。

3.4.1　基本概念

1992 年，美国国家航空航天局率先提出了信息物理系统（Cyber-Physical Systems，CPS）的概念。2006 年，美国科学家海伦·吉尔（Helen Gill）在国际上首个关于信息物理系统的研讨会（NSF Workshop on Cyber-Physical Systems）上将这一概念进行详细描述。随着计算技术、通信技术和智能控制技术的快速发展，CPS 在产业界引起了高度重视及广泛推广。我国工业和信息化部发布的《信息物理系统白皮书》也给出了定义：CPS 通过集成先进的感知、计算、通信、控制等信息技术和自动控制技术，构建了物理空间与信息空间中人、机、物、环境、信息等要素相互映射、适时交互、高效协同的复杂系统，实现系统内资源配置和运行的按需响应、快速迭代、动态优化。

近年来，CPS 也成为促进工程建造过程数字化变革的关键技术。丁烈云院士在《数字建造导论》中指出：数字建造过程的核心是遵循 CPS 的理念，构建数据同步映射的数字工地，达到建造过程可计算、可分析、可优化、可控制的目的。CPS 也引起了领域内学者及工程建造企业的广泛关注，催生了一批智能规划、智能质量管控、智能安全管理等系列技术，在地铁工程、石化工程、桥梁工程等大型项目管理中均有应用。

起重吊装作业是工程建造活动中安全风险最高的作业环节，国内外起重安全事故都极为频繁。事实上，起重吊装作业的普遍问题在于：①吊装过程受到“人—机—环境”安全风险因素的耦合作用，缺乏安全因素的感知手段；②地下工程施工环境复杂，难以进行快速自动建模和更新；③吊装控制方式以直觉、经验为主，缺少智能分析模型和决策平台。因此，起重工程 CPS 就是利用先进的感知、通信及控制技术建立数据同步映射的虚拟吊装空间，通过吊装数据的实时采集、动态传输、智能分析及控制执行实现起重作业的精益化管控，其基本构成逻辑如图 3-58 所示。

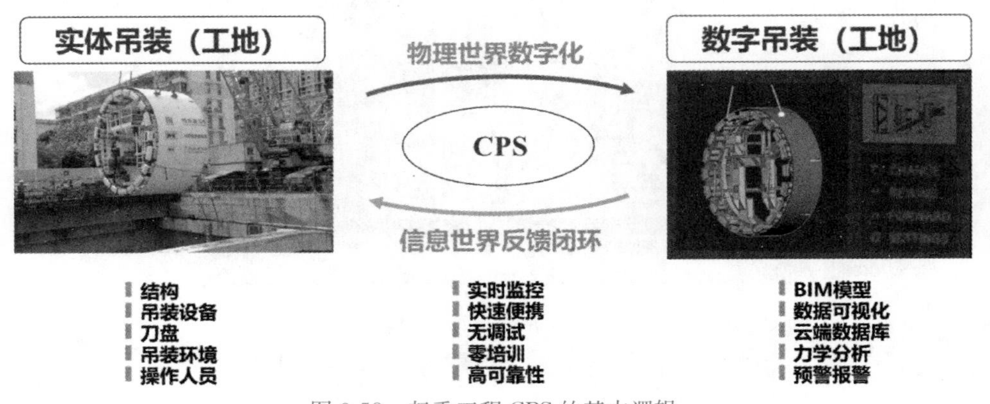

图 3-58 起重工程 CPS 的基本逻辑

（图片来源：华中科技大学，国家数字建造技术创新中心）

3.4.2 起重工程信息物理系统的建立方法

起重工程 CPS 构成的技术基底是工程物联网技术，包括与吊装作业相关的感知、传输、分析及控制技术，如图 3-59 所示。起重工程信息物理系统运行见二维码 3-3。

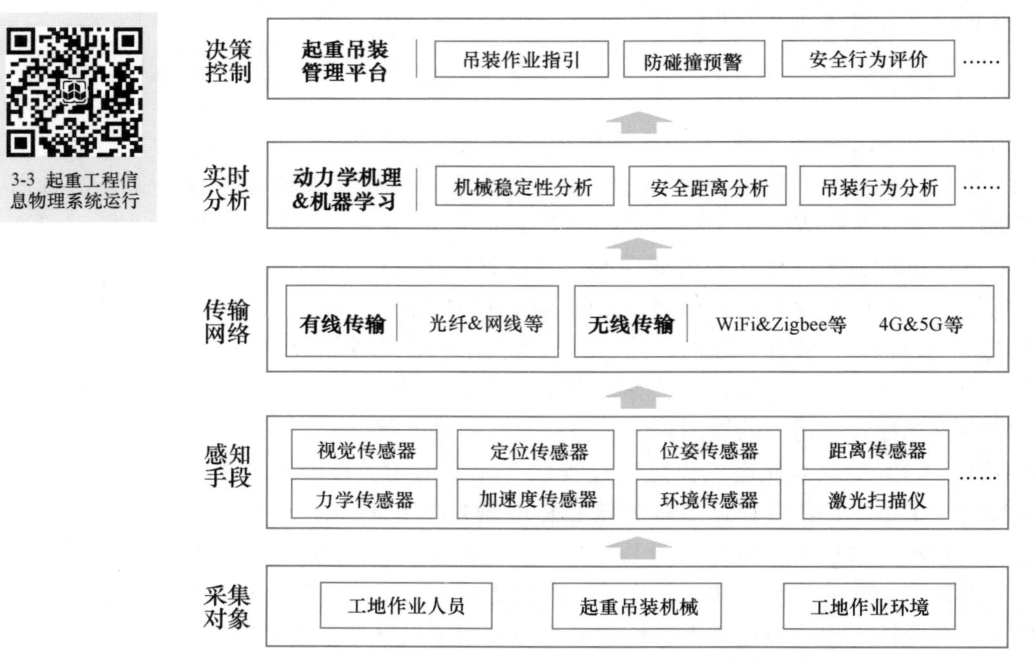

图 3-59 起重工程 CPS 构成的技术基底

（图片来源：华中科技大学，国家数字建造技术创新中心）

（1）采集对象。起重吊装作业所涉及的工程要素主要包括工地作业人员（吊装操作人员、周边施工人员）、起重吊装机械及工地现场作业环境。

（2）感知手段。面向起重吊装所涉及的“人—机—环”三个要素，利用不同类型的传感设备对其全过程的作业数据开展全面的监测。针对现场作业人员，利用视觉传感器及定位传感器监测其基本状态，比如监测人员身份及位置信息预防侵入行为；针对起重机械，分为运行状态与力学状态两方面监控，其中运行状态通过起升、变幅、回转、角度传感器监测，力学状态则通过应力—应变传感器、加速度传感器等对机构与结构的健康状态进行监测；针对周边环境状态，采用风速传感器对天气情况进行监测、采用激光扫描仪及摄像头对吊装作业场景进行动态建模。上述手段共同提供了起重工程CPS的基本数据。

（3）传输网络。传输网络将上述传感器所采集到的起重吊装数据进行集成传输，同时将分析的结果进行反馈执行。目前，常用的传输网络分为有线传输网络和无线传输网络两种，其中有线传输网络包含光纤、网线、电缆，无线传输网络由于其具有节省线路布放与维护成本、组网简单的特点（支持自组织组网，不需要考虑线长、节点数等制约），更适用于不同的移动式起重机吊装作业的场景，常见的包括 WiFi、Zigbee 与蓝牙等短距离无线通信技术，还包括 4G/5G 等通信技术。传输网络是支撑起重工程 CPS 交互的基础。

（4）实时分析。实时分析是对采集到的传感器数据进行实时分析，以支持吊装作业质量、安全及进度等业务的管理。一方面，分析基础是起重机运动学模型以及动力学模型，比如结合吊装作业的实时位姿数据、力学监测数据对其吊装作业的稳定性进行实时分析；另一方面，分析依据还来源于起重机作业管理标准，比如依据作业危险距离的阈值对起重机与周边环境、人员的过近状态进行预警。实时分析是起重工程 CPS 智能化的体现。

（5）决策控制。决策控制是将实时分析的结果体现在起重吊装作业现场的管理上。目前，起重吊装作业决策控制主要依赖于平台来实现，通过提供周边场景建筑及环境模型信息帮助操作人员克服盲区障碍，甚至指引得到最优的作业路径；通过提供危险距离预警信息、机械的受力状态信息指引驾驶员进行吊装姿势的调整；通过吊装行为的记录对驾驶员、司索工及信号工等人员的作业行为进行操作评价。决策控制是起重工程 CPS 管理价值的实现。

3.4.3 案例——某地铁超大直径盾构刀盘信息物理系统

1. 项目背景

某超大直径盾构长江隧道，主线长度 4.66km，总投资约 73.9 亿元，总工期 16 个月。根据地质调查报告，该隧道掘进段周边土壤主要由细砂岩和粗砂岩组成，它们的渗透系数较高，分别为 2.3×10^{-4}m/s 和 3.47×10^{-4}m/s。因此，考虑到掘进地质条件的强透水特性，同时隧道下穿长江埋深 42m，水压 0.44MPa，最小曲线半径 350m，本项目选用了德国海瑞克设计制造的泥水盾构机。该盾构机直径为 15.76m，采用全断面整体刀盘设计，总重量 550t，厚度 2990mm；常压滚齿互换刀具，开口率 29%；盾体全长 14.11m，盾构全长 149m，是当时世界第三、中国第一大的盾构刀盘（图 3-60）。

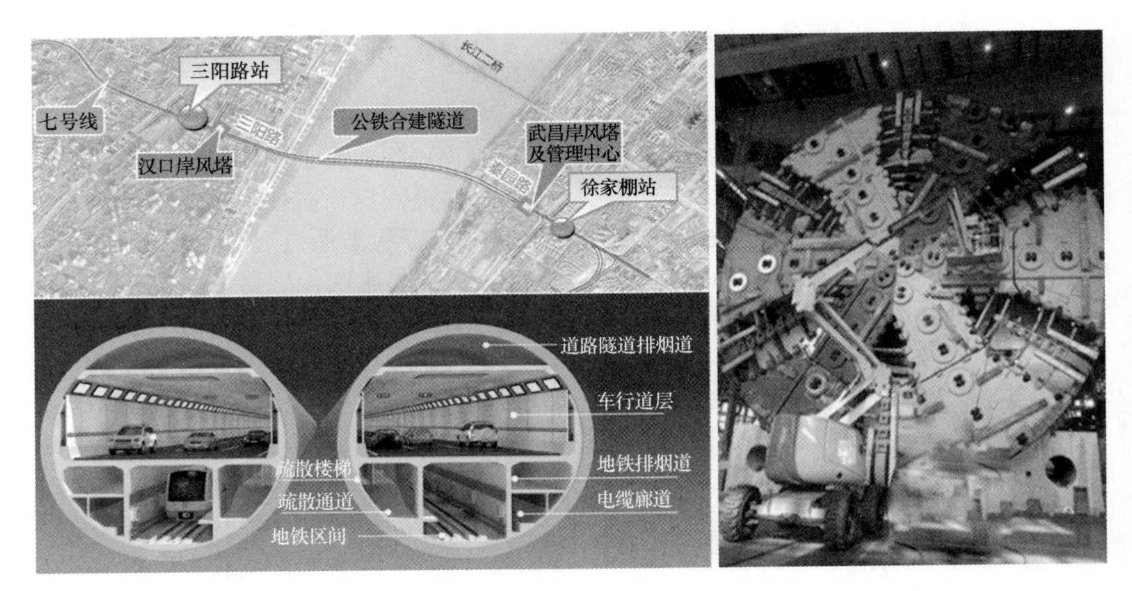

图 3-60 项目及盾构机图

(图片来源:华中科技大学,国家数字建造技术创新中心)

在项目建设过程中,一个最重要的任务是将盾构刀盘从地面吊装至隧道发射井底部与盾构机组装在一起。起重吊装作业中,选用了两台履带式起重机,其中主起重机选用利勃海尔 LR 1750/2750T 起重机,最大载荷为 750t;副吊选用德马格 CC2400-1400T 起重机,最大载荷为 400t。整个吊装作业过程分为如下四个步骤:步骤一,主、副吊移动至预先设计的吊装站点,分布在刀盘两侧,同时开始起吊工作将刀盘小幅抬离地面;步骤二,副吊向主吊慢速移动,主吊继续起升作业实现刀盘在空中的反转,最终逐渐平稳直立;步骤三,完成副吊拆卸,同时将司索牵引绳安装在刀盘上,随后主吊独立将刀盘回转移动至盾构发射井顶部;步骤四,主吊逐步下落作业,将刀盘吊至发射井底部,随后与盾构机完成组装。

由于本项目吊装刀盘重达 550t、直径 15.76m,接近五层楼高,给起重吊装作业安全及效率的管理带来了极大的挑战。在现场人机动态交互作业的过程中存在如下难点:

(1) 吊装施工环境极为复杂。地铁工地现场存在大量不同尺度和形状的材料、设备及结构,起重机操作员在有限的地方进行吊装作业存在极大的限制。与此同时,在吊装过程中,刀盘周边充斥着诸多障碍物,起重机设备和刀盘与地面周围障碍物之间很容易发生空间碰撞。

(2) 起重机操作员能见度有限、存在大面积吊装盲区。由于该刀盘直径达 15.76m,基本上在吊装操作过程中遮挡了驾驶员大部分视线。更为严重的是,刀盘需要吊装至底部的竖井深度为 44.1m,存在绝对的视线盲区,即:驾驶员完全看不到完整的吊装过程,存在极大的操作风险。

(3) 刀盘就位的精准控制。大型刀盘吊装的另一个挑战在于刀盘与盾构机对接时的就位精度要求极高。其中,刀盘的厚度为 2900mm,而底部盾构机与井壁之间的距离仅为 4005mm。因此,刀盘从地面下吊的过程中,刀盘表面与井壁的最小距离仅为 196mm。因此，如何在盲区环境下精准地控制刀盘吊装位姿，杜绝碰撞，实现刀盘与底部盾构机的精准对接是本次作业的又一难题（图 3-61）。

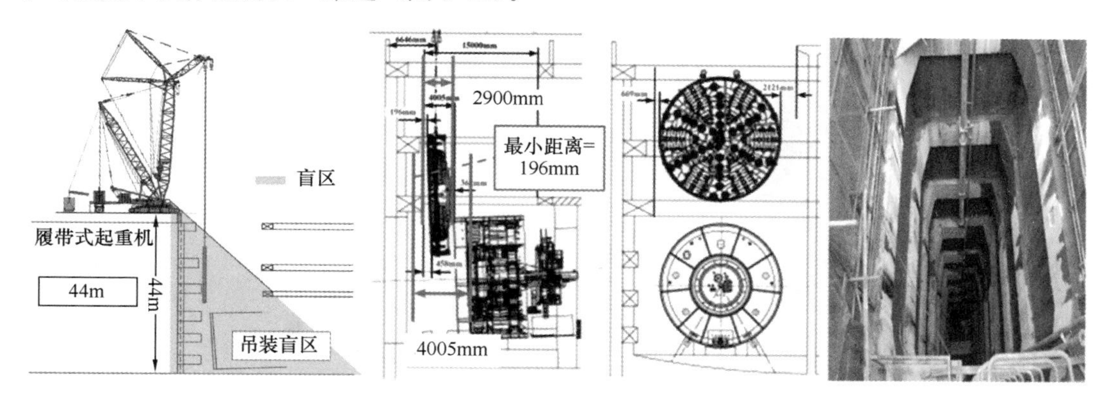

图 3-61 项目刀盘起重吊装难点
（图片来源：华中科技大学，国家数字建造技术创新中心）

在这种“超深、超大、超重、全盲区”的极端吊装作业工况下，传统的依赖于人员经验、信号工引导起重吊装就位的方式无法满足项目完工需求。因此，基于工程 CPS 开发大型盾构吊装作业安全管理系统极为必要。在实施过程中，本项目结合物联网技术实现对大型盾构吊装作业的实时位置信息、对象属性信息、环境信息的监控，并通过 BIM 解决管理过程中信息无法共享、信息断层问题。同时，利用 BIM、虚拟施工、碰撞检测等技术指导施工，基于可视化管理平台制订安全应急预案，以此提高大型盾构吊装作业安全管理水平，避免吊装安全风险事故的发生。

2. 系统设计及功能

（1）系统架构

本项目设计了大型盾构起重工程 CPS，用于采集、分析和管理多源信息，自动监测和报警，并使盲区吊装的危险能量最小化。该系统同时是 BIM 与传感技术相结合的综合性、主动性系统，能够有效地对现场不安全状态及工人不安全行为进行监控，实现大型盾构刀盘的高精度控制。此外，该系统可作为施工事故后的召回系统，为现场分布式设备的事故分析提供可靠的证据。

大型盾构吊装作业安全管理系统包含远程控制层、中间管理层和数据感知层，如图 3-62所示。远程控制层是系统的负责人，负责传感数据的存储和管理、安全预警的生成，并为管理者和起重机操作员提供用户界面。中间管理层集成了两个功能，以提高系统的可靠性和效率：第一个功能是作为中间处理器来实时处理感测数据的一部分，而不是处理远程控制层中的所有感测数据；另一个功能是负责远程控制层与数据感知层之间的数据传输。数据感知层是指用于工地现场对象数据采集的各类传感器设备，实时监测现场盲目吊装的不安全行为和不安全状态，因此，动态安全预警可以隔离危险能量并防止事故发生。三层体系结构实现了系统功能，并将计算任务分配给不同层次的所有设备和传感节点，避免数据传输和处理过程中的信息拥塞和计算资源竞争。

（2）技术应用

1）便捷式物联网监控设备。本项目 CPS 在数据采集上的最大优势是具有便携性和敏

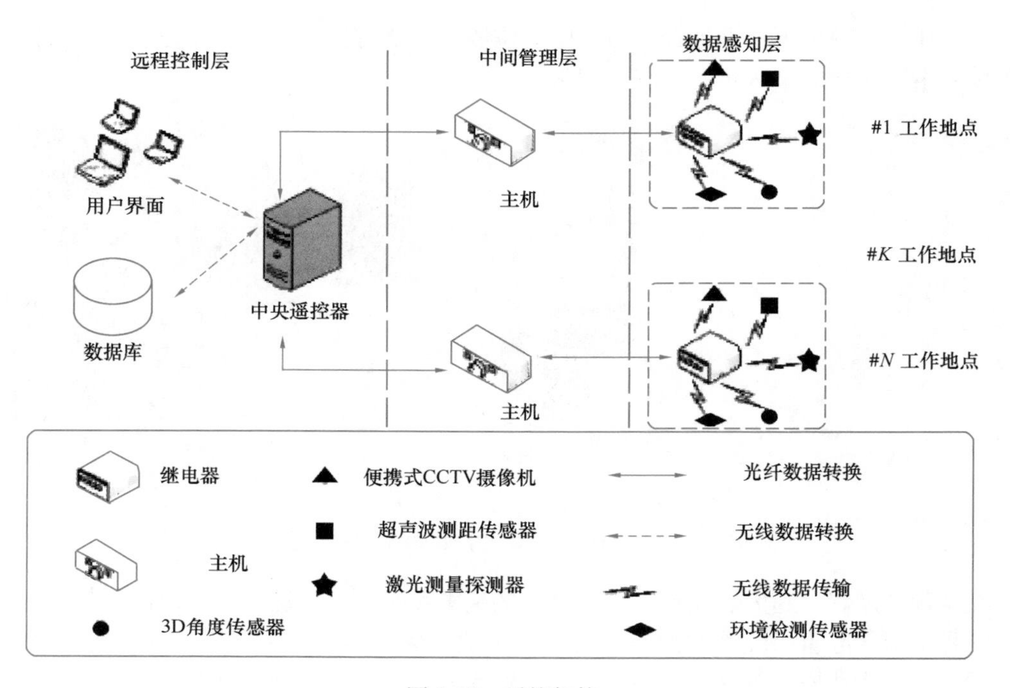

图 3-62 系统架构
（图片来源：华中科技大学，国家数字建造技术创新中心）

捷性，其关键在于设计了易于工地现场使用的各类传感器设备，并实现了各个传感器数据的集成与交换。设备形式及布设如图 3-63、图 3-64 所示，所有的传感器可收集在一个手提箱内，包括：便携式摄像机、超声波定位传感器、激光测距探测器、风向和速度传感器等，同时还包括用于快速组网的上位机和中继器。在各个设备设计时，进行了不同方面的平衡和优化，包括：功耗、精度、体积、重量、安装、保护、部署、调试、操作和维护等，具体优点如下：

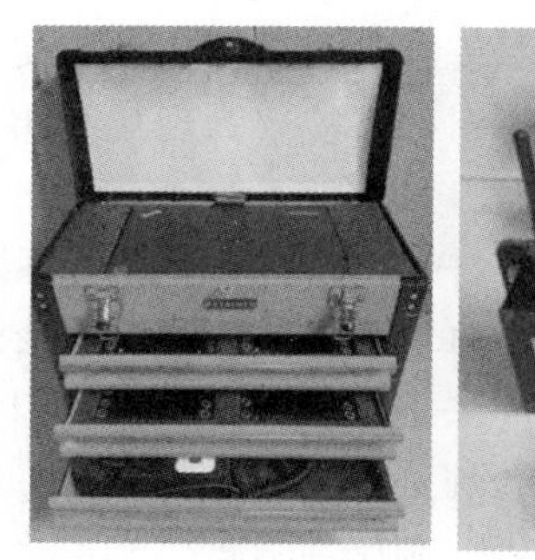

图 3-63 便捷式物联网监控设备

① 室外安装的快速性及安全性。传感器设备采用永磁铁吸附安装设计，支持快速部署。同时，考虑地铁盾构施工环境的复杂性，传感器采用了防水、防尘以及防电磁干扰的设计。

② 工人使用的易用性与便携性。传感器设计体积小、重量轻，极其适合工人现场携

图 3-64 监控设备的布设安装位置

（图片来源：华中科技大学，国家数字建造技术创新中心）

带。同时，传感器及通信设备的无线网络连接设计采用“一键开关”，因此，没有操作经验的工人也可以在培训的条件下进行设备组网。

③ 自适应、低功耗优势。采集设备具有待机及工作双模块。一方面，在使用过程中可以根据现场环境自适应调整采集频率，使电池保持在低功耗的运行状态；另一方面，在吊装作业过程中，传感器可以自动进入待机状态，可随时激活开机以满足节能的要求。

2）基于 BIM 的虚体模型及数据交互。在工业基础类（IFC）的基础上，通过对 IFC 的吊装类进行扩展，利用新定义的属性集构建了盾构起重吊装 BIM 模型，提供了 CPS 的虚体模型，用于吊装作业过程中的数据输入（图 3-65）。在盾构吊装作业前，虚体模型可提前模拟吊装作业过程、规划施工过程中的安全路径、培训操作人员。在实际吊装作业过程中，虚体模型可以与现场传感器采集到的数据进行可视化交互，指引起重机司机在盲区条件下的操作。

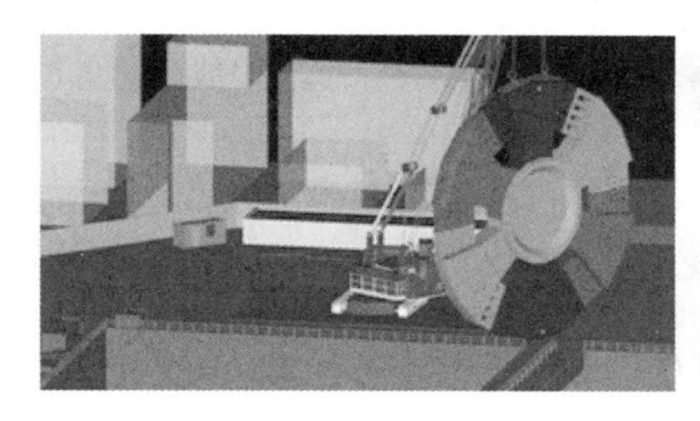

图 3-65 基于 BIM 的虚体模型构建

（图片来源：华中科技大学，国家数字建造技术创新中心）

在虚体模型中，不同类型的数据按照标准化的 IFC 数据格式存储在 BIM 模型中，根据吊装作业标准设计的警兆阈值实现数据的可视化展示与安全预警。数据主要包括两种类型，其一是传感器设备采集到的起重机位姿结构化数据；其二为便携式视频摄像头采集到的非结构化的视频流数据。这些数据同时支持云端的存储与拓展，以便远程监控的调用。

3）分布式无线多跳路由机制。盾构刀盘起重吊装作业是一个动态的施工过程，作业过程中的障碍物也在不停地变化，因此盾构刀盘起重 CPS 设计了分布式无线多跳路由与同步嵌入控制机制，以适应在不同挑战性环境下的信号屏蔽效应，保障系统在使用过程中的可靠性，避免了感知数据传输和运算造成的资源竞争和网络拥塞。该机制下，网络由具有通信和计算能力的小型传感器节点及其“智能”系统单元组成，从而可以根据环境和需求独立完成分配的任务，如图 3-66 所示。当一个传感器损坏或信号中断时，其他传感器可以将信号传输到计算机服务器。同时，借助自组织 WiFi 技术，开发的 CPS 系统可以为建筑工人提供即时指示和警告。

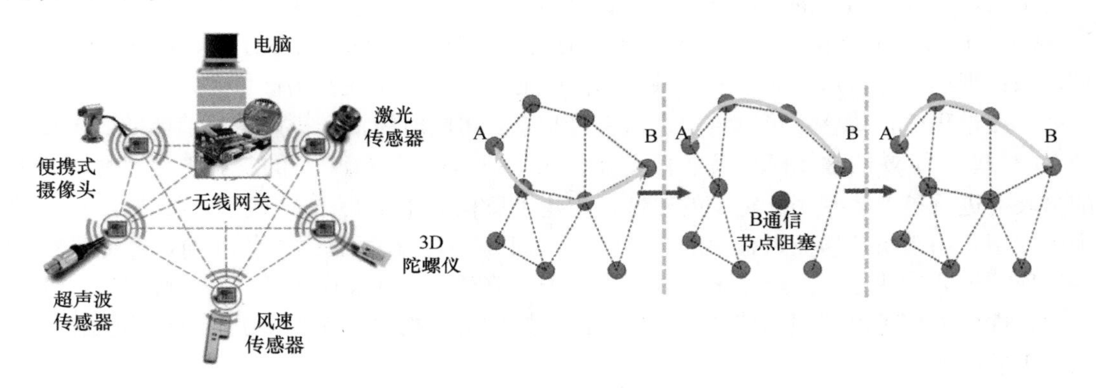

图 3-66 分布式无线多跳路由机制

（图片来源：华中科技大学，国家数字建造技术创新中心）

（3）功能实现

结合工程 CPS 的技术特点和应用特点，项目构建了吊装虚拟指挥舱，实现自动化数据的采集与监控、BIM 信息与传感器信息的采集与集成、实时的安全分析预警等功能，功能界面如图 3-67 所示。

1）自动化的现场数据采集。应用便携式传感器设备与无线组网方法实时获取人、机、构件的属性信息、位置信息，提高现场数据采集的效率，同时保障收集数据信息的准确性和安全管理系统的有效性。

2）BIM 和传感器数据的信息协同。基于虚体模型实现 BIM 和感知数据的信息交互。虚体模型具备吊装路径的模拟功能，同时可以将传感器获取到的各类数据加以映射并动态更新，从而提供可视化的虚拟界面支持起重机驾驶员对刀盘的高精度控制。

3）有效的信息集成和管理。通过盾构刀盘 CPS 平台实现整个吊装作业过程项目数据及信息的集成与管理，为不同用户（驾驶员、司索工、信号工、监理及项目管理人员）提供不同的管理信息支持，支持多用户的协同操作与信息交换。

4）自动化的安全监控和预警。盾构刀盘 CPS 支持设置失稳及接近碰撞距离的警兆阈

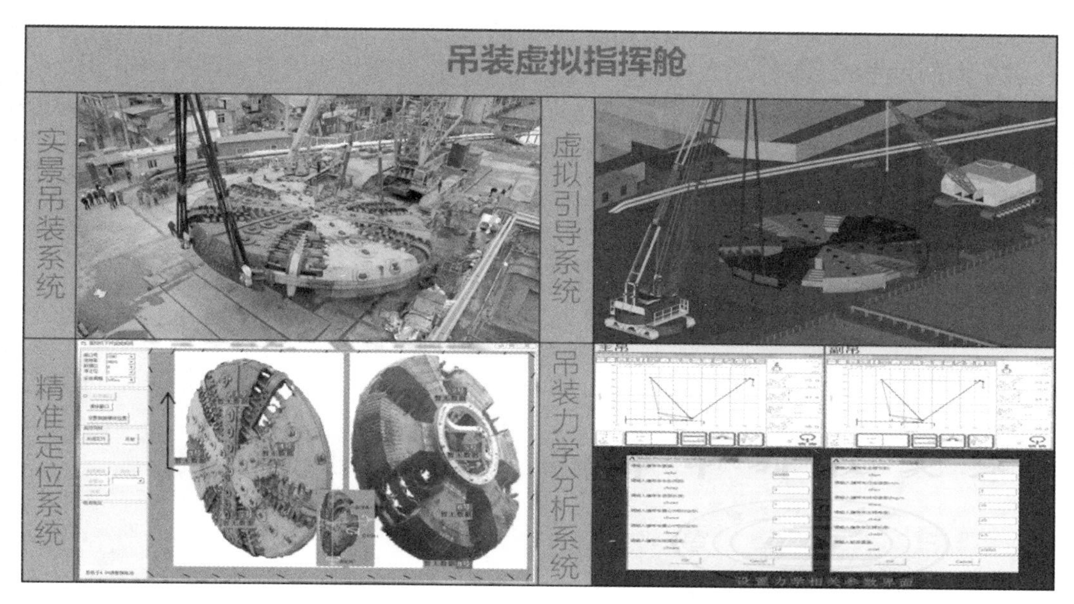

图 3-67 盾构刀盘起重吊装 CPS
（图片来源：华中科技大学，国家数字建造技术创新中心）

值，通过超限预警规则及其对应急方案的设定实现起重作业安全的主动控制。

本章小结

本章对塔式起重机、移动式起重机的基本概念、工作原理及关键施工参数进行了系统阐述。从起重作业方案智能规划视角出发，介绍了起重驾驶地图的智能生成方法、起重吊装路径的智能规划方法，并以地铁工程风险地图生成、石化工程大型设备吊装为例介绍了上述方法的应用过程；从起重工程信息物理系统视角出发，从感知、传输、分析、控制的技术角度介绍了其构建方式，并以地铁超大直径盾构刀盘的吊装为例介绍了其应用过程。

复习思考题

1. 请简要概述起重机械的种类及其用途。

2. 请指出塔机和履带式起重机工作机构组成存在的不同之处，并理解二者相对应的工作原理。

3. 吊装作业方案的制定包含哪些内容？

4. 请总结目前起重工程智能化进程中所应用的相关智能技术，并针对其中你感兴趣的 1～2 个查阅资料，进行深入了解。

5. 请查阅有关资料并简述什么是工程物联网及它是如何支撑起重工程信息物理系统的？

6. 已知一独立式塔机，其自重（包括配重与压重）共 500kN，塔机中心至旋转中心距离 0.5m，塔机重心至支承平面距离 18m，塔机旋转中心至倾覆边缘距离 1.5m，最大工作荷载为 50kN，起重速度为 0.5m/s，制动时间为 20s，塔机中心至吊物重心为 15m，风力作用在塔机和荷载上的作用力分别为 10kN 与 1kN，对应作用线至倾覆点的垂直距离分别为 12m 与 5m，吊杆端部至支承平面的垂直距离为 25m，吊杆端部至重物最低位置时的中心距离为 20m，塔机旋转速度为 1r/min，塔机的倾斜角为 0 度，重力加速度取9.81m/s^2，验算塔机稳定性是否满足要求?

4 盾构机及其智能化

知识图谱

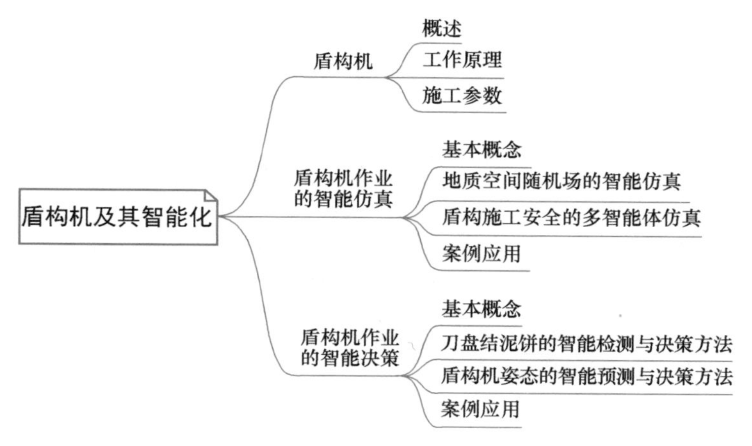

本章要点

知识点 1. 盾构机的定义与基本原理。

知识点 2. 盾构机作业智能仿真的主要方法。

知识点 3. 盾构机作业智能决策的主要方法。

学习目标

（1）熟悉盾构机的定义，理解土压平衡和泥水平衡盾构机的核心工作原理，了解盾构机主要施工控制参数及其确定方法。

（2）理解地质空间环境对盾构机在地下掘进施工时的重要性，了解地质空间随机场智能仿真建模的主要方法。

（3）理解盾构施工安全的人机环因素及其系统复杂性，了解施工安全系统的多智能体仿真模型构建方法与主要实验流程。

（4）理解盾构掘进过程中刀盘结泥饼问题的基本原理，了解刀盘结泥饼堵塞的时空图卷积网络的检测与决策方法。

（5）理解盾构掘进的空间姿态问题的重要性，了解盾构掘进姿态的长短时记忆网络预测与控制决策方法的基本流程。

4.1 盾构机

4.1.1 盾构机概述

1. 盾构机的定义

盾构机是一种用于隧道暗挖施工，具有金属外壳，壳内装有整机及辅助设备，在其掩护下进行土体开挖、土渣排运、整机推进和管片安装等作业，而使隧道一次成形的机械。盾构法隧道建造的基本原理是：利用钢质组件构成的盾构机沿隧道轴线向前推进的同时开挖土体，钢质组件在隧道衬砌建成的过程中起支撑隧道空洞、保护作业人员和机械设备安全的作用。这个钢质组件因此被简称为盾构，如图 4-1 所示。

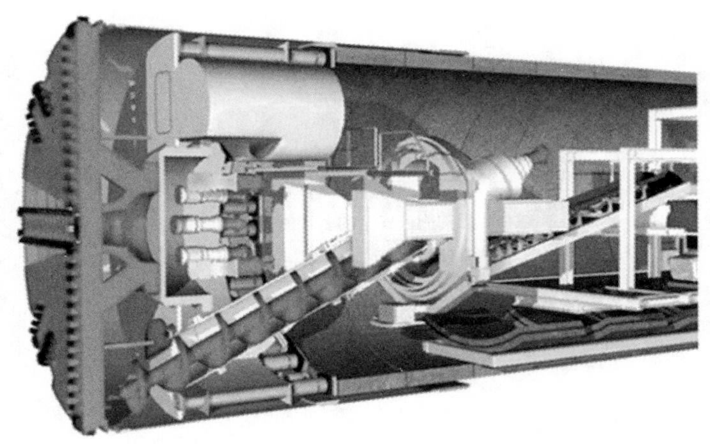

图 4-1 典型盾构机剖面图（以土压平衡盾构机为例）

2. 盾构机的分类

根据断面形状、直径大小、支护地层形式和开挖面与作业室之间隔板的构造等不同，盾构机可以分为不同的类型，如图 4-2 所示。

在盾构机领域，德国、美国和日本等国的制造商目前处于相对领先的位置。特别是日本在开发和应用盾构法隧道技术方面达到了很高的水平，获得了国际隧道界的认可。盾构机因其有很广阔的应用范围，一直是工程界重点关注的工程机械装备。

现在最常用的盾构机有两种：土压平衡盾构机和泥水平衡盾构机。

4.1.2 盾构机工作原理

1. 机械构造

盾构机是一种集多种功能于一体的综合性设备，集合了隧道施工过程中的开挖、出土、支护、注浆、导向等全部功能。盾构法隧道建造的过程也就是这些功能合理运用的过程。

盾构机在结构上包括刀盘、盾壳、盾体、人舱、排渣装置、管片拼装机、管片运送小车、皮带输送机和后配套拖车等；在功能上可分为支护系统、挖掘系统、排渣系统、推进系统、管片拼装系统，以及各种后配套系统如同步注浆系统、注脂系统、液压系统、电气控制系统、自动导向系统及通风、供水、供电系统、有害气体检测装置等，如图 4-3 所示。

（1）盾体

1）盾体的外形

作为一种保护人体的空间，隧道的形状因其使用要求不同而造成盾构机外形不同。无论盾构机的形状如何，隧道掘进总是沿轴线方向前进，所以，盾体的外形就是指盾构机的

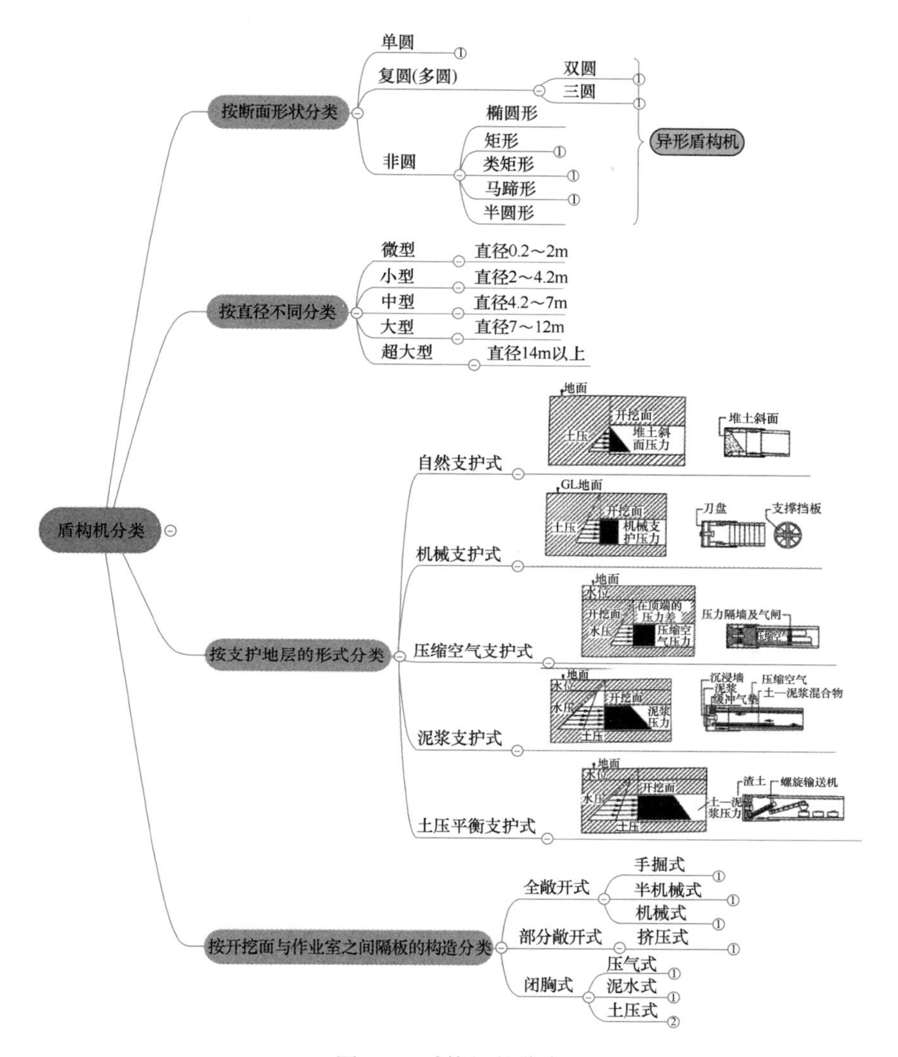

图 4-2 盾构机的分类

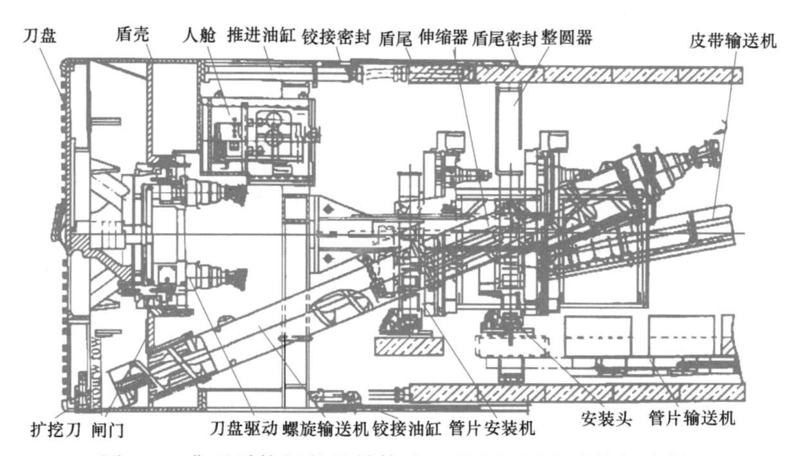

图 4-3 典型盾构机的机械构造（以土压平衡盾构机为例）

断面形状，绝大多数盾构机还是采用圆形。

2）盾体的材料

盾构机在地下要承受水平、竖向荷载和水压力，如果地面有构筑物，还要承受这些附加荷载；盾构机推进时，还要克服正面阻力，所以，要求盾构机整体要具有足够的强度和刚度。盾构机主要用钢板成型制成。考虑到水平运输和垂直吊装的困难，大型盾构机可制成分体式到现场拼装，部件的连接一般采用定位销定位、高强度螺栓连接，最后焊接成型的方法。

3）盾体的构造

盾构机的种类繁多，所有盾构机的形式其本体从工作面开始均可分为切口环、支承环、盾尾三部分，借以外壳钢板联成整体。

① 切口环

切口环部分是开挖和挡土部分，它位于盾构机的最前端，施工时最先切入土层并掩护开挖作业。切口环保持工作面的稳定，并作为开挖的土砂向后方运输的通道，采用机械化开挖式盾构时，可根据开挖的土砂的状态，确定切口环的形状、尺寸。

切口环的长度主要取决于盾构机的正面支承和开挖的方法。对于机械化盾构，切口环内按不同需要安装各种不同的机械设备，这些设备主要用于正面土体的支护及开挖，而各类机械设备是由盾构种类而定的。

切口环内主要设备情况：土压平衡盾构机安置有切削刀盘、搅拌器和螺旋输送机；泥水盾构机安置有切削刀盘、搅拌器和吸泥口；局部气压、泥水加压、土压平衡等盾构机中，因切口环内压力高于隧道内常压，所以在切口环处还需布设密封隔板及人行舱进出闸门。

② 支承环

支承环是盾构机的主体承重与受荷结构，是盾构机的骨架。它紧接于切口环，位于盾构机中部，通常是一个刚性很好的圆形结构。地层压力、所有千斤顶的反作用力以及切口环入土正面阻力、衬砌拼装时的施工荷载均由支承环来承受。在支承环外沿布置有盾构千斤顶，中间布置有拼装机及液压设备、动力设备、操纵控制台。当切口环压力高于常压时，支承环内要布置人行加、减压舱。支承环的长度应不小于固定盾构千斤顶所需长度，对于有刀盘的盾构机还要考虑安装切削刀盘的轴承、驱动和排土装置的空间。

支承环拥有可充分承受土压、水压、盾构千斤顶推进反作用力、挖掘反作用力的强度。支承前部收纳有刀盘装置的驱动部分，通过舱墙与切口环区分开来；舱墙下方设置有螺旋输送机，上方装有人行孔，中央装有人行闸、回转节；支承外周沿圆周方向，均等配置有为推进盾构机运行的盾构千斤顶。推进油缸用螺栓紧固在连接法兰上，并在活塞杆端带有弹性轴承和顶在管片上的撑靴，它们可以分组由流量和压力控制推进和转向。

③ 盾尾

盾尾钢结构的钢板需要有一定的厚度，以支撑外部压力。为防止外部砂土、水、泥浆等侵入隧道，在盾尾钢板和管片间需要有一种特殊的密封结构，最常用的是盾尾刷。盾尾刷安装在盾体的最后部分，由钢板包住钢丝束组成盾尾刷本体，多道盾尾刷呈环形排列。单靠盾尾刷本身是不能起到密封作用的，需要在钢丝内和各道盾尾刷之间填充油脂，并加到一定的压力来阻挡外部砂土、水、泥浆等。盾尾密封示意图如图 4-4 所示。

管片与土体之间的间隙称为建筑间隙，该间隙的存在容易造成隧道和地面沉降等风险，因此通常采用同步注浆的方式，在盾构机掘进的同时通过盾尾后部的注浆管路向后填充浆液。同步注浆的主要作用如下：

（a）保持地层中的自然应力并减小沉降；

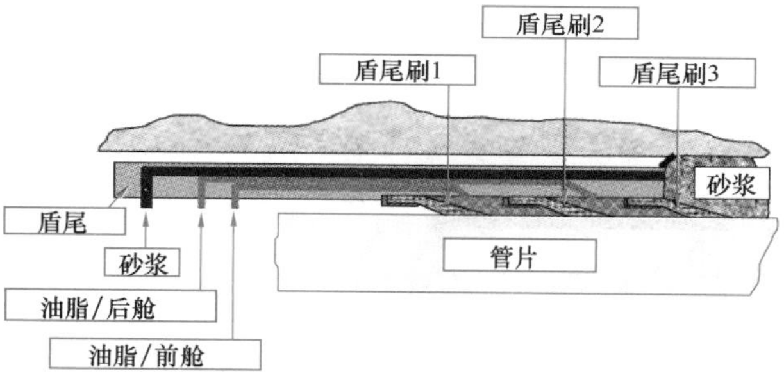

图 4-4　盾尾密封示意图

（b）隔离管片防止直接与侵蚀性地层接触；

（c）改善管片接缝的防水性。

（2）刀盘和刀具

刀盘位于盾构机的最前部，通常是一个圆盘形，其结构形式有面板式、辐条式等，盘面上有开口，使得挖掘下来的土能够进入土仓内。刀盘背面通常装有搅拌棒，其作用是将挖掘下来的土同泥浆或土体改良添加剂等材料充分混合，变成能够被盾构机排出的具有流动性的渣土。

加工成刃形的切削土体用的工具，称为刀具。刀具由母材部分及刀刃部分组成。其形状是根据土体类型而定，刀刃的材料一般采用硬质合金，具有良好的强度和耐磨性能。当地层中有较多砾石、卵石、岩石，普通刀具不太适合使用，此时应该采用耐冲击的刀具形式，如滚刀。滚刀是一个圆盘形可以滚动的特殊刀具，圆盘的最外沿依靠滚动挤压入岩石表面，使其破碎，如图 4-5、图 4-6 所示。

图 4-5　上海苏州河“深隧号”盾构机刀盘

图 4-6　上海市域铁路“骐跃号”盾构机刀盘

（3）主驱动系统

刀盘驱动装置为刀盘开挖掘进提供所需的转动扭矩，是整个盾构机的核心部件（图 4-7）。其结构件必须有足够的强度满足扭矩传递，并能承受刀盘传递过来的正面推力、径向力及倾覆力矩。它由动力箱、大轴承、受力环、内外周密封圈、内外密封环、小齿轮、动力源及紧固件等组成，系统按下列路线传输转矩：减速电机→小齿轮→主轴承的齿

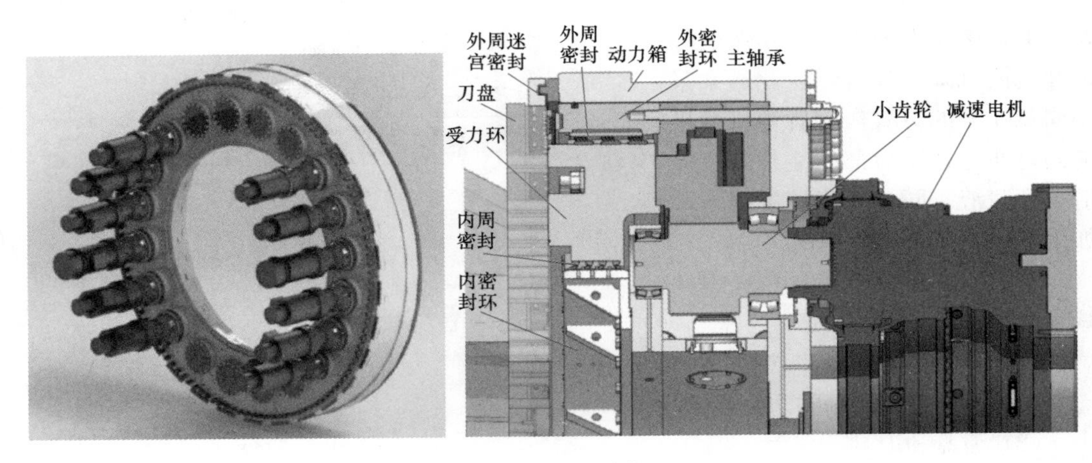

图 4-7 刀盘驱动装置

轮→受力环→刀盘。

刀盘驱动设有多道土砂密封圈。在土砂组合密封圈中，无论是外圈密封还是内圈密封均配有加脂集中润滑系统，以确保大型土砂组合密封圈始终处于良好的润滑状态，同时确保安全可靠的良好的密封状态。

对于大轴承中的滚柱设有稀油自润滑系统，以确保大轴承始终处于良好的工作状态；对于大轴承、大齿轮和与其啮合的小齿轮，配有集中加油的自润滑系统，以确保齿轮始终处于良好的啮合状态。由此，确保刀盘驱动装置安全可靠和高效率地运行。

（4）推进系统

盾构机的推进机构提供盾构机向前推进的动力。推进系统包括多个推进油缸，推进油缸杆上安装有塑料撑靴，撑靴顶推在已安装好的管片上，通过控制油缸杆向后伸出可以给盾构机提供向前的掘进力；对推进油缸进行分区控制，可以实现盾构机的左转、右转、抬头、低头或直行（图 4-8）。

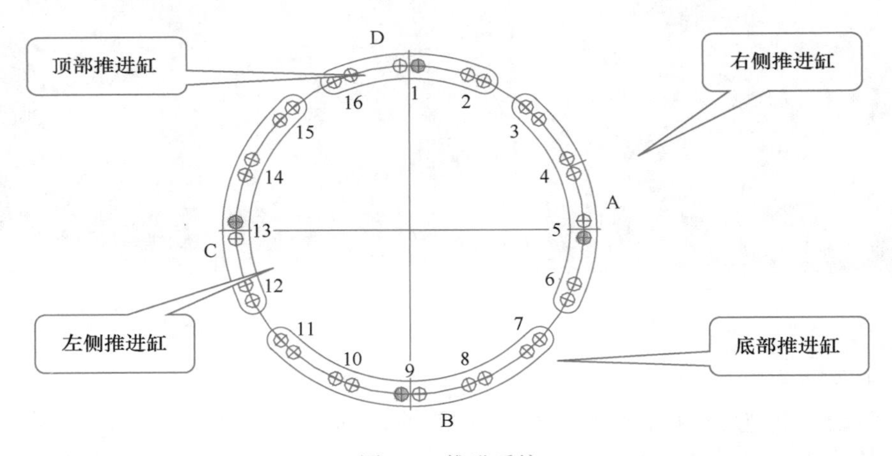

图 4-8 推进系统

(5) 排渣系统

土压平衡盾构机一般采用螺旋输送机和带式输送机进行出土。泥水平衡盾构机一般采用泥浆循环系统，通过泥浆携带渣土进行排渣。

(6) 管片拼装机

管片拼装机安装在盾尾区域，用来安装衬砌管片，如图 4-9 所示。常见的管片拼装机型式有环臂式、大平移式等。大平移拼装机一般采用回转轴承形式，相对于传统环臂式拼装机具有定位精度高、机械效率高、振动小等优点，而且更便于盾尾刷的更换。特别是近年来盾构管片拼装机正在往高精度、高智能、高效率的方向发展，大平移拼装机更具有优势，成为近年来盾构管片拼装机发展的趋势。一般要满足管片拼装的需求，拼装机必须包括平移、提升、旋转三大动作。同时，为进一步保证管片准确地拼装到预定位置，嵌取管片的管片嵌取机构还必须包含转动、前后摆动、左右摆动这三个微调动作。管片嵌取机构分为机械式和真空吸盘式两种。其中，真空吸盘式管片嵌取机构因为其自动化程度较高、效率高、可靠性好，成为目前应用最为广泛的嵌取机构。

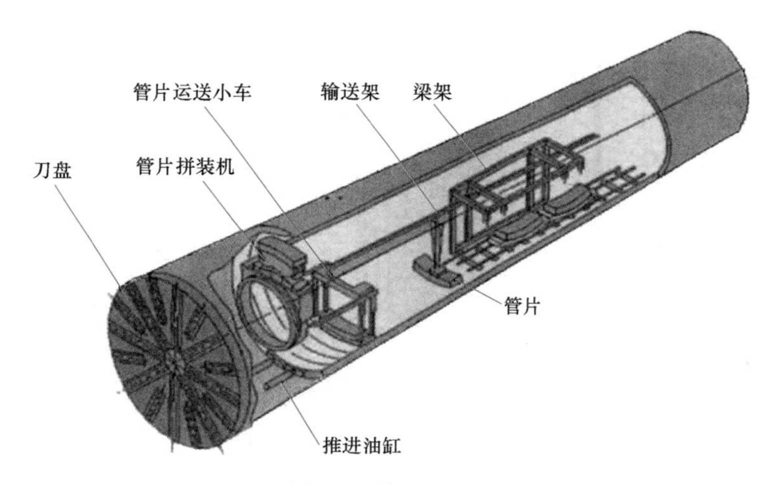

图 4-9　管片拼装机

(7) 管片运输设备

管片运输设备包括管片运送小车、运送管片的电动葫芦及其连接桥轨道。管片由龙门吊从地面下至竖井的管片车上，由电瓶车牵引管片车至第一节台车前的电动葫芦下方，由电动葫芦吊起管片向前运送到管片小车上，再向前运送，供给管片拼装机使用。

(8) 液压系统

液压系统是盾构机为各主要执行元件提供动力并执行的关键系统，主要包括主驱动系统、推进（铰接）系统、管片安装机、辅助系统、循环过滤冷却系统等。

(9) 注脂系统

注脂系统包括三大部分：主轴承密封系统、盾尾密封系统和主机润滑系统。三部分都以压缩空气为动力源。

(10) 注浆系统

盾构机采用同步注浆系统，可以使管片外面的间隙及时得到充填，有效地保证隧道的施工质量同时防止地面下沉。注浆系统示意图如图 4-10 所示。

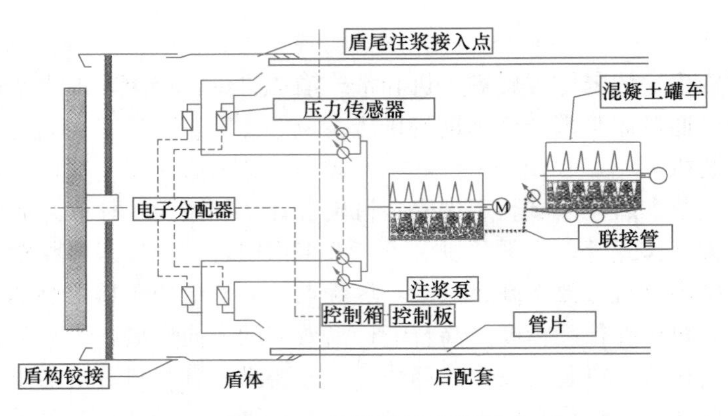

图 4-10　注浆系统示意图

2. 工作原理

(1) 土压平衡盾构机

1) 定义

土压平衡盾构机，其定义是以渣土为主要平衡隧道开挖面地层压力、通过螺旋输送机出渣的盾构机(《全断面隧道掘进机　术语和商业规格》GB/T 34354—2017，术语和定义2.8)，通过对泥土在盾构压力舱中增减的有效控制，使推进压力与土层压力和地下水压力相平衡，同时使掘进工作面保持稳定(图 4-11)。以下为几种不同直径的土压平衡盾构机(图 4-12、图 4-13)。

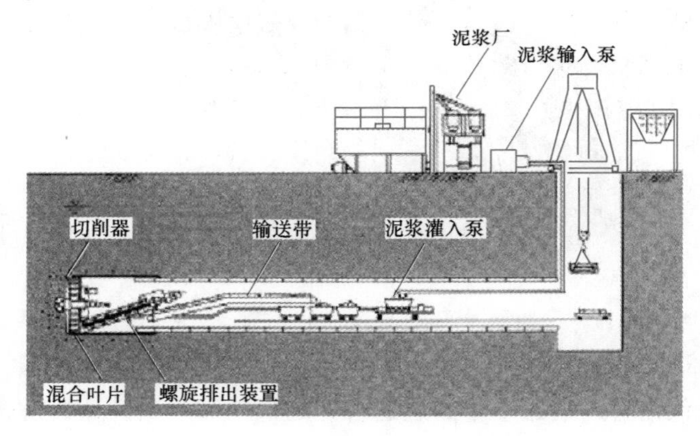

图 4-11　土压平衡盾构工法示意图

图 4-12　直径为 4.18m 的土压平衡盾构机

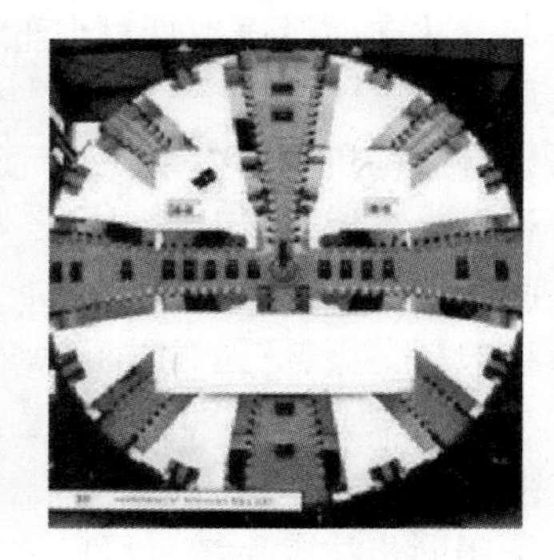

图 4-13　直径为 9.43m 的混合式土压平衡盾构机

2）基本原理

图 4-14 土体压力与平衡原理示意图

土压平衡盾构机是通过向开挖面注入高浓度泥浆添加剂，借助搅拌棒在土仓内将其与切削下来的渣土混合，使之成为塑流性良好和不透水的泥状土，以稳定开挖面的土体并利于渣土排出，如图 4-14 所示。盾构机由螺旋输送机出土，开挖时，渣土通过刀盘开口进入土仓，再经过螺旋输送机从土仓底部排出，由皮带输送机运送排入土箱，然后由土箱车送至地面。土仓里充满了渣土和高浓度泥浆添加剂的混合物，该混合物具有良好的流塑性。在开挖过程中，通过调节螺旋输送机的转速以平衡进土与排土量（渣土＋高浓度泥浆），使土仓内的土体（混合物）保持在设定的土压力值上。土仓里的土压力值在开挖过程中始终受到控制并保持。在开挖过程中，螺旋输送机的转速随着土压力传感器的指示会作相应的调整。掘进施工中可随时调整施工参数，使掘削土量与排土量基本平衡。土压平衡盾构机的主要工作特点为：

① 可改善切削土的性能。在砂土地层中，土体的塑流性差，开挖面有地下水渗入时还会引起崩塌。土压平衡盾构机有向正面土体加注添加剂并进行搅拌的功能，可使其成为塑流性好和不透水的泥状土。

② 以泥土压稳定开挖面。泥状土充满土仓和螺旋输送机后，在盾构机推进力的作用下可对开挖面形成被动土压力，与开挖面上的水、土压力相平衡，以使开挖面保持稳定。

③ 土仓内装有土压传感器，可随时监测土压力，并自动调控排土量，使之与掘削土量保持平衡。

总体来说，土压平衡盾构机适用于细颗粒、低渗透性的塑性土和经过改良的砂性土施工，并能有效地保持开挖面的稳定，施工的安全性及可操作性高，其总体性能已在长三角（上海、南京、杭州等）、中部（武汉、郑州、长沙等）等地区的城市轨道交通区间隧道建设中得到大量工程的应用验证。

（2）泥水平衡盾构机

1）定义

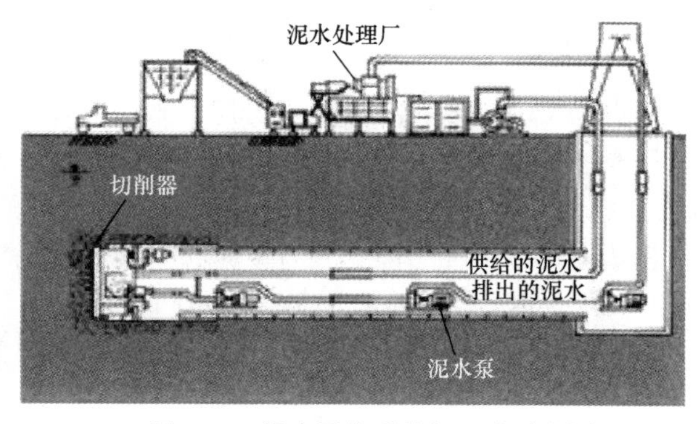

图 4-15 泥水平衡盾构机工法示意图

泥水平衡盾构机，其定义是以泥浆为主要介质平衡隧道开挖面地层压力、通过泥浆输送系统出渣的盾构机（《全断面隧道掘进机 术语和商业规格》GB/T 34354—2017，术语和定义 2.9），适用于隧道面可被泥水加压所支撑的土质，可有效地控制地表沉降和应对各种困难地层。挖出的土以泥水形式由管道运输，砾石则在压碎后由管道运输或在管道输送中途被移走（图 4-15）。以下为泥水平衡盾构机实例（图 4-16），以及德国易北河第四管隧道工程中，为泥水平衡盾构机配备的地面泥水处理装置（图 4-17）。

图 4-16 直径为 11.22m 的泥水平衡盾构机

图 4-17 德国易北河第四管隧道泥水平衡盾构机的地面泥水处理装置

2）基本原理

泥水平衡盾构机又称泥水平衡式或泥水加压式盾构机，如图 4-18 所示。泥水平衡式盾构法施工是指在盾构开挖面的密封隔仓内注入泥水，通过泥水加压和外部压力平衡，以保证开挖面土体的稳定。盾构机推进时开挖下来的土进入盾构机前部的泥水室，经搅拌装置进行搅拌，搅拌后的高浓度泥水用泥水泵送到地面，泥水在地面经过分离，然后进入地下盾构机的泥水室不断地排渣净化使用。采用泥水式盾构机进行施工是一种低沉降且安全的施工方法，在稳定的地层中其优点更加明显，其主要工作特点为：

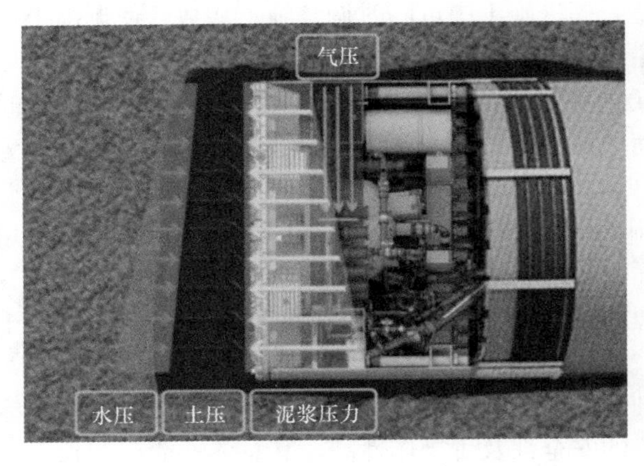

图 4-18 泥—水—气压力与平衡机理示意图

① 在易发生流沙的地层中能稳定开挖面，可在正常大气压下施工作业。

② 泥水传递速度快且均匀，开挖面平衡土压力的控制精度高，对开挖面周边土体的干扰少，地面沉降量控制精度高。

③ 用泥浆出土，减少了土方运输车辆的使用。

④ 刀盘所受扭矩小，更适合大直径隧道施工。

总体来说，泥水式盾构机适用于软弱的淤泥黏土层、松散的砂土层、砂砾层、卵石层和硬土的互层等地层施工，特别适用于地层含水量大、上方有水体的越江隧道和海底隧道工程。

3）开挖面稳定机理

泥水平衡盾构机与土压平衡盾构机的主要区别在于：施工时稳定开挖面的机理不同。对于泥水平衡盾构机，在机械式盾构刀盘后侧设置一道封闭隔板，隔板与刀盘间的空间命名为泥水仓。把水、黏土及其添加剂混合制成的泥水经输送管道压入泥水仓，待泥水充满整个泥水仓并具有一定压力，形成泥水压力室。以泥水压力来抵抗开挖面的土压力和水压力，以保持开挖面的稳定。同时，控制开挖面变形和地基沉降，在开挖面形成弱透水性泥膜，保持泥水压力有效作用于开挖面。在开挖面，随着加压后的泥水不断渗入土体，泥水中的砂土颗粒填入土体孔隙中可形成渗透系数非常小的泥膜（膨润土悬浮液支撑时形成一滤饼层）。而且，由于泥膜形成后减小了开挖面的压力损失，泥水压力可有效地作用于开挖面，从而可防止开挖面的变形和崩塌，并确保开挖面的稳定。因此，泥水平衡盾构机适用于水下或富水地层环境的隧道工程建设。

图 4-19～图 4-21 为泥水泥膜的形成机理示意图。类型 1 几乎不让泥水渗透，仅形成泥膜；类型 2 中地层土的间隙较大，仅让泥水渗透，没有形成泥膜；类型 3 是上述两种类型的中间状态，边让泥水渗透，边形成泥膜。

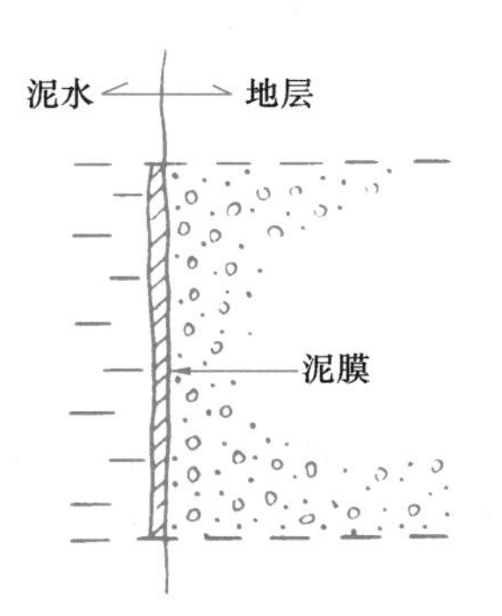

图 4-19　类型 1：砂上泥膜的形成

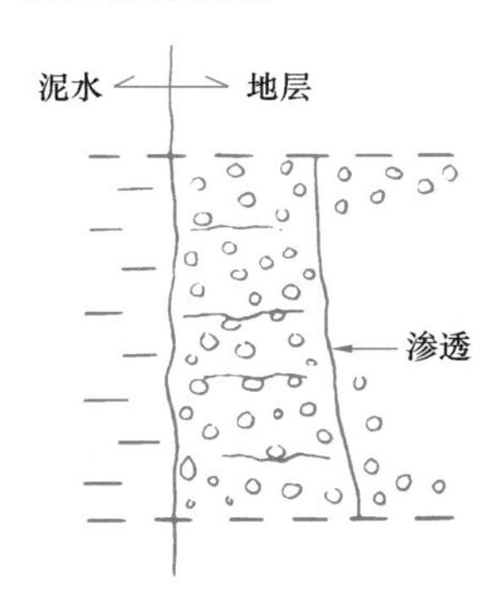

图 4-20　类型 2：对粗颗粒土的渗透中表面没有过滤

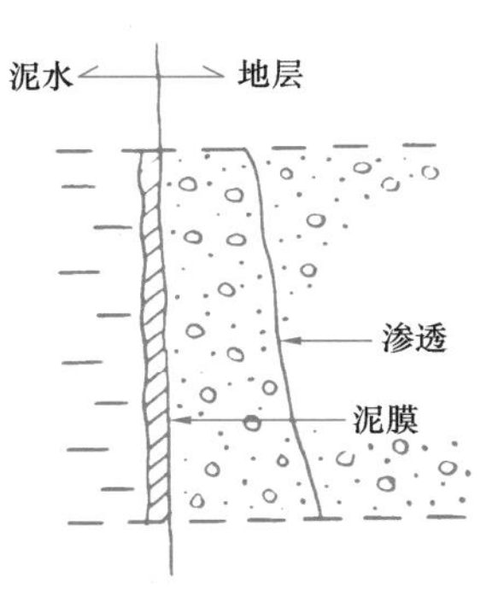

图 4-21　类型 3：渗透和过滤的场合

4.1.3　盾构机施工参数

1. 盾构掘进控制参数

最常用的土压平衡盾构机和泥水平衡盾构机，除在开挖面稳定方式与掘进模式有所不同外，主要掘进控制参数通用。下面以土压平衡盾构机为例，介绍主要掘进控制参数及其确定方法。

根据《盾构法隧道施工及验收规范》GB 50446—2017，土压平衡盾构机掘进应根据隧道工程地质与水文地质条件、隧道埋深、线路平面与坡度、地表环境、施工监测结果、盾构姿态以及盾构初始掘进阶段的经验设定土仓压力、推力、刀盘转速、扭矩、螺旋输送机转速、排土量、盾构掘进速度、滚转角、俯仰角、偏角等掘进参数。

掘进中，应监测和记录盾构机运转情况、掘进参数变化、排出渣土状况，并及时分析反馈，调整掘进参数，控制盾构姿态。同时，必须使开挖土充满土仓，并使排土量与开挖土量相平衡。

2. 主要掘进参数分析

（1）土仓压力的设定

土仓压力设定的基本原则如下：①作为土压力上限值，在浅覆土中以控制地表沉降为目的，使用静止土压力；②作为土压力下限值，可以允许少量的地表沉降，但应以确保开挖面的稳定为目的而采用主动土压力；③一般情况下土压力的合理设定范围是介于主动土压力与静止土压力之间。

1）深埋隧道的土压力计算

$$\sigma_{水平侧向力} = q \times 0.41 \times 1.79^{S}\omega \tag{4-1}$$

式中　q——深埋隧道水平侧向压力系数，见表 4-1；

水平侧向压力系数表　　表 4-1

围岩分级	Ⅰ～Ⅱ	Ⅲ	Ⅳ	Ⅴ	Ⅵ
水平侧压力系数 q	0	1/6	1/6～1/3	1/3～1/2	1/2～1

ω——宽度影响系数，且 $\omega = 1 + i(B-5)$，i 以 B=5m 为基准，当 B<5m 时，取 i=0.2，当 B>5m 时，取 i=0.1；

S——围岩级别，如Ⅲ级围岩，则 S=3。

2）浅埋隧道的土压力计算

① 主动土压力与被动土压力

盾构隧道施工过程中，刀盘扰动改变了原状天然土体的静止弹性平衡状态，从而使刀盘附近的土体产生主动土压力或被动土压力。

盾构机推进时，如果土仓内土压力设置偏低，工作面前方的土体向盾构刀盘方向产生微小的移动或滑动，土体出现向下滑动趋势，为了抵抗土体的向下滑动趋势，土体的抗剪力逐渐增大。当土体的侧向应力减小到一定程度，土体的抗剪强度充分发挥时，土体的侧向土压力减小到最小值，土体处于极限平衡状态，即主动极限平衡状态，与此相应的土压力称为主动土压力 E_a，如图 4-22 所示。

盾构机推进时，如果土仓内土压力设置偏高，刀盘对土体的侧向应力逐渐增大，刀盘前部的土体出现向上滑动趋势，为了抵抗土体的向上滑动趋势，土体的抗剪力逐渐增大，土体处于另一种极限平衡状态，即被动极限平衡状态，与此相应的土压力称为被动土压力 E_p，如图 4-23 所示。

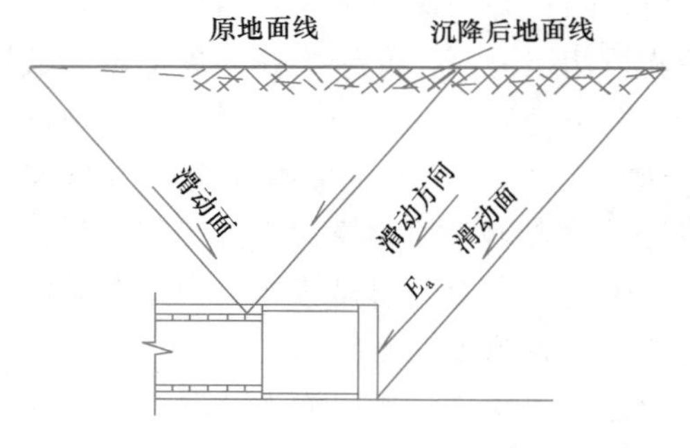

图 4-22　盾构掘进过程中，主动极限平衡状态下的土体位移

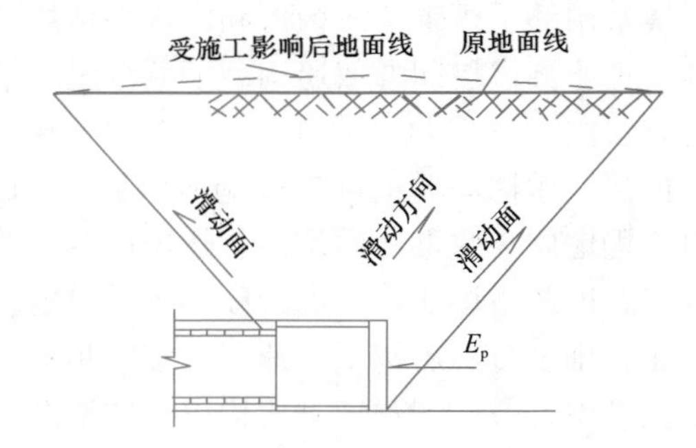

图 4-23　盾构掘进过程中，被动极限平衡状态下的土体位移

② 主动土压力与被动土压力的计算

根据盾构的特点及盾构施工原理，结合我国铁路隧道设计、施工的具体经验，采用朗金理论计算主动土压力与被动土压力。

盾构推力偏小时，土体处于向下滑动的极限平衡状态。此时，土体内的竖直应力 σ_z 相当于大主应力 σ_1，水平应力 σ_a 相当于小主应力 σ_3。水平应力 σ_a 为维持刀盘前方的土体不向下滑移所需的最小土压力，即土体的主动土压力：

$$\sigma_a = \sigma_z \tan^2(45° - \varphi/2) - 2c\tan(45° - \varphi/2) \tag{4-2}$$

式中 σ_z——深度 z 处的地层自重应力；

c——土的黏结力；

φ——地层内部摩擦角。

盾构推力偏大时，土体处于向上滑动的极限平衡状态。此时，刀盘前方的土压力 σ_p 相当于大主应力 σ_1，而竖向应力 σ_z 相当于小主应力 σ_a：

$$\sigma_p = \sigma_1 = \sigma_z \tan^2(45° + \varphi/2) + 2c\tan(45° + \varphi/2) \tag{4-3}$$

式中 σ_z——深度 z 处的地层自重应力；

c——土的黏结力；

φ——地层内部摩擦角。

（2）掘进推力

盾构推力主要由以下五部分组成：

$$F = F_1 + F_2 + F_3 + F_4 + F_5 \tag{4-4}$$

式中 F_1——盾壳与土体之间的摩擦力；

F_2——刀盘上的水平压力引起的推力；

F_3——切削土体所需要的推力；

F_4——盾尾与管片衬砌之间的摩阻力；

F_5——后方配套台车的阻力。

$$\begin{aligned} F_1 &= \frac{1}{4}(P_e + P_{01} + P_1 + P_2)DL\mu \cdot \pi \\ F_2 &= \pi/4(D^2 P_d) \\ F_3 &= \pi/4(D^2 C) \\ F_4 &= W_c \mu_c \\ F_5 &= G_h \cdot \sin\theta + \mu_g G_h \cos\theta \end{aligned} \tag{4-5}$$

式中 μ——土与钢之间的摩擦系数，计算时取 $\mu=0.3$；

P_d——水平土压力，$P_d = \lambda\gamma\left(h + \frac{D}{2}\right)$；

C——土的粘聚力，$C=4.5\text{t/m}^2$；

W_c、μ_c——盾构管片 2 环的重量（计算时假定有 2 环管片在盾尾内，管片容重按 2.5t/m^3 计，常规地铁隧道管片宽度按 1.5m 计，每环管片的重量为 24.12t，两环管片的重量为 48.24t，考虑 $\mu_c=0.3$）；

G_h——盾尾台车的重量；

θ——坡度；

μ_g——滚动摩阻。

（3）刀盘转速

土压平衡盾构机刀盘在使用不同掘进模式时，其转速在一定范围内连续可调。一般来说，对于较疏松的地层采用较低的转速推进（1～1.5rpm）；对于较密实或强度较高的均匀岩层则采用较高的转速推进（1.5～3rpm）。

（4）刀盘扭矩

盾构刀盘的扭矩主要由以下九部分组成：

$$M = M_1 + M_2 + M_3 + M_4 + M_5 + M_6 + M_7 + M_8 + M_9 \tag{4-6}$$

式中 M_1——刀具的切削扭矩；

M_2——刀盘自重产生的旋转力矩；

M_3——刀盘的推力荷载产生的旋转扭矩；

M_4——密封装置产生的摩擦力矩；

M_5——刀盘前表面上的摩擦力矩；

M_6——刀盘圆周面上的摩擦力矩；

M_7——刀盘背面的摩擦力矩；

M_8——刀盘开口槽的剪切力矩；

M_9——刀盘土腔室内的搅动力矩。

也可采用刀盘扭矩的经验计算公式：

$$T = \alpha \cdot D^3 \tag{4-7}$$

式中 T——盾构机扭矩（kN·m）；

D——盾构机外径（m）；

α——扭矩系数，$\alpha=18$。

目前，德系盾构机（ϕ6.3m）扭矩一般为4500kN·m，脱困扭矩为5300kN·m；日系盾构机扭矩更大，脱困扭矩可达到9000kN·m；我国自主研发各型号盾构机相关参数也均赶上或超越国际先进水平。

掘进过程中，扭矩控制要求如下：

1）正常掘进时，扭矩应低于装备扭矩的50%～60%。

2）正常掘进阶段，扭矩为1500～3000kN·m，特殊情况时大于3500kN·m。

3）当扭矩异常时，应及时停机、查明原因、采取措施，不能强行加大扭矩脱困（降低掘进速度、反转刀盘、检查更换刀具、注泡沫等减阻材料、检查结泥饼、异物卡刀盘等）。

4）当工作扭矩超过最大扭矩时，刀盘将停止转动，必要情况下可启动脱困扭矩。

（5）螺旋机参数

常见的盾构机螺旋机功率一般为200～315kW，理论最大出土能力为497m^3/h。在掘进速度最大为8cm/min时，按照100%出土率计算，每小时的出土量约为238m^3/h（按1.6系数）。一般螺旋机转速为5～15rpm。

（6）掘进速度

掘进速度应根据土质、扭矩、推力和土仓压力等综合确定，受土质影响最大。

推进千斤顶最大速度为80mm/min，各种地层中掘进速度经验值如下：土层中掘进速度一般40～60mm/min；中风化地层（砂岩）掘进速度一般为20～40mm/min；微风化硬岩（混合岩）掘进速度一般为5～15mm/min。

（7）注浆压力与注浆量

1）注浆压力

注浆压力主要考虑地下水压力、土压力以及管片强度（局部偏压），可取静水压力的1.1～1.2倍，一般为2～3kg/cm^2，最大不宜超过4.0kg/cm^2，下部孔的压力比上部孔略大（0.5kg/cm²左右）。关键是使浆液不会进入土仓和压坏管片，且控制地面的隆陷值在允许范围内。

2）注浆量

注浆量与围岩渗透性、变形、浆液性能、管片与围岩空隙体积、超挖量以及密闭性等因素有关。注浆量是在管片与土体之间空隙体积的基础上，再考虑1.3～2.5扩大系数确定的。一般每环（1.5m管片）的注浆量大约在5～7m³。一般采取注浆量与注浆压力双控制的原则，对于沉降要求较高的，注浆压力应使地表沉降在允许范围而确定。

4.2 盾构机作业的智能仿真

4.2.1 基本概念

盾构机作业的整个过程具有系统复杂性，与人员、机械、环境的动态交互密切相关。盾构机作业现场的人（如盾构机操作人员）、盾构机械系统（如刀盘、盾体、主驱动、推进、拼装系统等）和环境条件（如地质空间、地表、临近建/构筑物等）紧密耦合，构成了一个复杂的“人—机—环”技术系统。系统中的人、盾构机和环境的动态交互直接影响系统安全，并增加了盾构机作业的系统复杂性。因此，为保证盾构法隧道施工的系统安全，不能仅通过简单、孤立地评估操作人员行为、盾构机性能或地质环境条件中的风险来判断与管控，而是要通过深入“人—机—环”的动态交互过程中把握。

智能仿真是指所有基于仿真的智能系统研究，主要包括人工智能的仿真算法与智能通信、智能计算、智能控制的仿真研究，涵盖数据挖掘和知识发现、智能体、认知和模式识别等方面。智能仿真是解决盾构机等智能工程机械作业安全动态过程复杂建模分析的有力技术手段，将为智能决策奠定重要基础。盾构机作业过程的仿真如图4-24所示。

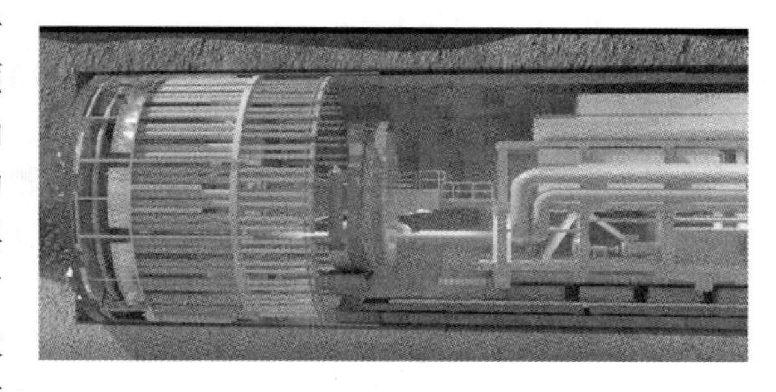

图4-24 盾构机作业过程的仿真

盾构机在地下空间掘进作业，关于地质环境等的很多信息有限、难以预知，或仅在某种程度上加以预估而无确切的把握。例如，通过有限钻孔数据的地质勘察来了解地质结构及岩土体材料性质，只是参数估计与推断。工程界可以对盾构机掘进作业区域的场地土层取样进行试验，测定岩土的参数，但参数的真值是无法获取的。因此，这些需要考虑而又不能确切获取的，都属于不确定性因素。盾构机在作业过程中通过智能仿真方法，利用有限的地质勘察资料，高效地解析与表征盾构机掘进作业所面对的地质空间环境，是一个需要有效解决的工程问题。

盾构机在作业过程中的安全问题与现场操作人员的个体认知活动密切相关。盾构机作业过程包含了大量的个体认知活动，例如，盾构机操作人员需要频繁地监视盾构机的工作状态、感知安全态势，并据此作出诊断决策和执行相应的操作。这些认知活动直接影响现场作业安全态势的发展。因此，“人—机—环”中个体认知对盾构施工安全的影响至关重要。然而，在复杂的盾构法隧道建造活动中，盾构机操作个体认知的影响因素众多，除了个体自身的因素外（如经验和疲劳等），还包括盾构机和环境的状态等外部因素。这些因素以及它们之间耦合关系的复杂多变，为分析个体认知对盾构施工安全的影响带来了挑战。多智能体仿真是服务于盾构机作业安全风险评估与操作方案优化的一种低成本、高效率的技术手段。

4-1 地质空间随机场掘进演示

本节将以盾构机作业环境的地质空间随机场的智能仿真（地质空间随机场掘进演示见二维码 4-1）与考虑“人—机—环”的盾构机作业安全的多智能体仿真为例，介绍盾构机作业的智能仿真方法与案例应用。

4.2.2 地质空间随机场的智能仿真

1. 智能仿真方法：高斯过程学习

（1）贝叶斯线性回归

贝叶斯线性回归（Bayesian Linear Regression）是使用统计学中贝叶斯推断（Bayesian Inference）方法求解的线性回归（Linear Regression）模型。贝叶斯线性回归将线性模型的参数视为随机变量（Random Variable），并通过模型参数（权重系数）的先验（Prior）计算其后验（Posterior）。贝叶斯线性回归可以使用数值方法求解，在一定条件下，也可得到解析形式的后验或其有关统计量。贝叶斯线性回归具有贝叶斯统计模型的基本性质，可以求解权重系数的概率密度函数，进行在线学习以及基于贝叶斯因子（Bayes Factor）的模型假设检验。除一般意义上线性回归模型的应用外，贝叶斯线性模型可被用于观测数据较少但要求提供后验分布的问题，例如对物理常数的精确估计。

与高斯过程回归（Gaussian Process Regression，GPR）相比，贝叶斯线性回归是GPR 在权重空间（Weight-Space）下的特例。

（2）高斯过程诱导点近似法

高斯过程回归（Gaussian Process Regression，GPR）提供了一种通过使用表达灵活的核函数的高效方法，从地质勘察数据集中，智能估算土壤特性的变化趋势和相关的不确定性。然而，由于矩阵的密集运算与数据点的大小成立方比例，因此精确计算的工作量很大。使用 GPR 的诱导点近似法，是解决这一问题的可行方法。该方法通过对近似后的均值和协方差进行重新表述，以实现高效采样，支撑随机场高效生成。

2. 非参数随机场建模

盾构机掘进作业中，地质空间或岩土体材料性质的数据通常被解释为确定性趋势和随机波动的结合。按照这一惯例，首先从权重空间的角度对 GP 回归进行回顾；随后简要介绍了函数空间观点，并强调了核的使用，讨论了这两种随机场公式的优缺点。此外，还从核使用的角度分析了近期流行的非参数随机场建模方法。

$D=\{(\boldsymbol{x}_i,\boldsymbol{y}_i)\mid i=1,\cdots,n\}$ 为观测数据集，其中 $D=\{(\boldsymbol{x}_i,\boldsymbol{y}_i)\mid i=1,\cdots,n\}$ 是相关数量，而 $\boldsymbol{X}=[\boldsymbol{x}_1,\boldsymbol{x}_2,\cdots,\boldsymbol{x}_n]^{\mathrm{T}}$ 是空间坐标。通常情况下观测结果近似于确定性信号 f，该信号进一步由 m 个固定基函数的线性加权以及一个加性噪声 $\boldsymbol{\varepsilon}$ 表示：

$$\boldsymbol{y}=\boldsymbol{f}+\boldsymbol{\varepsilon}=\boldsymbol{\Phi}\boldsymbol{w}+\boldsymbol{\varepsilon} \tag{4-8}$$

其中，$\boldsymbol{\Phi}$ 是一个 $n\times m$ 矩阵，其列 $\varphi_j(\boldsymbol{x}_i),j=1,\cdots,m$ 是在所有观测位置评估的给定基函数的集合；$\phi(\boldsymbol{x})=[\varphi_1(\boldsymbol{x}),\varphi_2(\boldsymbol{x}),\cdots,\varphi_m(\boldsymbol{x})]$ 是一组将 $\boldsymbol{x}$ 输入投影到特征空间的基函数；

$\boldsymbol{w}$ 是一个列向量，表示分配给每个基函数的权重；$\boldsymbol{\varepsilon}$ 是高斯噪声，均值为零，协方差为 $\boldsymbol{\Sigma}_{\varepsilon}$。因此，似然 $p(\boldsymbol{y}\mid\boldsymbol{X},\boldsymbol{w})$ 是具有均值 $\boldsymbol{\Phi w}$ 和协方差 $\boldsymbol{\Sigma}_{\varepsilon}$ 的高斯噪声。

在贝叶斯主义中，需要对权重指定一个先验值。为鼓励建立简洁的模型并方便计算，通常假定先验值 $p(\boldsymbol{w})$ 为高斯分布，均值为零，协方差为 $\boldsymbol{\Sigma}_{w}$。利用贝叶斯法则，权重的后验为：

$$p(\boldsymbol{w}\mid\boldsymbol{X},\boldsymbol{y})=\frac{p(\boldsymbol{y}\mid\boldsymbol{X},\boldsymbol{w})p(\boldsymbol{w})}{p(\boldsymbol{y}\mid\boldsymbol{X})} \tag{4-9}$$

因为 $p(\boldsymbol{y}\mid\boldsymbol{X},\boldsymbol{w})$ 和 $p(\boldsymbol{w})$ 都是高斯分布，所以 $p(\boldsymbol{w}\mid\boldsymbol{X},\boldsymbol{y})$ 也是高斯分布。后验分布的均值和协方差很容易求得：

$$\boldsymbol{\mu}=\boldsymbol{\Sigma\Phi}^{\mathrm{T}}\boldsymbol{\Sigma}_{\varepsilon}^{-1}\boldsymbol{y} \tag{4-10}$$

$$\boldsymbol{\Sigma}=(\boldsymbol{\Phi}^{\mathrm{T}}\boldsymbol{\Sigma}_{\varepsilon}^{-1}\boldsymbol{\Phi}+\boldsymbol{\Sigma}_{w}^{-1})^{-1} \tag{4-11}$$

由于式（4-8）的线性关系，未观测的 $\boldsymbol{X}_*$ 的相关量 $\boldsymbol{f}_*$ 的分布是高斯分布，其均值 $\boldsymbol{\mu}_{f_*}$ 和协方差 $\boldsymbol{\Sigma}_{f_*}$ 为：

$$\boldsymbol{\mu}_{f_*}=\boldsymbol{\Phi}_*\boldsymbol{\mu} \tag{4-12}$$

$$\boldsymbol{\Sigma}_{f_*}=\boldsymbol{\Phi}_*\boldsymbol{\Sigma}\boldsymbol{\Phi}_*^{\mathrm{T}} \tag{4-13}$$

通过分解 $\boldsymbol{\Sigma}=\boldsymbol{LL}^{\mathrm{T}}$ 和计算 $\hat{\boldsymbol{f}}_*=\boldsymbol{\mu}_{f_*}+\boldsymbol{\Phi}_*\boldsymbol{L}^{\mathrm{T}}\boldsymbol{v}$，可以对变化趋势进行采样，其中 $\boldsymbol{v}$ 是一个独立的高斯随机数向量。要模拟观测结果，只需在趋势样本中加入噪声样本即可。在机器学习文献中，前者通常被称为无噪声预测，后者被称为有噪声预测。

利用矩阵反转释（Press 等人，2007），式（4-11）可以写成：

$$\boldsymbol{\Sigma}=\boldsymbol{\Sigma}_{w}-\boldsymbol{\Sigma}_{w}\boldsymbol{\Phi}^{\mathrm{T}}(\boldsymbol{\Phi}\boldsymbol{\Sigma}_{w}\boldsymbol{\Phi}^{\mathrm{T}}+\boldsymbol{\Sigma}_{\varepsilon})^{-1}\boldsymbol{\Phi}\boldsymbol{\Sigma}_{w} \tag{4-14}$$

因此，$\boldsymbol{f}_*$ 后验均值和协方差分别为：

$$\begin{aligned}\boldsymbol{\mu}_{f_*}&=\boldsymbol{\Phi}_*\boldsymbol{\Sigma}_{w}\boldsymbol{\Phi}^{\mathrm{T}}(\boldsymbol{\Phi}\boldsymbol{\Sigma}_{w}\boldsymbol{\Phi}^{\mathrm{T}}+\boldsymbol{\Sigma}_{\varepsilon})^{-1}\boldsymbol{y}\\&=K(\boldsymbol{X}_*,\boldsymbol{X})[K(\boldsymbol{X},\boldsymbol{X})+\boldsymbol{\Sigma}_{\varepsilon}]^{-1}\boldsymbol{y}\end{aligned} \tag{4-15}$$

$$\begin{aligned}\boldsymbol{\Sigma}_{f_*}&=\boldsymbol{\Phi}_*\boldsymbol{\Sigma}_{w}\boldsymbol{\Phi}_*^{\mathrm{T}}-\boldsymbol{\Phi}_*\boldsymbol{\Sigma}_{w}\boldsymbol{\Phi}^{\mathrm{T}}(\boldsymbol{\Phi}\boldsymbol{\Sigma}_{w}\boldsymbol{\Phi}^{\mathrm{T}}+\boldsymbol{\Sigma}_{\varepsilon})^{-1}\boldsymbol{\Phi}\boldsymbol{\Sigma}_{w}\boldsymbol{\Phi}_*^{\mathrm{T}}\\&=K(\boldsymbol{X}_*,\boldsymbol{X}_*)-K(\boldsymbol{X}_*,\boldsymbol{X})[K(\boldsymbol{X},\boldsymbol{X})+\boldsymbol{\Sigma}_{\varepsilon}]^{-1}K(\boldsymbol{X}_*,\boldsymbol{X})^{\mathrm{T}}\end{aligned} \tag{4-16}$$

其中，用 $K(\boldsymbol{X},\boldsymbol{X})=\boldsymbol{\Phi}\boldsymbol{\Sigma}_{w}\boldsymbol{\Phi}^{\mathrm{T}}$，$K(\boldsymbol{X}_*,\boldsymbol{X})=\boldsymbol{\Phi}_*\boldsymbol{\Sigma}_{w}\boldsymbol{\Phi}^{\mathrm{T}}$ 和 $K(\boldsymbol{X}_*,\boldsymbol{X}_*)=\boldsymbol{\Phi}_*\boldsymbol{\Sigma}_{w}\boldsymbol{\Phi}_*^{\mathrm{T}}$ 分别表示。

对上述两个等式的仔细分析表明，$\boldsymbol{y}$ 和 $\boldsymbol{f}_*$ 是联合高斯分布，$\boldsymbol{f}_*$ 的不确定性由给定的 $\boldsymbol{y}$ 条件分布表征。如果去掉噪声的协方差 $\boldsymbol{\Sigma}_{\varepsilon}$，基本信号 $\boldsymbol{f}$ 和 $\boldsymbol{f}_*$ 可视为由潜在随机函数 $f(\boldsymbol{x})$ 产生的值，该函数产生的随机变量具有联合高斯分布：

$$f(\boldsymbol{x})\sim \mathrm{GP}[0,K(\boldsymbol{x},\boldsymbol{x}')] \tag{4-17}$$

其中，$K(\boldsymbol{x},\boldsymbol{x}')$ 称为实际过程 $f(\boldsymbol{x})$ 的核函数或协方差函数。事实上，过程中使用的零均值函数并非必要。非零均值函数 $M(\boldsymbol{x})$ 可以很容易地用于表达关于变化趋势的先验知识。

使用式（4-12）和式（4-13）进行统计解释是从权重空间的角度出发，而基于式(4-15)和式（4-16）的解释是从函数空间的角度出发。对于随机场建模而言，权重空间视图的计算效率更高，因为基函数的数量通常是有限的，而且所得到的协方差矩阵 $\boldsymbol{\Sigma}$ 的获取和分解成本也很低。然而，基函数的选择和协方差 $\boldsymbol{\Sigma}_{w}$ 的确定都很困难。相比之下，函数空间视图在模型设置方面更为高效，无需讨论基函数及其权重。如果训练数据集（即随机场中的观测值）和测试数据集（即随机场中的查询点）的规模较大，则计算 $\boldsymbol{\mu}_{f_*}$ 和 $\boldsymbol{\Sigma}_{f_*}$，但分解随机场模拟的矩阵来反演 $\boldsymbol{\Sigma}_{f_*}$ 对计算要求较高。

3. 基于诱导点的高效随机场建模

（1）高斯过程的诱导点近似

基于 GP 的随机场建模通过灵活而富有表现力的核，从数据集中学习复杂的矩函数，从而优雅地估计岩土特性的不确定性。然而，由于需要进行密集矩阵运算，因此从大型数据集进行推断和精细分辨率采样的计算要求很高。为了克服这一限制，人们提出了各种稀疏近似方法。Quinonero-Candela 和 Rasmussen（2005）从生成模型的角度来看待这些方法的发展，试图恢复近似的 GP 先验值 $p(\boldsymbol{f},\boldsymbol{f}_*)$，因为它是密集矩阵操作的起源。假设 $\boldsymbol{u}=[u_1,u_2,\cdots,u_m]^{\mathrm{T}}$ 是一组额外的潜在函数值，即诱导点，并假设是相应的诱导点位置。GP 先验 $p(\boldsymbol{f},\ \boldsymbol{f}_*)$ 近似为：

$$p(\boldsymbol{f},\ \boldsymbol{f}_*)=\int p(\boldsymbol{f},\ \boldsymbol{f}_*\mid\boldsymbol{u})p(\boldsymbol{u})\mathrm{d}u\approx\int q(\boldsymbol{f}\mid\boldsymbol{u})q(\boldsymbol{f}_*\mid\boldsymbol{u})p(\boldsymbol{u})\mathrm{d}\boldsymbol{u}=q(\boldsymbol{f},\boldsymbol{f}_*)\tag{4-18}$$

其中，$p(\boldsymbol{u})\sim N(0,\boldsymbol{K}_{uu})$，用 $\boldsymbol{K}_{ab}$ 来表示数据位置 $\boldsymbol{x}_a$ 和 $\boldsymbol{x}_b$ 之间的核函数对应矩阵；例如 $\boldsymbol{K}_{uu}=K(\boldsymbol{X}_u,\boldsymbol{X}_u)$。通过简化条件分布 $q(\boldsymbol{f}\mid\boldsymbol{u})$ 和 $q(\boldsymbol{f}_*\mid\boldsymbol{u})$，后验预测值为：

$$p(\boldsymbol{f}_*\mid\boldsymbol{y})=\frac{1}{p(\boldsymbol{y})}\int p(\boldsymbol{y}\mid\boldsymbol{f})q(\boldsymbol{f},\ \boldsymbol{f}_*)\mathrm{d}\boldsymbol{f}\tag{4-19}$$

通过假设不同的 $q(\boldsymbol{f}\mid\boldsymbol{u})$，可以得到几种稀疏近似值。例如，如果使用精确测试条件 $q(\boldsymbol{f}_*\mid\boldsymbol{u})=p(\boldsymbol{f}_*\mid\boldsymbol{u})\sim N(\boldsymbol{K}_{f_*u}\boldsymbol{K}_{uu}^{-1}\boldsymbol{u},\boldsymbol{D}_{f_*f_*})$ 和近似训练条件 $q(\boldsymbol{f}\mid\boldsymbol{u})\sim N[\boldsymbol{K}_{fu}\boldsymbol{K}_{uu}^{-1}\boldsymbol{u},\mathrm{diag}(\boldsymbol{D}_{ff})]$，其中 $\boldsymbol{D}_{ab}=\boldsymbol{K}_{ab}-\boldsymbol{Q}_{ab}$、$\boldsymbol{Q}_{ab}=\boldsymbol{K}_{au}\boldsymbol{K}_{uu}^{-1}\boldsymbol{K}_{ub}$ 和 $\mathrm{diag}(\boldsymbol{D}_{ff})$ 是一个对角矩阵，其对角元素来自 $\boldsymbol{D}_{ff}$，则可以恢复出完全独立的训练条件近似值（FITC）。近似预测分布为 $p(\boldsymbol{f}_*\mid\boldsymbol{y})\approx q(\boldsymbol{f}_*\mid\boldsymbol{y})\sim N[\boldsymbol{Q}_{f_*f}\boldsymbol{\Lambda}_{ff}^{-1}\boldsymbol{y},\boldsymbol{Q}_{f_*f_*}+\mathrm{diag}(\boldsymbol{D}_{f_*f_*})-\boldsymbol{Q}_{f_*f}\boldsymbol{\Lambda}_{ff}^{-1}\boldsymbol{Q}_{ff_*}]$，其中 $\boldsymbol{\Lambda}_{ff}=\boldsymbol{Q}_{ff}+\mathrm{diag}(\boldsymbol{D}_{ff})+\boldsymbol{\Sigma}_\epsilon$。与式（4-15）和式（4-16）相比，FITC 方法中使用的等效核为：

$$\widetilde{K}(\boldsymbol{x},\boldsymbol{x}')=K(\boldsymbol{x},\boldsymbol{X}_u)K^{-1}(\boldsymbol{X}_u,\boldsymbol{X}_u)K(\boldsymbol{X}_u,\boldsymbol{x}')+\delta(\boldsymbol{x},\boldsymbol{x}')\tag{4-20}$$

其中 $\delta(\boldsymbol{x},\boldsymbol{x}')=\mathrm{diag}[K(\boldsymbol{x},\boldsymbol{x}')-K(\boldsymbol{x},\boldsymbol{X}_u)K^{-1}(\boldsymbol{X}_u,\boldsymbol{X}_u)K(\boldsymbol{X}_u,\boldsymbol{x}')]$ 为非负对角修正。由于秩的降低，计算成本现在缩减为（$\mathrm{m}^2\mathrm{n}$）。注意，诱导点不一定是训练点，可以是任意点。

Titsias（2009）提出的 VFE 方法，最优近似后验为 $p(\widetilde{\boldsymbol{f}}\mid\boldsymbol{y})\approx q(\widetilde{\boldsymbol{f}})=p(\boldsymbol{f}_*,\boldsymbol{f}\mid\boldsymbol{u})q(\boldsymbol{u})\sim N[\boldsymbol{Q}_{\widetilde{f}f}(\boldsymbol{Q}_{ff}+\boldsymbol{\Sigma}_\epsilon)^{-1}\boldsymbol{y},\boldsymbol{K}_{\widetilde{f}\widetilde{f}}-\boldsymbol{Q}_{\widetilde{f}f}(\boldsymbol{Q}_{ff}+\boldsymbol{\Sigma}_\epsilon)^{-1}\boldsymbol{Q}_{f\widetilde{f}}]$。由于 GP 的一致性，预测分布为 $p(\boldsymbol{f}_*\mid\boldsymbol{y})\sim N(\boldsymbol{Q}_{f_*f}\boldsymbol{\Lambda}_{ff}^{-1}\boldsymbol{y},\boldsymbol{Q}_{f_*f_*}-\boldsymbol{Q}_{f_*f}\boldsymbol{\Lambda}_{ff}^{-1}\boldsymbol{Q}_{ff_*})$，其中 $\boldsymbol{\Lambda}_{ff}=\boldsymbol{Q}_{ff}+\boldsymbol{\Sigma}_\epsilon$。因此，VFE 方法中使用的等效核为：

$$\widetilde{K}(\boldsymbol{x},\boldsymbol{x}')=K(\boldsymbol{x},\boldsymbol{X}_u)K^{-1}(\boldsymbol{X}_u,\boldsymbol{X}_u)K(\boldsymbol{X}_u,\boldsymbol{x}')\tag{4-21}$$

Bui 等人（2017）利用幂期望传播（PEP）开发了一种稀疏近似方法，并从近似推理的角度提出了一个统一框架。PEP 近似联合分布如下：

$$p(\widetilde{\boldsymbol{f}},\boldsymbol{y})=p(\widetilde{\boldsymbol{f}})p(\boldsymbol{y}\mid\widetilde{\boldsymbol{f}})\approx p(\widetilde{\boldsymbol{f}})\prod_n t_n(\boldsymbol{u})\tag{4-22}$$

在这里，可能性 $p(\boldsymbol{y}\mid\widetilde{\boldsymbol{f}})$ 由一组高斯系数 $t_n(\boldsymbol{u})$ 近似得出。然后，PEP 算法会移除

（或包含）一部分近似（或真实）α 似然值，以逐步完善这些因子。事实证明，收敛时因子的闭式表达式以及近似后验分别为式（4-23）和式（4-24）：

$$\prod_n t_n(\boldsymbol{u}) \sim N[\boldsymbol{K}_{fu}\boldsymbol{K}_{uu}^{-1}\boldsymbol{u},\ \alpha\mathrm{diag}(\boldsymbol{D}_{ff}) + \boldsymbol{\Sigma}_\varepsilon] \tag{4-23}$$

$$q(\boldsymbol{u}) \sim N(\boldsymbol{K}_{uf}\Lambda_{ff}^{-1}\boldsymbol{y}, \boldsymbol{K}_{uu} - \boldsymbol{K}_{uf}\Lambda_{ff}^{-1}\boldsymbol{K}_{fu}) \tag{4-24}$$

其中，$\Lambda_{ff} = \boldsymbol{Q}_{ff} + \alpha\mathrm{diag}(\boldsymbol{D}_{ff}) + \boldsymbol{\Sigma}_\varepsilon$。因此，预测分布为 $p(\boldsymbol{f}_* \mid \boldsymbol{y}) \approx \int p(\boldsymbol{f}_* \mid \boldsymbol{u})q(\boldsymbol{u})\mathrm{d}u \sim N[\boldsymbol{Q}_{f_*f}\Lambda_{ff}^{-1}\boldsymbol{y}, \boldsymbol{Q}_{f_*f_*} + \alpha\mathrm{diag}(\boldsymbol{D}_{f_*f_*}) - \boldsymbol{Q}_{f_*f}\boldsymbol{\Lambda}_{ff}^{-1}\boldsymbol{Q}_{ff_*}]$，PEP 方法中使用的等效核为：

$$\widetilde{K}(\boldsymbol{x}, \boldsymbol{x}') = K(\boldsymbol{x}, \boldsymbol{X}_u)K^{-1}(\boldsymbol{X}_u, \boldsymbol{X}_u)K(\boldsymbol{X}_u, \boldsymbol{x}') + \alpha\delta(\boldsymbol{x}, \boldsymbol{x}') \tag{4-25}$$

现在，FITC 和 VFE 方法中使用的核显然是 PEP 方法中核的特例。当 $\alpha = 0$ 和 $\alpha = 1$ 时，分别恢复 VFE 内核和 FITC 内核。大量实验表明，这通常是一个不错的选择。

（2）高效随机场模拟

在机器学习文献中，测试数据点的预测均值和方差是人们感兴趣的内容。因此，无需评估相应的协方差矩阵。通过重复单点 GP 预测，可以估算出许多测试数据点的方差。相反，模拟随机场则需要分解协方差。虽然使用 GP 引导点近似推理效率很高，但当查询许多未采样位置时，从后协方差采样是一项密集操作。式（4-16）给出的后验协方差是先验协方差与代表观测信息的项之间的差值。与基于 RVM 或 BCS 的随机场模拟不同，这种矩阵减法无法进行有效分解。为克服这一问题，基于 PEP 近似的后验均值和协方差重写如下：

$$\boldsymbol{\mu}_{f_*} = \boldsymbol{K}_{f_*u}(\boldsymbol{K}_{uu} + \boldsymbol{K}_{uf}\boldsymbol{W}^{-1}\boldsymbol{K}_{fu})^{-1}\boldsymbol{K}_{uf}\boldsymbol{W}^{-1}\boldsymbol{y} \tag{4-26}$$

$$\boldsymbol{\Sigma}_{f_*} = \boldsymbol{K}_{f_*u}(\boldsymbol{K}_{uu} + \boldsymbol{K}_{uf}\boldsymbol{W}^{-1}\boldsymbol{K}_{fu})^{-1}\boldsymbol{K}_{uf_*} + \alpha\mathrm{diag}(\boldsymbol{D}_{f_*f_*}) \tag{4-27}$$

其中，$W = \alpha\mathrm{diag}(\boldsymbol{D}_{ff}) + \boldsymbol{\Sigma}_\varepsilon$。随机场的模拟公式如下：

$$\hat{\boldsymbol{f}}_* = \boldsymbol{\mu}_{f_*} + \boldsymbol{K}_{f_*u}\boldsymbol{L}^{\mathrm{T}}\boldsymbol{v}_1 + \sqrt{\alpha\mathrm{diag}(\boldsymbol{D}_{f_*f_*})}\boldsymbol{v}_2 \tag{4-28}$$

其中，$\boldsymbol{L}$ 是一个下三角矩阵，$(\boldsymbol{K}_{uu} + \boldsymbol{K}_{uf}\boldsymbol{W}^{-1}\boldsymbol{K}_{fu})^{-1} = \boldsymbol{L}\boldsymbol{L}^{\mathrm{T}}$，$\boldsymbol{v}_1$ 和 $\boldsymbol{v}_2$ 是两个独立的标准高斯随机向量。与基于 RVM 和 BCS 的方法类似，在基于稀疏 GP 的模拟过程中，只需要分解一个小矩阵 $m \times m$。这里，m 是诱导点的数量。

图 4-25 为基于稀疏 GP 的随机场建模流程图。首先，确定一组候选均值和协方差（核）函数。表 4-2 列出了候选均值和协方差函数。在协方差函数中，$|\boldsymbol{x} - \boldsymbol{x}'|$ 代表相对距离，l 是特征长度尺度。马尔可夫协方差函数和高斯协方差函数分别在 $\nu = l/2$ 和 $\nu \to \infty$ 时恢复。除了马尔可夫协方差函数和高斯协方差函数外，还考虑了带有 $\nu = 3/2$ 和 $\nu = 5/2$ 的马特恩协方差函数。显然，这些函数取决于相对距离，因此是静态的。此外，还考虑了一些非稳态协方差函数，包括多项式和神经网络。对于诱导点近似，任意使用等距诱导点和默认值 $\alpha = 0.5$。接下来，从候选函数中选择均值和协方差函数。为简便起见，始终使用马尔可夫协方差函数对相关噪声进行建模。超参数 $\boldsymbol{\theta}$（均值函数的系数、协方差函数的长度尺度等）通过最大化 $p(\boldsymbol{y} \mid \boldsymbol{\theta})$ 进行优化，即第二类最大似然法（ML-Ⅱ）。诱导点的选择会影响近似精度，并与一些超参数有关。因此，在估计超参数后必须检查诱导点的规格。在检查了所有可能的均值和协方差函数组合后，利用式（4-28）使用阿凯克信息准则（AIC）或贝叶斯信息准则（BIC）值最小的模型生成随机场，形成完整算法。

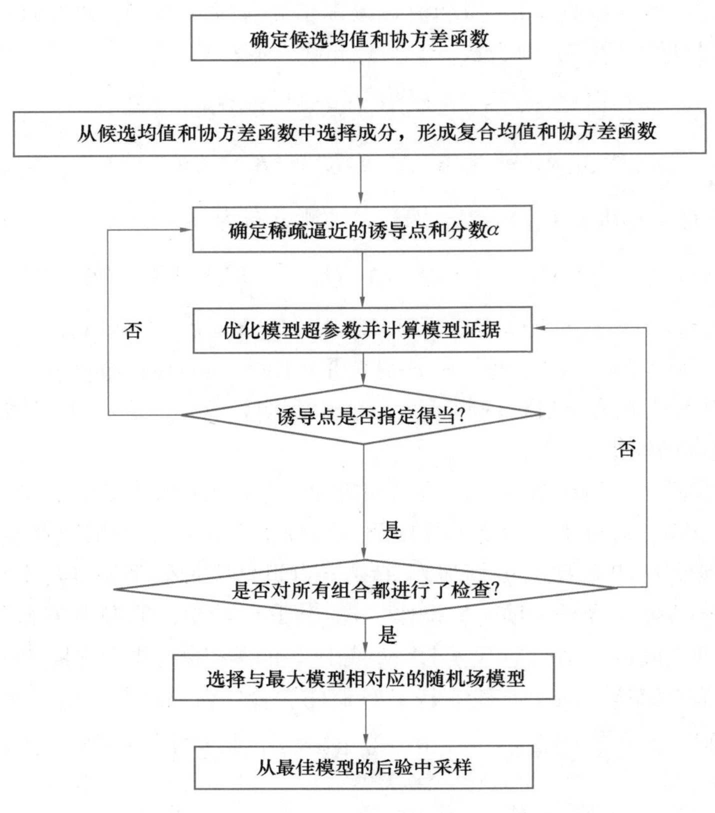

图 4-25 基于稀疏 GP 的随机场建模流程图

候选均值和协方差函数 表 4-2

类型	名称	表达
平均功能	零	$M(\boldsymbol{x})=0$
	恒定	$M(\boldsymbol{x})=a$
	线性	$M(\boldsymbol{x})=\boldsymbol{b}\boldsymbol{x}^{\mathrm{T}}+a$
	二次方	$M(\boldsymbol{x})=\sum_{\mathrm{d}}c_{\mathrm{d}}x_{\mathrm{d}}^{2}+\sum_{\mathrm{d}}b_{\mathrm{d}}x_{\mathrm{d}}+a$
	马尔可夫	$K(\boldsymbol{x},\boldsymbol{x}')=\sigma^{2}\exp\left(-\frac{\mid\boldsymbol{x}-\boldsymbol{x}'\mid}{l}\right)$
	高斯	$K(\boldsymbol{x},\boldsymbol{x}')=\sigma^{2}\exp\left(-\frac{\mid\boldsymbol{x}-\boldsymbol{x}'\mid^{2}}{2l^{2}}\right)$
	马特恩	$K(\boldsymbol{x},\boldsymbol{x}')=\frac{\sigma^{2}2^{1-\nu}}{\Gamma(\nu)}\left(\frac{\sqrt{2\nu}\mid\boldsymbol{x}-\boldsymbol{x}'\mid}{l}\right)^{\nu}K_{\nu}\left(\frac{\sqrt{2\nu}\mid\boldsymbol{x}-\boldsymbol{x}'\mid}{l}\right)$
	多项式	$K(\boldsymbol{x},\boldsymbol{x}')=\sigma^{2}\left(\frac{\boldsymbol{x}^{\mathrm{T}}\boldsymbol{x}'}{l}+c\right)^{p},p\in N_{+}$
	神经网络	$K(\boldsymbol{x},\boldsymbol{x}')=\sigma^{2}\sin^{-1}\left[\boldsymbol{x}^{\mathrm{T}}\boldsymbol{x}'/\sqrt{(l+\boldsymbol{x}^{\mathrm{T}}\boldsymbol{x})(l+\boldsymbol{x}'^{\mathrm{T}}\boldsymbol{x}')}\right]$

综合以上，盾构机作业环境——地质空间随机场的智能仿真方法，将在 4.3.4 节的案例工程中进行应用示例说明。

4.2.3 盾构施工安全的多智能体仿真

盾构施工现场是一个复杂的社会技术系统，其安全与现场的人、盾构机和环境动态交互密切相关。盾构施工现场安全事故正是人的行为、盾构机的运行和环境演化的交互作用下涌现出的系统现象。为了有效评估盾构施工安全风险，把握现场系统安全演化规律，本节从系统角度分析了盾构施工现场安全系统的构成要素及其交互关系，揭示了现场安全事故从起因、发展到结果的演变过程，并在此基础上提出了考虑人—机—环动态交互的盾构施工安全风险评估方法，以及相应的多智能体仿真实验方法框架。

1. 盾构施工现场安全系统分析

盾构施工是由盾构施工班组按照施工计划控制盾构机挖掘地下土体并拼装管片完成地下隧道建造的过程。该过程涉及盾构施工人员、盾构机（盾构技术系统）和地质环境三类施工主体。它们在盾构施工过程动态交互，紧密耦合成了现场安全系统，如图 4-26 所示。

人—机—环的动态交互。盾构施工现场的人、盾构机和环境并非独立的主体，而是存在动态的交互关系。为了保证盾构施工安全，盾构机操作人员需要密切监视盾构机的运行

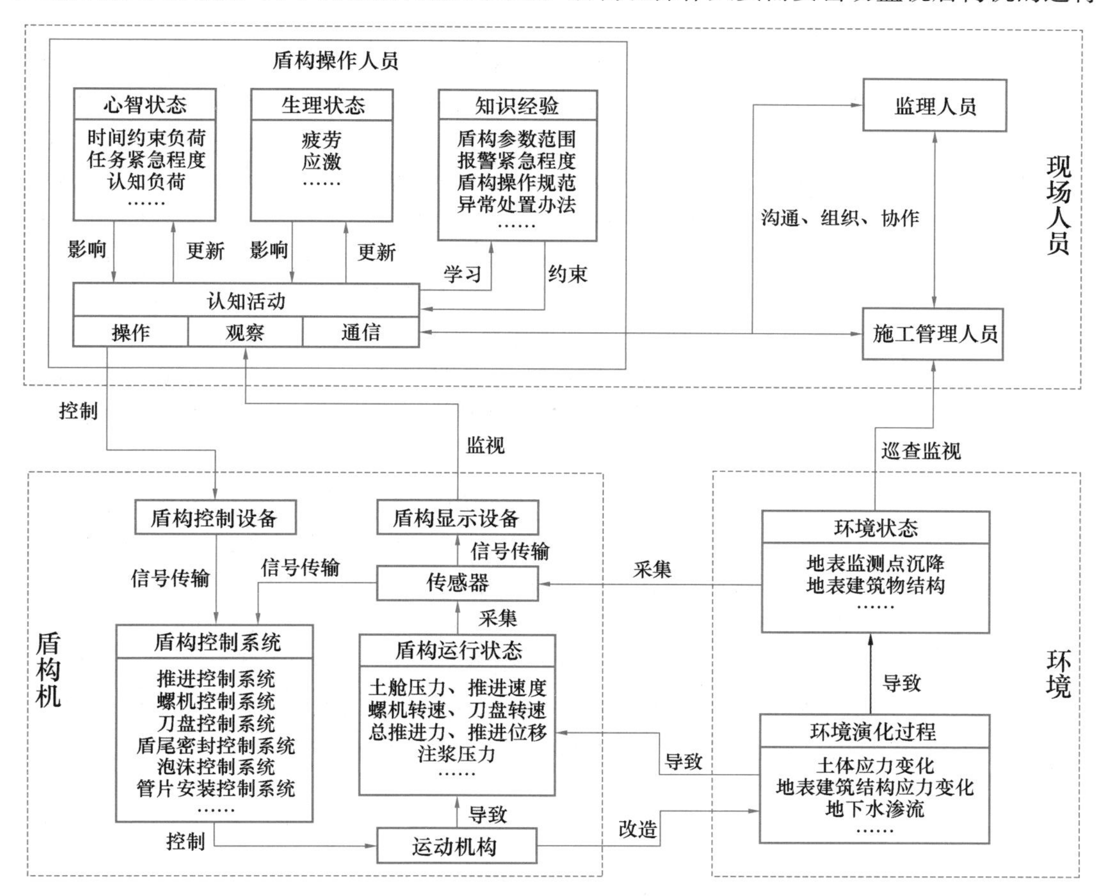

图 4-26 盾构施工现场安全系统

状态和环境的演化状态，并采取相应的行为。其行为又会受到监视信息的影响。盾构机的运行状态会受到盾构操作人员的控制，并进一步影响环境状态的演化。环境状态的演化又会进一步影响盾构机的运行状态，同时还会受到盾构机操作人员的监视。

2. 盾构施工安全风险评估方法

通过对盾构施工现场安全系统的分析可发现，盾构施工安全与现场的人—机—环的动态交互密切相关。系统安全的演变经历了原因、发展和结果三个阶段，如图 4-27 所示。

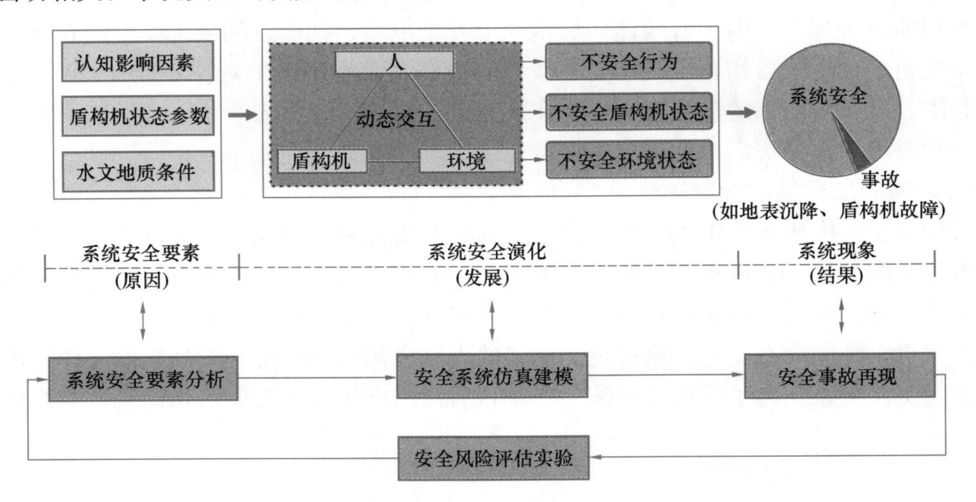

图 4-27 盾构施工安全风险评估方法

具体来说，盾构机操作人员个体的认知影响因素（如经验、疲劳和任务持续时间）、盾构机的状态参数以及环境的水文地质条件是影响盾构施工安全的系统安全要素，它们是可能导致安全事故的起因。这些因素在人—机—环的动态交互过程中共同影响着系统安全的演化，并可能发展成多种不安全的情形。例如，在不确定的地质条件下，盾构操作人员控制的盾构机工作参数可能并不适用于当前的地质条件，从而导致危险的盾构机运行态势。不同经验的盾构机操作人员在面对同一安全态势时，可能会采取差异化的行为，而这些行为可能是不安全的。最终，在某些不安全的情形下有可能发生安全事故，如盾构机故障和发生过大的地表沉降等。

从上述系统安全发展过程可以看出，要系统地把握和评估盾构施工安全风险，必然要考虑现场的人、盾构机和环境的复杂交互，并分析和理解其中的安全事故的涌现过程。然而，传统的基于事故因果的概率风险分析方法和安全检查表，以及当前正流行的基于数据驱动的机器学习方法，在综合分析和解释多种系统要素的交互作用对系统安全的影响方面还存在局限性。对此，提出盾构施工安全风险评估方法，如图 4-27 所示。该方法包括系统安全要素分析、安全系统仿真建模、安全事故再现以及安全风险评估实验四个流程，可以从原因、发展到结果的全过程把握盾构施工现场安全演化，揭示其中潜藏的安全风险。

3. 多智能体仿真实验方法框架

(1) 智能体的定义

智能体（Agent）广义上讲是指驻留在某一环境下，能持续自主地发挥作用，具备驻留性、反应性、社会性、主动性等特征的计算实体。

智能体在某种程度上属于人工智能研究范畴，智能体的具体定义往往需要结合应用场景。在盾构施工安全智能仿真这个领域，我们定义的智能体主要是指盾构机作业的“人—机—环”三要素，包括：盾构机操作人员的个体认知智能体、盾构机的机械智能体及地质空间等环境因素智能体。

(2) 仿真实验方法框架

实现前述盾构施工安全风险评估的关键在于构建安全系统仿真模型，以及再现安全事故。从系统理论的视角，安全事故是人—机—环动态交互涌现的系统现象。仿真实验通过情景建模的方式实施安全系统多智能体仿真建模（Agent-Based Modeling，ABM），可以自下而上地“生长”出各种可能的系统现象（如安全事故），为揭示系统行为演化规律提供了可能。对此，提出了基于多智能体仿真实验的盾构施工安全风险评估框架，如图 4-28所示。该框架包含现场调查、基于 ABM 的安全系统模型、安全事故仿真模型和计算实验四部分，分别对应于前述所提方法的四个流程。

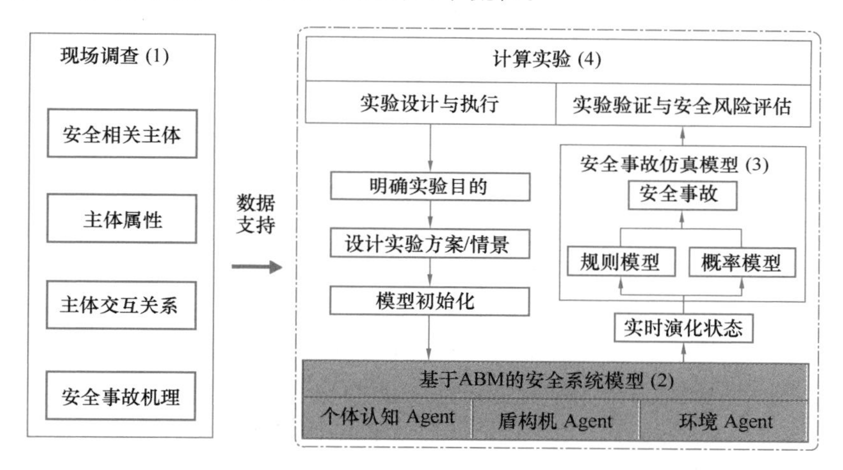

图 4-28 基于多智能体仿真实验的盾构施工安全风险评估框架

1) 现场调查

现场调查是为了分析和识别盾构施工现场与安全相关的系统要素，为构建基于 ABM 的安全系统模型和安全事故模型提供数据支持。因此，除了上述方法中的系统安全要素分析内容外，还要分析盾构施工现场的主要安全事故类型，以及相应的事故机理。这些调查数据的获取方式包括现场调研、专家访谈、文献梳理和施工案例报告等。

2) 基于 ABM 的安全系统模型

基于现场调查获取的数据可以构建基于 ABM 的安全系统模型。其中，盾构施工现场的主体被构建成相应的 Agent（智能体），包括个体认知 Agent、盾构机 Agent 和环境 Agent，它们分别对应于现场的人、盾构机和环境三类施工主体。主体属性被设计为Agent的参数，主体的交互关系被构建为相应的 Agent 行为，以实现 Agent 之间的交互。安全系统模型的构建是计算实验框架实现的关键。

3) 安全事故仿真模型

与可以由多 Agent 仿真模型的演化计算直接观察到的系统现象（如交通拥堵和应急疏散）不同，盾构施工安全事故的再现需要构建安全事故仿真模型。根据事故机理是否明晰可以将安全事故仿真模型分为基于规则的模型和基于概率的模型，见表4-3。其中，基于规则的模型可以表达有明确因果的安全事故，并可以采用产生式规则等方法构建。目前，广泛应用于盾构施工安全管理的故障树和事件树等模型都可以转换成相应的基于规则的模型。基于概率的模型用来表达事故致因具有不确定性的安全事故。例如，可以通过概率图（如贝叶斯网络模型）来刻画事故原因与安全事故之间的因果或相关性的不确定性。

安全事故仿真建模 表4-3

类型	建模方法	模型描述
基于规则的模型	蕴含式规则、产生式规则等	故障树转化成规则模型：最小割集映射成规则前件，顶事件映射成规则后件
		事件树转化成规则模型：事故连锁映射成规则前件，事故结果映射成规则后件
基于概率的模型	概率图模型，如BN等	根节点：安全事故触发事件
		叶节点：安全事故
		条件概率：触发事件与安全事故的因果不确定性

4）计算实验

智能仿真实验基于构建的安全系统仿真模型和安全事故仿真模型，通过设计与执行智能仿真实验可以评估各种施工情景下的盾构施工安全风险。首先，根据研究目的设计各种实验方案，这些方案对应不同的盾构施工情景。例如，为了评估盾构操作人员的经验差异对盾构施工安全的影响，可以构造多种施工情景，每种情景中盾构操作人员具有不同的经验水平。在与情景对应的实验方案中，盾构操作人员的经验水平这一Agent属性会被设置为不同的水平。考虑到影响盾构施工安全的因素众多，每个因素又具有多个水平，综合评估这些因素对盾构施工安全的影响时，可能会面临因素水平组合数指数爆炸的问题。对此，统计学中的正交设计、均匀设计和拉丁方设计等成熟的实验设计方法可以用来设计实验方案，以提高实验效率。

当实验方案设计完成后，基于ABM的安全系统模型加载实验方案中的数据以完成模型的初始化，然后开始模型的演化计算。在计算过程中，模型的演化状态，如Agent的状态和行为，将不断更新变化。这些实时的演化状态可能包含人的不安全行为以及盾构机和环境的不安全状态。它们将作为安全事故模型的规则前件或根节点，用以判断安全事故是否发生或者计算安全事故的发生概率。根据安全事故的仿真计算结果和模型的演化状态，可以进行模型的有效性验证和盾构施工安全风险评估。一些常用的安全风险衡量指标，如事故率、不安全行为比例等，都可以作为安全风险的评估依据。

4. 基于ABM的盾构施工安全系统仿真模型

基于ABM的盾构施工安全系统仿真模型由个体认知Agent、盾构机Agent和环境Agent三类Agent构成。各个Agent模型的功能和交互描述如图4-29所示。

5. 盾构施工安全风险评估的智能仿真计算实验系统

为满足前述智能仿真计算实验方法的实施，仿真计算实验系统构成需要满足现场调查数据的存储，实现计算实验和实验评估等功能。对此，设计的智能仿真计算实验系统架构如图4-30所示，包含三层结构：系统要素层、计算实验层和实验评估层。

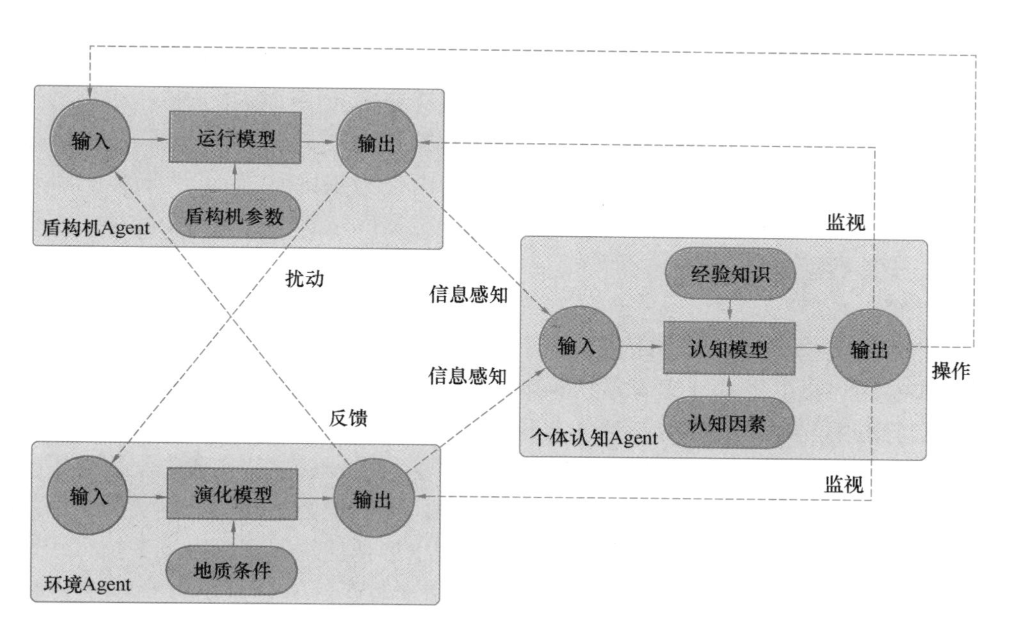

图 4-29　基于 ABM 的盾构施工安全系统仿真模型

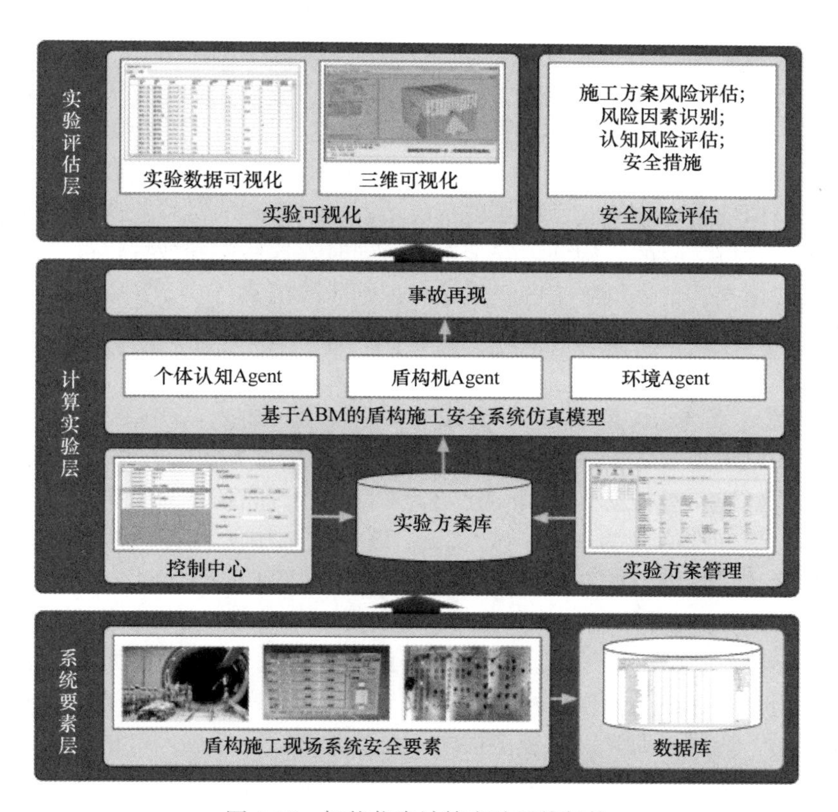

图 4-30　智能仿真计算实验系统架构

（1）系统要素层

底层的系统要素层是面向系统底层数据的功能层，主要用来收集和存储现场调查所获得的系统要素数据，为上层的安全系统建模和开展计算实验提供数据支持。根据系统要素的属性，可以将系统数据分为三类，包括智能体构成（对应 Agent 的类别）、智能体属性（对应 Agent 的参数）和智能体交互（对应 Agent 的行为规则）。为了便于维护和调用这些数据，关系型数据库可以被用来设计该层的基础数据库。其中，每一个数据类别都可以被设计成若干的数据表。

（2）计算实验层

中间的计算实验层是用来设计和开展计算实验的功能层。在该层的底部，实验方案管理模块为实验用户提供了设计实验方案的接口。通过该接口，实验用户可以根据研究需要设计各种实验方案，每一个实验方案对应不同的盾构施工情景。方案数据根据施工情景被设计为不同的数值，并存储在系统要素层的数据库中。设计的这些实验方案构成了实验方案库，其中的实验方案可以通过控制中心进行访问。控制中心是开展计算实验的控制功能层。实验用户通过控制中心可以从实验方案数据库中选择任意的实验方案并执行。当实验开始后，实验方案中的数据将被自动地加载到基于 ABM 的盾构施工安全系统仿真模型中，以完成模型初始化和开始演化计算（即模拟盾构施工过程中人—机—环的多智能体动态交互）。同时，在事故再现模型中，基于事故机理构建的安全事故仿真模型可以根据安全系统仿真模型的实时演化结果来计算或判断安全事故是否发生。

（3）实验评估层

顶层的实验评估层是实验数据展示和实验评估的功能层。其中，实验数据可视化模块用来展示计算实验层实时产生的实验数据。具体来说，其提供了二维面板来实时显示事故、Agent 的状态和行为等信息。此外，该模块还提供了一个三维场景接口，以支持应用三维技术来对模拟的盾构施工三维场景进行展示。这些实时的实验数据和三维场景有助于实验用户直观地理解实时的盾构施工安全态势。同时，这些实验数据将被实时地写入底层的数据库中，以用来评估盾构施工安全风险和识别风险因素。

4.2.4 案例——某市地铁盾构隧道工程

1. 项目背景

本节以位于某市地铁 Y-W 盾构施工区间为例，介绍计算实验方法的应用。Y-W 盾构施工标段是双线隧道，总长度为 2149.1m。其中，左线区间长度为 1058.4m，右线区间长度为 1090.7m。区间线间距为 9.44～16.8m。该标段采用两台直径为 6.48m 的盾构机。隧道通过 6 片管片错缝进行拼装，管片参数为：环宽 1.5m，外径 6.2m，厚度 0.35m，内径 5.5m。地质勘探报告显示，该标段主要穿越地层为 3-2 黏土、3-4 粉质黏土、3-5 粉土夹粉质黏土、粉砂层、6-2 粉质黏土和 10-2 黏土夹碎石层。在该区间的地层中，黏土和粉质黏土具有黏附性，容易黏附在盾构机开挖面、刀具和传送带上。如果控制不当，可能引发盾构机结泥饼，造成工期延误和经济损失。此外，该标段穿越人口密集区，区间范围内包含多座地表建筑物。鉴于该标段地质条件的抗剪切强度低，在开挖过程中容易发生地表沉降，对地表建筑物造成不可接受的破坏。因此，对地表沉降的控制也是该标段安全管理的重点。

该工程盾构机刀盘结泥饼风险和地表沉降风险不仅与该标段的地质条件不均匀性与不确定性有关，还与开挖过程中盾构机的工作参数以及施工人员的认知活动密切相关。这些因素共同影响该标段的施工安全。为了识别影响该标段施工安全的关键风险因素，评估和优化施工方案，本节基于前述的地质空间随机场智能建模与盾构施工安全多智能体仿真实验系统，对该工程的施工安全风险进行了研究。

2. 地质空间随机场智能仿真方法的应用

（1）数据集及其工程特性

本节将所提出的方法进一步应用于该工程的静力触探试验（CPT）数据集。如图 4-31所示，地层具有分层结构。地表以下为杂填土层，厚度为 2.5m；第二层为淤泥质土，深度为 2.5～10.4m；其下为黏土层，深度为 24.0m。顶端阻力的测量间隔为 0.1m，最终剖面有 157 个读数。从数据中可以明显看出几个特点：尖端电阻的平均值和方差都有沿深度增加的趋势。表 4-4 总结了各层的平均值和方差。查询点在 0～50 之间等距分布，间隔为 0.01m（共 5001 个查询点）；因此，数据集具有较高的分辨率，包括内插法和外推法。

CPT 数据统计　　表 4-4

土层	读数数量	均值	方差
杂填土（0～2.5m）	9	6.52	0.65
淤泥质土（2.5～10.4m）	42	18.95	19.97
黏土（10.4～24.0m）	50	32.14	40.77
沙土（>24.0m）	56	43.76	35.20
总计	157	31.29	162.96

杂填土
淤泥质土
黏土
沙土

图 4-31　CPT 数据和土壤层

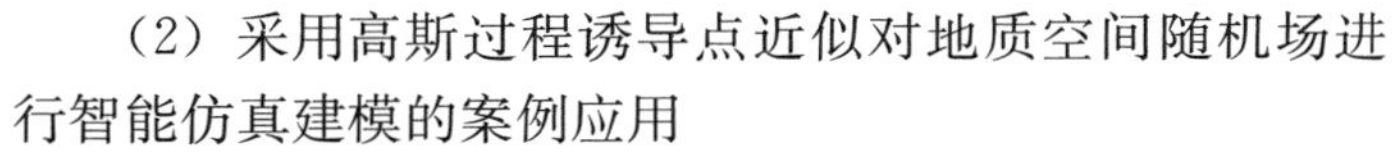

（2）采用高斯过程诱导点近似对地质空间随机场进行智能仿真建模的案例应用

基于本节地铁盾构隧道工程地质勘测的 CPT 数据集，应用 4.2.2 节的高斯过程诱导点近似的地质空间随机场智能仿真建模方法，开展工程案例研究。

工程经验表明，由于噪声水平在 CPT 测量过程中趋于不变，针尖电阻方差的增加趋势意味着非平稳协方差结构。这一含义与表 4-5 所列的模型选择结果一致。最佳稀疏 GP 模型使用的神经网络协方差函数为 $l=16.16$，$\sigma=32.20$。神经网络协方差函数见二维码 4-2。先验知识中包含了方差递增的假设，然而，所选的先验零均值函数并没有对均值趋势作出任何特定假设。

4-2 神经网络协方差函数

采用不同均值和协方差函数的稀疏 GP 模型对钻孔数据的 *AIC/BIC* 值　　表 4-5

AIC/BIC 值		平均函数			
		零	常数	线性	二次方
协方差函数	Markovian	802.88/815.10	803.22/818.50	804.69/823.03	807.27/828.67
	马特恩（$\nu=3/2$）	799.17/811.40	800.58/815.86	803.61/821.95	805.12/826.52
	马特恩（$\nu=5/2$）	798.17/810.40	799.68/814.96	802.54/820.88	803.16/824.55
	高斯	797.27/809.49	798.68/813.97	801.36/819.70	801.86/823.26
	多项式（$p=1$）	801.00/813.22	800.12/815.40	811.88/830.22	826.29/847.68
	多项式（$p=2$）	798.44/810.66	799.10/814.38	809.39/827.72	825.43/846.83
	神经网络	793.46/805.69	793.50/808.78	794.79/813.13	794.89/816.29

4-3 趋势估计的精确GP和稀疏GP的比较

二维码 4-3 给出了 CPT 数据对土壤剖面的统计解释。稀疏近似与精确计算进行了比较。即使只有 4 个诱导点（$\lambda_1=1.03$），预测结果也与精确计算结果十分吻合。虽然相应的误差相对较大（$\varepsilon_\mu=2.1e-3$，$\varepsilon_\sigma=9.8e-3$），但从图中没有观察到大的偏差。图 4-33 显示了基于最佳静态 GP 模型（即高斯协方差函数）、RVM 和 BCS 的结果。为了进行公平比较，静态 GP 模型也使用了 4 个诱导点。RVM 和 BCS 模型同时考虑了 DCT 和 SLP 基函数，并根据模型证据选择最佳模型。采用高斯协方差函数的 GP 模型预测深层砂土层会减少，这种减少一般与土壤沉积过程不一致。RVM 和 BCS 模型选择使用 DCT 基函数。由于加入了一些高阶特征，预测的趋势更加复杂。从图中可以看出，RVM 和 BCS 模型的趋势预测对局部波动的适应性更强，深土层的外推也有所减弱。相比之下，采用神经网络核的 GP 模型预测的趋势是上升的，但在深土层中趋于收敛。所有模型都没有对均值（即均值零函数）进行先验假设。图 4-32 显示了不同模型沿深度的估算标准偏差。最佳 GP 模型的不确定性通常沿深度变化，并在不同土层之间的界面处达到局部最小或最大值。虽然存在波动，但在观测数据丰富的区域，其他模型的估计不确定性是不变的。

以上结果表明，就效率而言，稀疏近似比精确计算有显著提高。在近似精度方面，对任意选择的诱导点的位置进行了比较，并根据经验证据提出了建议。此外，还阐明了相关

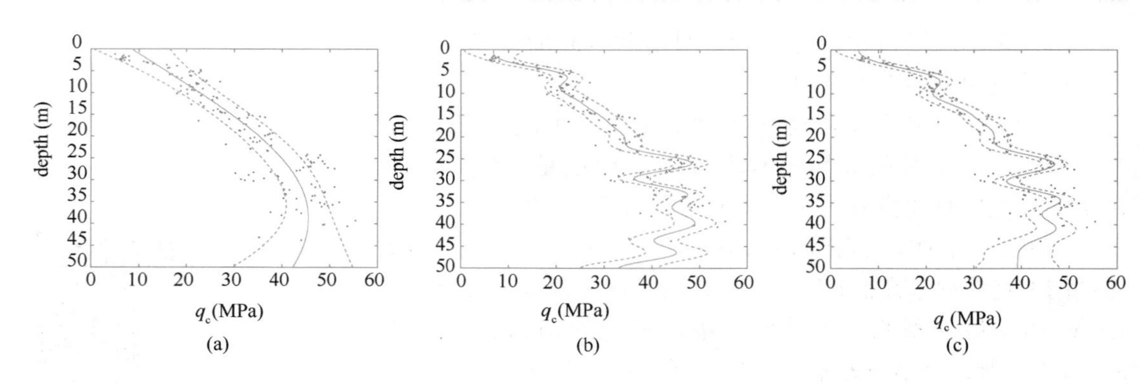

图 4-32　趋势和不确定性估计

(a) 基于平稳 GP（高斯协方差函数）；(b) 基于 DCT 的 RVM；(c) 基于具有 DCT 的 BCS

性向量机（RVM）、贝叶斯压缩传感（BCS）和用于随机场建模的 GP 之间的关系。对不同模型的结果进行了比较。稀疏 GP 对远离观测点的位置的不确定性进行了更合理的估计，同时在计算效率方面与 RVM 和 BCS 具有竞争性。基于不同模型的随机场模拟时间与实现次数的函数关系如图 4-33 所示。

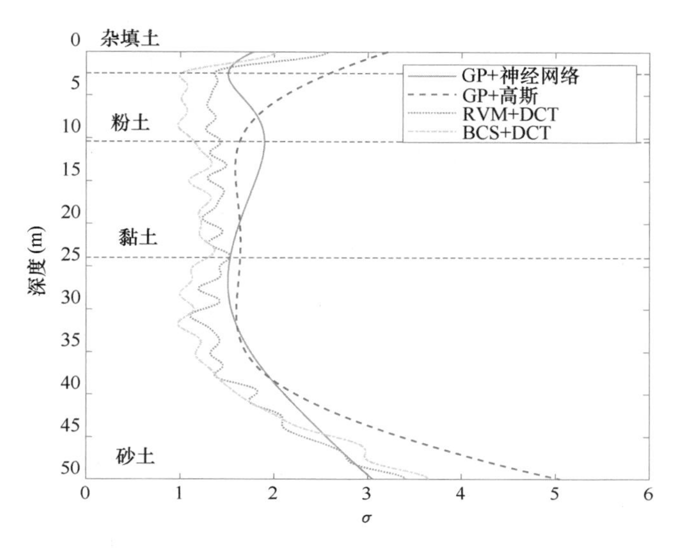

图 4-33　基于不同模型的随机场模拟时间与实现次数的函数关系

3. 盾构施工安全多智能体仿真实验系统的应用

（1）实验设计

通过 4.2.3 节的仿真建模方法与系统，可以设计各种实验方案。考虑到实验方案中的安全因素众多，本案例主要研究 8 个对盾构施工安全有重要影响的关键因素，它们的风险水平划分见表 4-6。其中，性格、经验和年龄反映了个体的特征差异，并影响人的认知过程，是导致不安全行为的重要因素。土仓压力和推进速度是影响盾构施工安全的两个最为重要的盾构机工作参数，它们需要被严格地设计和监控。土体密度、土体黏聚力和内摩擦角等土体属性体现了地质条件的差异。这些差异化的环境地质条件也是影响盾构施工安全的重要因素。

实验因素及其水平划分　　表 4-6

Agent 类型	实验因素	编号	水平 1	水平 2	水平 3
个体认知 Agent	性格	X_1	内向	外向	—
	经验（工龄）	X_2	1	5	10
	年龄	X_3	25	35	45
盾构机 Agent	土仓压力（kPa）	X_4	[70，100]	[170，200]	[270，300]
	推进速度（mm/min）	X_5	[20，40]	[40，60]	[60，80]
环境 Agent	土体密度（kg/m³）	X_6	1300	1700	2100
	土体黏聚力（Pa）	X_7	6000	15000	24000
	内摩擦角（°）	X_8	10	14	18

根据上述实验因素的风险水平划分，可以设计的实验方案数量多达 2×37。设计和开展如此多的实验方案，将耗费巨大的精力和时间成本。为了提高实验效率，这里采用混合正交表 $L18$（2×37）来设计仿真实验方案。通过该表，只需设计 18 组实验方案，见表 4-6。表中的每一行（No.）表示一个实验方案，方案中的数字代表因素的水平。例如，第一个实验方案中的因素 X_5（推进速度）被设置为水平 1。这些方案因为因素水平的差异也代表了不同的施工情景。8 个因素的水平被均匀地分布在这 18 个实验方案中。除了这 8 个因素的水平设置差异外，实验方案中的其他参数都被设定为相同的水平或数值。每个实验方案被重复执行三次，总共执行了 54 次实验。因为方案初始值的差异，这些实验方案可能会有不一样的安全结果。通过对实验结果的统计分析，可以评估不同实验方案的安全风险，识别其中的显著风险因素，并评估它们的影响。

（2）实验结果验证与分析

根据上述实验获得数据结果，本案例首先验证了智能仿真计算实验系统和模型对于实际盾构开挖过程的准确呈现，然后通过对实验结果的统计分析，评估其中的安全风险，并论证计算实验方法的可行性。

1）实验验证与确认

验证计算系统对实际盾构开挖过程的准确呈现是为了保证计算实验系统和模型的可用性，从而确保实验数据的可靠性。验证方法可以分为复制验证、预测验证和结构验证三种。其中，复制验证是指实验数据与已经从真实系统中获取的数据相匹配。预测验证是指实验数据与尚未获取的或者将来的数据相匹配。结构验证是指实验数据能够反映真实系统的运行模式或规律。值得注意的是，计算实验的目的是评估和理解盾构施工过程的潜在安全风险，而不是为了精确还原实际的盾构施工过程和精准预测其中的安全风险。此外，计算实验不以逼近唯一的现实为目标，而是探索现实世界中的可能规律，以及预测尚未发生的各种可能性。因此，主要采用结构验证方法来验证计算实验系统和模型对于实际盾构施工过程的准确呈现。

4-4 受盾构机操作人员Agent 调整的盾构机Agent的运行状态

二维码 4-4 和图 4-34 显示了盾构机 Agent 受盾构机操作人员 Agent 控制的运行状态，以及环境 Agent 模拟的地表沉降的演化趋势。

从盾构机 Agent 的运行状态（二维码 4-4）可以看出，在实验模拟开始的初始阶段，由于盾构机 Agent 各个子系统之间的运行状态没有平衡，从而出现了状态波动，而此时盾构机操作人员 Agent 能够根据盾构机的运行状态进行及时的控制和调整，使其快速稳定在安全范围内。同时在后期的盾构机 Agent 的仿真计算过程中，当盾构机 Agent 的运行状态稍微偏离安全范围时，盾构机操作人员 Agent 也能够及时地进行修正。因此，从一定程度上来说，本案例构建的个体认知 Agent 模型能够模拟盾构机操作人员的认知行为，同时也证明了盾构机 Agent 的运行模型符合盾构机的运行机理，其仿真计算的运行状态能够按照运行机理变化。此外，从实验模拟的地表沉降规律（图 4-34）也可以看出，环境 Agent（地质空间环境智能体）能够模拟出地表沉降发展的三个阶段。该发展趋势与现实中的地表沉降规律具有一致的模式。由此可见，上述仿真实验结果从结构验证角度证明了该多智能体仿真计算实验系统和构建的模型能够对现实的盾构机开挖作业过程进行较为准确的呈现。

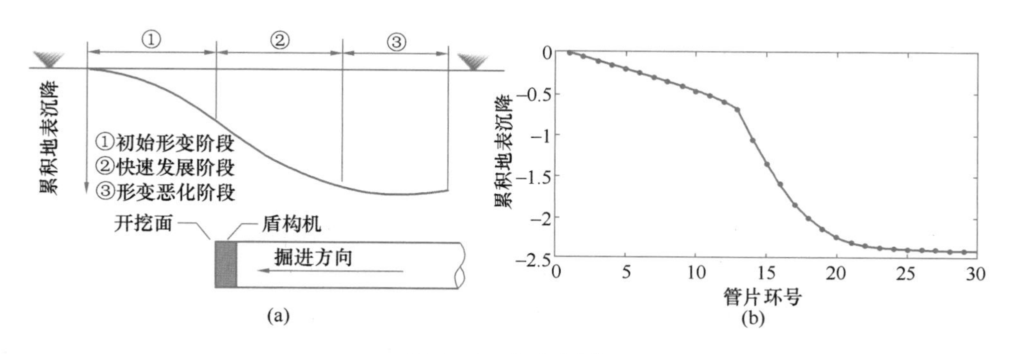

图 4-34 地表沉降

（a）地表沉降模式；（b）实验模拟的地表沉降

2）方案安全风险评估

经过实验验证后，首先对 18 个实验方案的安全风险进行评估。实验结果如图 4-35 所示，其反映了 Y-W 施工标段受各种系统因素综合影响下的差异化安全绩效。从图中可以看出，实验方案 17 和实验方案 12 的施工安全风险相对最低，它们都具有较低的结泥饼发生概率和较小的地表沉降。其中在实验方案 17 中，环境土体的内摩擦角（X_8）具有较大的水平（水平 3）。该土体属性已经被证明有助于减轻地面沉降。同时，该方案中盾构机的土仓压力（X_4）保持在较低的水平（水平 1），推进速度（X_5）保持在较高水平（水平 3）。在该情景下，土仓中的渣土能够被及时地输送出去，不易产生高压高热而黏附在刀盘上，从而有助于缓解结泥饼风险。在实际的 Y-W 标段，施工方案与实验方案 12 接近。具体来说，土仓压力（X_4）和推进速度（X_5）均保持在水平 2 范围内。这样既可以保证盾构机的挖掘进度，还可以将开挖安全风险控制在较低水平。因此，可以说实际施工方案与开挖控制策略是合理的。

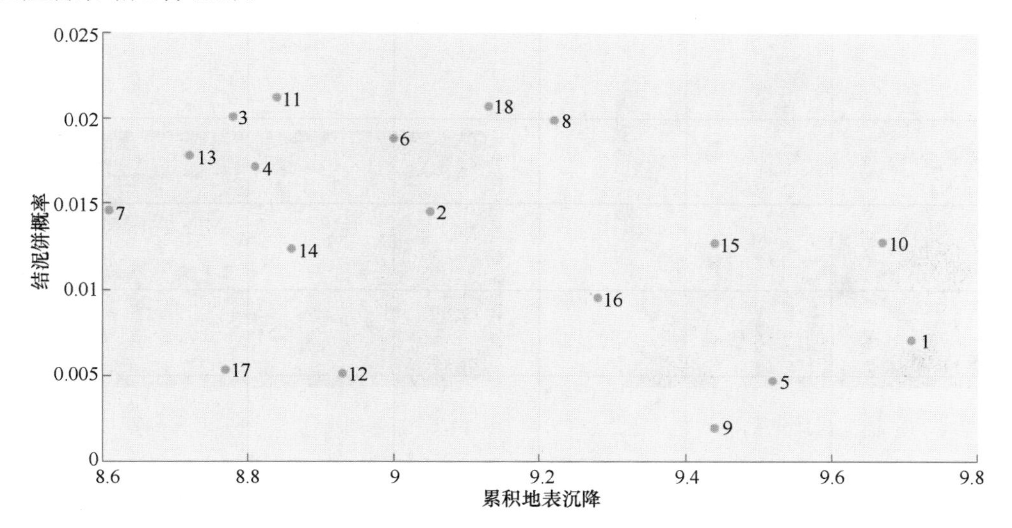

图 4-35 18 个实验方案的实验结果

4.3 盾构机作业的智能决策

4.3.1 基本概念

盾构机作业中仍存在需要进一步解决的工程难题，需要在智能仿真与分析的基础上，进一步通过数据驱动的方式，实现盾构机作业状态的智能预测与操作的智能决策。

盾构机施工过程中常常伴随着因刀盘泥饼而引起的渣土堵塞问题。盾构机刀盘结泥饼是盾构机掘进过程中，刀盘前方面板或土仓内板结，形成固态泥饼，导致盾构机无法正常掘进的常见工程问题，如图 4-36 所示。刀盘上泥饼产生的危害，轻则造成盾构机刀盘扭矩、总推力大幅增大，使推进速度减慢，刀具发生磨损；重则造成掘进过程困难，在富水地层诱发喷涌，甚至会发生地表塌方使生命财产受到威胁以及严重损坏盾构机的现象。以往工程界对泥饼产生机理的研究，虽然在实际施工过程中对堵塞检测提供了一些帮助，但仍显不足。另外，虽然人工智能的方法因其能够从历史数据中主动学习的能力而开始受到行业关注，但其物理机理黑箱的本质导致可解释性较低，应用受限。因此，可解释性人工智能方法可克服上述问题，具有较广阔发展前景。

盾构机姿态在掘进作业中，其失准风险也很高。盾构机作业失准，即掘进轨迹偏离设计轴线的风险，也是影响成型隧道质量的关键因素之一（图 4-37）。盾构掘进姿态控制和管片拼装排布是导致盾构机姿态失准的两个主要原因。在盾构机掘进时，盾构机司机必须依靠自身经验不断调整盾构机的姿态沿隧道设计轴线掘进；而在管片拼装时，则须根据盾构姿态、管片姿态和设计轴线，及时优化管片排布方案，实现盾构纠偏。然而，由于多变的地质空间环境和复杂的盾构机操作流程，仅依靠人工经验、事后控制的盾构机姿态调整策略存在控制决策滞后、准确度低和稳定性不足的问题。

图 4-36 结泥饼堵塞的盾构机刀盘

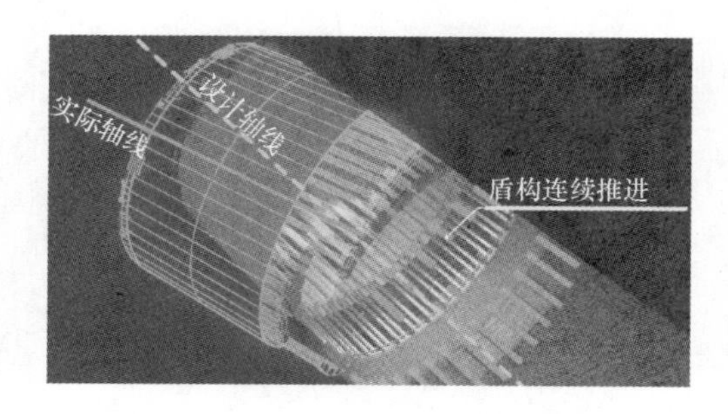

图 4-37 盾构机掘进姿态失准风险机理示意图

本节从刀盘结泥饼智能检测与维护及盾构掘进姿态智能预测与控制这两个典型的盾构机作业场景入手，结合案例应用，探讨智能决策方法在盾构机作业过程中的应用。

4.3.2 刀盘结泥饼的智能检测与决策方法

盾构隧道施工过程常常伴随着各种问题挑战，由结泥饼引起的盾构机刀盘堵塞就是仍未完全解决的工程问题。在隧道施工中，过多的泥饼可能会附着在刀具上，黏结在刀盘主轴承的旋转连接处。此外，渣土和泥水仓的空间减小，堵塞了刀盘的开口。因此，对于需要实现有效掘进的盾构机而言，结泥饼检测与风险评估决策至关重要。

从数据驱动的角度来看，实施包括刀盘结泥饼在内的盾构机作业异常检测的方法可以分为经验判断、传统的异常检测算法和智能计算方法三部分。大多数经验判断并不提供定量分析标准，高度依赖工程师的经验。传统的异常检测算法包括基于统计的方法、贝叶斯网络和基于模型的方法是领域驱动的，建立在专家知识的基础上。至于智能计算方法，近年来机器学习和深度学习被广泛应用；它们可以从训练样本中学习，并将提取的知识应用于测试样本，在隧道异常检测方面取得了一些进展，特别是在构建和训练整个模型时不需要专家知识。然而，这些决策方法的内部不透明，使其难以令人信服。因此，可解释性人工智能方法与模型成为必然的选择。

1. 图神经网络及其可解释性

作为一种强大而流行的深度学习方法，卷积神经网络只能处理传统的欧几里得空间中的数据，例如图像和文本。由于卷积操作的平移不变性，目标的位置可以在不影响识别结果的情况下平移到另一个位置。然而，在实际问题中，需要处理大量无结构和非欧几里得数据，如图形。图由节点和边组成，可以是有向或无向的。与图像或文本不同，图中节点的邻居数量是不确定的，节点的排列也不是固定的顺序。在这种情况下，传统的卷积操作无法适用于一般的图结构，这促使了图神经网络的发展。

随着卷积神经网络解释工具的发展，图神经网络的解释工具也取得了一些进展。当前的图神经网络解释方法根据其解释机制可以分为五类：①基于梯度的方法通过使用梯度值来描述节点或特征的重要性；②基于扰动的方法通过比较扰动引起的结果差异来判断扰动变量的重要性；③替代方法使用其他代理模型来近似原始图神经网络模型；④分解方法通过反向传播为图结构分配得分，并获得节点特征的重要性；生成方法学习根据待解释的GNN模型生成获得最佳预测分数的图。与此同时，模型级别的解释旨在最大限度地实现一种预测。尽管受益于解释器的帮助，许多图神经网络模型并非完全的黑箱。然而，图结构通常不如文本和图像结构直观，有时需要一些专业知识。如果不能全面理解图结构，可能会出现困难和误解。因此，需要一种分析图结构的理论工具来进一步分析模型的解释信息。

复杂网络常用于建模现实世界的系统。与数据挖掘的目标相同，复杂网络可以从给定的表示复杂系统的数据中提取信息，并创建相应的表示。与图神经网络类似，它们是处理由节点和边组成的图形的工具，从而从图中获取信息。因此，两者的应用领域有时会重叠。例如，图神经网络可以帮助识别复杂网络中的重要节点和链接。反过来，复杂网络中的锚定结构，包括关键节点和连接的边，用于改进图神经网络的性能。

2. 刀盘结泥饼堵塞的可解释时空图卷积网络

可解释的时空图卷积网络，是可用于盾构掘进刀盘结泥饼堵塞检测的方法，图4-38展示了所提方法的整体框架。模型使用的原始数据是在隧道施工过程中实时记录的，由盾构隧道的最小单元——“隧道环”进行收集。为了尽可能准确地描述盾构机的状态，考虑了不同类型传感器记录的各种参数，如推力、扭矩和推进速度。一个参数的变化往往伴随着多个其他参数的变化，表明其关系比简单的成对相关关系更加复杂。考虑到这些参数之

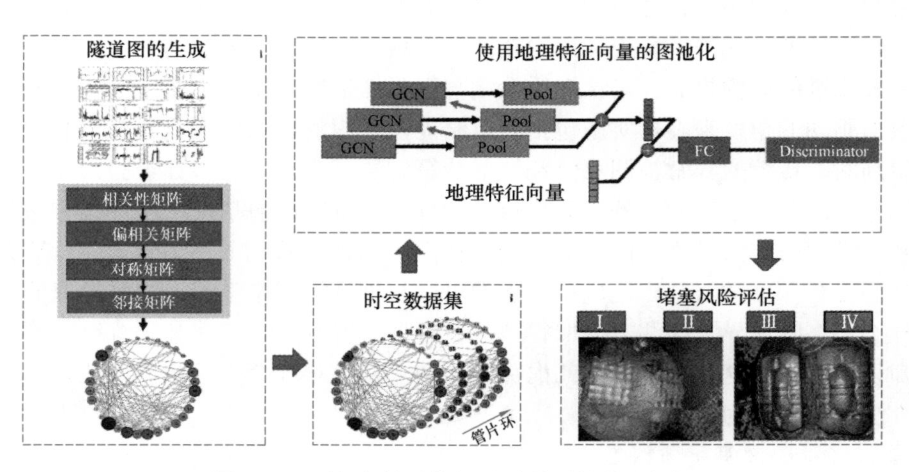

图 4-38 可解释性盾构掘进隧道图的学习框架

间的复杂关系遵循 PCTN 网络的思想，基于它们的偏相关性构建复杂网络。最终的网络是无权重和无向的，偏相关的值是节点特征的向量。这样的网络不仅包含了由时间序列数据带来的时间信息，还包括由不同的环和传感器类型带来的空间信息。对于刀盘堵塞检测问题，邀请现场的专家和工程师对图进行相应的风险级别标记。对于不同的堵塞风险，样本被标记为Ⅰ、Ⅱ、Ⅲ和Ⅳ四个等级，其中Ⅰ表示最高的风险级别，接着是Ⅱ和Ⅲ，Ⅳ表示最低的风险级别。标记数据集然后被送入带有分层池化的图分类模型，地质信息的向量被融合用于训练模型来判断每个环的堵塞风险级别。训练后，模型识别出的重要节点被收集并使用复杂网络理论进行分析，结合图神经网络和复杂网络以获取有意义的解释。

(1) 数据驱动的隧道掘进图（Tunneling Graph）构建

作为地下工程施工中的重要工具，盾构机通常配备许多传感器来监测实时情况，这些传感器可以在较短的时间间隔内记录并产生大量的监测数据。有了这些传感器，工程师可以方便及时地排除问题。然而，庞大且类型繁多的数据对数据处理工具提出了要求。

此外，不同类型的盾构参数经常展现出复杂的关联，而不是简单的成对相关性。参数可以被划分为高度相关的集群。对于特定情况，推进速率的增加通常与推力和扭矩的增加同时发生。简言之，这两个变量的相关性可能与另一个变量相关或受到其影响。这种情况类似于股票市场中的多只股票。人们不能轻易确定哪些股票是市场中的支柱。为了解决这个问题，构建了一个基于盾构机时空数据的 PCTN 隧道掘进图。

假设目标节点是参数 $\boldsymbol{X}$ 和 $\boldsymbol{Y}$，它们之间的偏相关被计算出来，辅助参数 $\boldsymbol{Z}$ 可以选择为除了 $\boldsymbol{X}$ 和 $\boldsymbol{Y}$ 之外的所有其他参数。具体的计算过程如图 4-39 所示。

1）使用公式（4-29）计算每对参数之间的皮尔逊相关系数如下：

$$\rho(\boldsymbol{X},\boldsymbol{Y}) = \frac{1}{n\sigma(\boldsymbol{X})\sigma(\boldsymbol{Y})}\sum_{k=1}^{n}[x(k)-E(\boldsymbol{X})][y(k)-E(\boldsymbol{Y})] \tag{4-29}$$

其中，$\boldsymbol{X}$ 和 $\boldsymbol{Y}$ 表示两种类型参数的时间序列数据；n 表示时间序列中的元素数量；$\sigma(\cdot)$

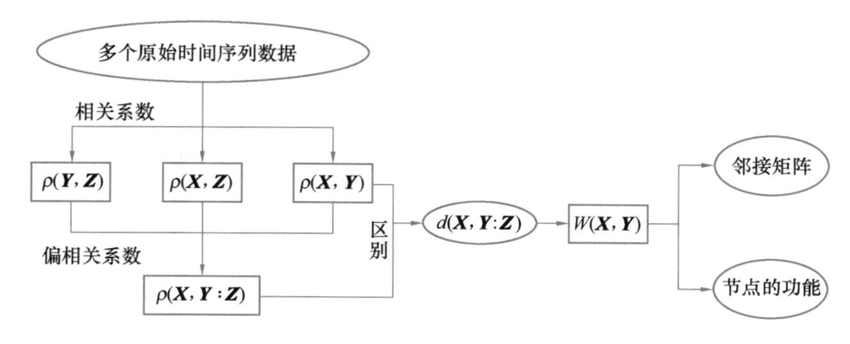

图 4-39 邻接矩阵和节点特征的生成

和 $E(\cdot)$ 分别表示时间序列的方差和期望。

2）使用公式（4-30）计算偏相关系数，它代表了在排除其他因素影响下的相关性。参数 $\boldsymbol{X}$、$\boldsymbol{Y}$ 和 $\boldsymbol{Z}$ 被列举为示例，其中 $\boldsymbol{X}$ 和 $\boldsymbol{Y}$ 被视为目标参数，$\boldsymbol{Z}$ 被视为其他因素。计算公式如下：

$$\rho(\boldsymbol{X}, \boldsymbol{Y}:\boldsymbol{Z})=\frac{\rho(\boldsymbol{X}, \boldsymbol{Y})-\rho(\boldsymbol{X}, \boldsymbol{Z})\rho(\boldsymbol{Y}, \boldsymbol{Z})}{\sqrt{[1-\rho^2(\boldsymbol{X}, \boldsymbol{Z})][1-\rho^2(\boldsymbol{Y}, \boldsymbol{Z})]}} \tag{4-30}$$

其中，$\rho(\boldsymbol{X}, \boldsymbol{Y})$、$\rho(\boldsymbol{X}, \boldsymbol{Z})$ 和 $\rho(\boldsymbol{Y}, \boldsymbol{Z})$ 表示相应的相关系数。

3）然后通过以下公式从相关系数中减去偏相关系数，计算参数 $\boldsymbol{Z}$ 对 $\boldsymbol{X}$ 和 $\boldsymbol{Y}$ 之间的相关性的影响：

$$d(\boldsymbol{X}, \boldsymbol{Y}:\boldsymbol{Z})=\rho(\boldsymbol{X}, \boldsymbol{Y})-\rho(\boldsymbol{X}, \boldsymbol{Y}:\boldsymbol{Z}) \tag{4-31}$$

其中，$\rho(\boldsymbol{X}, \boldsymbol{Y})$ 表示相关系数，$\rho(\boldsymbol{X}, \boldsymbol{Y}:\boldsymbol{Z})$ 表示排除参数 $\boldsymbol{Z}$ 影响的偏相关系数。

4）判断相关性影响的值。如果满足以下不等式，则将相关性影响视为较高。

$$d(\boldsymbol{X}, \boldsymbol{Y}:\boldsymbol{Z})>\langle d(\boldsymbol{X}, \boldsymbol{Y}:\boldsymbol{Z})\rangle_Z+2.5\times\sigma_Z[d(\boldsymbol{X}, \boldsymbol{Y}:\boldsymbol{Z})] \tag{4-32}$$

其中，$\langle d(\boldsymbol{X}, \boldsymbol{Y}:\boldsymbol{Z})\rangle_Z$ 和 $\sigma_Z[d(\boldsymbol{X}, \boldsymbol{Y}:\boldsymbol{Z})]$ 是对于 $\boldsymbol{Z}$ 为所有除 $\boldsymbol{X}$、$\boldsymbol{Y}$ 参数以外的盾构参数的 $d(\boldsymbol{X}, \boldsymbol{Y}:\boldsymbol{Z})$ 的平均值和标准差。

5）参数 $\boldsymbol{X}$ 和 $\boldsymbol{Y}$ 的相关强度取决于符合上述不等式的参数 $\boldsymbol{Z}$ 的数量，表示为 $W(\boldsymbol{X}, \boldsymbol{Y})$。

在计算参数之间的偏相关强度后，信息分为两部分：图结构和节点特征。对于图结构，当偏相关的强度超过 0 时，认为它们之间存在连接。最终，获得了一个没有权重和方向的图结构。对于节点特征，将每个节点与所有其他节点之间的偏相关强度列为最终的向量。考虑到向量每个位置的工程意义应该保持一致，每个节点向量的组成顺序应固定，并且节点的偏相关系数也应该放置在节点特征中，设置为 0。

（2）时空隧道掘进图卷积网络

在构建多个隧道掘进图之后，现场的专家和工程师根据相应环号的实际情况标记了堵塞风险等级。图的标签分为四类，即Ⅰ、Ⅱ、Ⅲ和Ⅳ（从上到下），代表着从高到低的风险水平。具有标签的图组成了最终的数据集。为了处理这种用于堵塞检测的图形数据，提出了一种时空隧道掘进图卷积网络，如图 4-40 所示。模型处理分为三个步骤：节点嵌入、图池化和地质向量的融合。

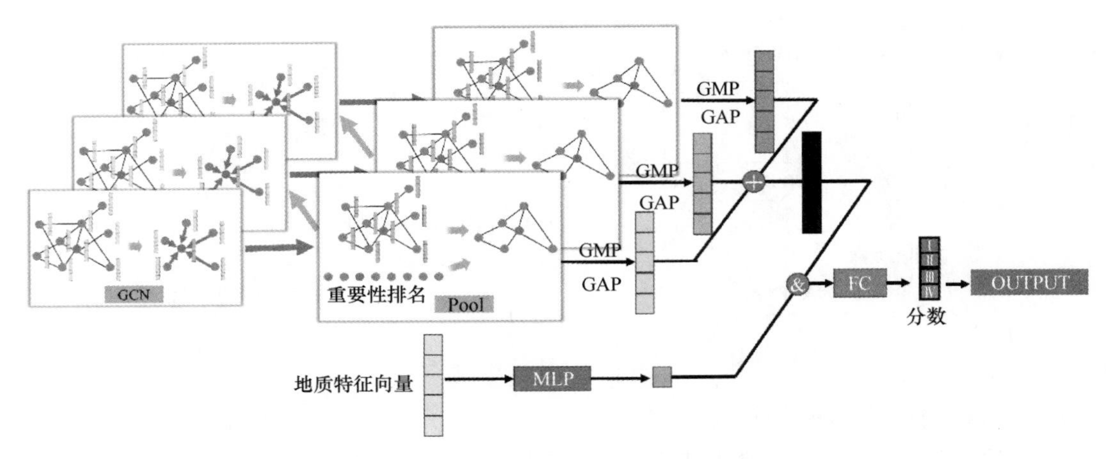

图 4-40 具有地质特征向量的图卷积和图池化过程

1）信息传递和聚合

节点嵌入过程在信息传递神经网络的框架下实施，并将卷积过程形式化为信息传递和信息聚合。节点特征在此处被视为信息并进行更新。信息更新的具体过程遵循典型图卷积网络的形式。公式如下所示：

$$\boldsymbol{H}^{(l+1)}=\sigma(\widetilde{\boldsymbol{D}}^{-\frac{1}{2}}\widetilde{\boldsymbol{A}}\widetilde{\boldsymbol{D}}^{\frac{1}{2}}\boldsymbol{H}^{l}\boldsymbol{W}) \tag{4-33}$$

其中，σ 是激活函数，即本提议模型中的 softmax；$\boldsymbol{A}$ 表示归一化的邻接矩阵；$\boldsymbol{D}$ 表示相应的度矩阵，度矩阵是对角线矩阵，元素代表每个节点的度；$\boldsymbol{H}^{l}$ 是第 l 次迭代过程中的嵌入矩阵，$\boldsymbol{W}$ 是可训练的参数矩阵，其维度可以设置为任意值，从而改变 $\boldsymbol{H}^{(l+1)}$ 的维度。

节点嵌入过程进行了三次，并在图 4-40 的左侧绘制。根据巴拿赫不动点定理，经过几次更新，嵌入特征将最终趋于收敛。

2）图池化

在节点嵌入之后，自注意力等级池化过程得以运行。图池化过程在每次节点嵌入后都会运行 3 次，如图 4-40 所示。池化时，会从图中删除几个节点以及相关的边缘。删除节点的标准是类似于节点嵌入的方式获取的重要性分数 $\boldsymbol{Z}$，其也使用了典型的图卷积网络公式。

$$\boldsymbol{Z}=\sigma(\widetilde{\boldsymbol{D}}^{-\frac{1}{2}}\widetilde{\boldsymbol{A}}\widetilde{\boldsymbol{D}}^{\frac{1}{2}}\boldsymbol{X}\boldsymbol{\theta}) \tag{4-34}$$

其中，$\boldsymbol{X}$ 是图特征的输入；$\boldsymbol{\theta}$ 是待训练的参数矩阵；$\boldsymbol{Z}\in\boldsymbol{R}^{n\times 1}$，其中 n 是节点数。

节点嵌入和自注意力得分之间的训练差异主要在于参数矩阵 $\boldsymbol{\theta}$ 的维度，其列数固定为 1。通过给定的超参数 r，即池化比例，只有具有顶部重要性分数的部分节点可在图中保留下来。

每次图池化后都会有一个读取过程运行，以提取池化后的信息。读取是通过图最大池（GMP）和全局平均池（GAP）实现的，它们通过最大和平均操作将节点特征集成到与节点特征相同维度的向量中。最大和平均操作的向量被拼接在一起，形成一个新的池化向量，如图 4-40 所示。池化过程进行了三次，创建了三个向量。它们具有相同的维度，可以相加在一起。最终，该向量汇总了在节点嵌入和图池化过程中生成的所有信息。

3）与地质向量的信息融合

除了从时间序列数据中提取的信息外，地质信息也以地质向量的形式添加到该方法中。为了描述与刀盘位置相对应的地质状态，刀盘被划分为不同的区域。划分区域的中心点的具体地质情况被列为地质向量的元素。

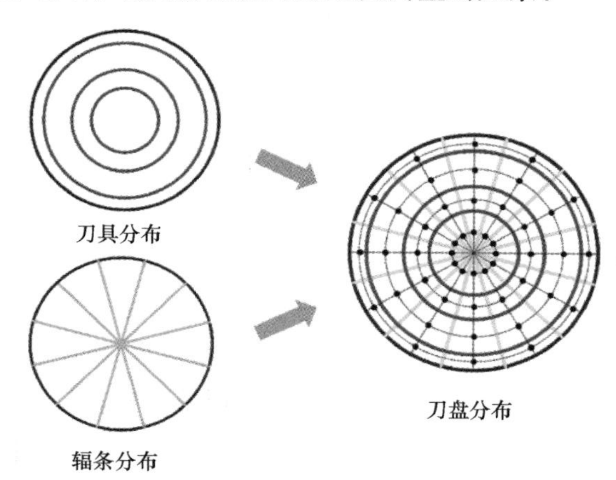

图 4-41　盾构刀盘分区示意图

图 4-41 展示了划分区域的原理。在刀盘上考虑两个方面，即刀具分布和辐条分布，以允许地质向量描述与不同刀具和辐条相对应的地质状态。辐条分布将刀盘划分为扇区。刀具分布将刀盘划分为由同心圆分割的环，因为刀具通常遵循阿基米德螺旋排列和同心圆。

（3）基于复杂网络的分析

通过分层池化过程，本提议模型中每个节点的重要性因重要性分数而清晰明确。为了进一步解释，引入了复杂网络来分析重要节点的图形属性。

根据信息传递神经网络的框架，拥有许多连接的节点可以参与许多节点的嵌入过程。同样，拥有许多边缘的节点被认为在复杂网络中具有高微网络属性的值，例如：度和中心性。从这个角度来看，图形分析并不是毫无意义的，而且复杂网络理论有可能提供解释。在本提议模型中，引入了三种复杂网络的微属性，并用于评估节点的重要性；这三种属性是特征向量中心性、聚集系数和紧密中心性。

聚集系数量化了图中节点的邻接点之间连接的程度。

$$C(u)=\frac{k'_{\mathrm{u}}}{(k_{\mathrm{u}}\times k_{\mathrm{u-1}})/2} \tag{4-35}$$

其中，u 是目标节点；k_{u} 是与之连接的节点数量。这些节点之间可能的最大边数为 $(k_{\mathrm{u}}\times k_{\mathrm{u-1}})/2$，其中所有节点都成对连接。$k'_{\mathrm{u}}$ 表示实际存在的边的数量。

紧密中心性衡量了节点在图中与所有其他节点的接近程度。具体计算如下：

$$CC(u)=\frac{1}{(n-1)\sum_{u\neq v}d(u,v)} \tag{4-36}$$

其中，u 是目标节点；v 是图中的其他节点；n 表示图中节点的数量；$\mathrm{d}(u,v)$ 表示节点 u 和 v 之间的最短路径长度。

特征向量中心性通过节点的邻接节点数和它们的中心性值来评估节点的中心性。特征向量中心性的值计算如下：

$$EC(u)=c\sum_{u\neq v}a_{\mathrm{uv}}EC(v) \tag{4-37}$$

其中，u 是目标节点；v 是图中的其他节点；c 是常数项；a_{uv} 表示节点 u 和 v 之间的边的权重。

一些整体图的宏属性也被计算和展示出来，这些属性包括平均度、平均聚集系数、平均最短路径长度和小世界指数。

平均度表示图中每个节点的度的平均值。节点的度表示它连接的边的数量。度的值可以通过以下公式计算：

$$< k >= \frac{1}{N}\sum_{i=1}^{N} k_i \tag{4-38}$$

其中，k_i 表示节点 i 的度。

平均最短路径长度是指每对节点之间路径长度的平均值。公式如下：

$$L = \frac{2}{n(n-1)}\sum_{i<j} l_{i,j} \tag{4-39}$$

其中，n 表示图中节点的数量；$l_{i,j}$ 表示节点 i 和 j 之间的路径长度。

小世界指数对应于小世界属性。小世界网络是随机网络和正则网络之间的一种网络类型，具有较小的平均最短路径长度和较大的平均聚集系数。指数可通过以下公式计算：

$$S = \frac{C/C_{\mathrm{rand}}}{L/L_{\mathrm{rand}}} \tag{4-40}$$

其中，C 和 L 分别表示网络的平均聚集系数和平均最短路径长度；C_{rand} 和 L_{rand} 分别是比较的随机网络的相应值。

综合以上盾构刀盘结泥饼的智能检测与风险评估决策方法，将在 4.3.4 节的案例工程中进行应用示例说明。

4.3.3 盾构机姿态的智能预测与决策方法

盾构法隧道施工存在失稳（盾构机掘进姿态失稳机理见二维码 4-5）、失效和失准三大难题，其中失准指的是盾构机掘进作业时姿态偏离隧道设计轴线，从而影响管片拼装以及隧道贯通，易诱发隧道施工质量风险。一方面，其会造成成型隧道轴线偏差，引起隧道贯通误差，对未来的隧道运营造成安全隐患；另一方面，也会造成隧道管片拼装困难，导致管片错台、破损、渗漏等隧道质量问题。一旦发生盾构失准，就要对盾构掘进纠偏，偏差严重时需设计纠偏曲线，进一步影响项目的工期和成本。

4-5 盾构机掘进姿态失稳机理

鉴于盾构机作业环境的极端恶劣和操作复杂性，影响盾构机性能的许多因素复杂耦合，使得难以建立准确的理论模型来描述它。为建立盾构姿态智能预测与决策模型，首先要对盾构机运行数据进行分析，根据数据特点，选择合适的预测算法，最终实现数据驱动的盾构姿态智能预测与操作决策支持。

1. 盾构运行数据分析

盾构机在掘进过程中会产生大量数据。一般盾构机运行数据集包含数百个参数，而超大型盾构机则会产生近千个参数。以海瑞克混合式盾构机为例，可供导出的参数共 973 个，按照参数所属系统不同分为 19 类，详细描述见表 4-7。盾构数据记录频率为 0.1Hz，整条隧道贯通后，单台盾构机生成的数据量达到百万条级别。这些数据不仅存储了表征盾构机运动行为的大量信息，也间接反映了地下空间的水文、地质状况。实际上，可以将盾构运行数据视为盾构机在“人—机—环”相互作用下的数学描述集合。因此，通过采用合适的机器学习算法，挖掘数据中隐含的盾构姿态信息，建立起盾构操作参数与盾构姿态间的映射关系，从而实现盾构姿态的智能预测。

盾构机运行参数分类表 表 4-7

序号	盾构参数分类	代表性参数名称	序号	盾构参数分类	代表性参数名称
1	刀盘系统	刀盘扭矩	11	气	CH_4 气体检测
2	推进系统	推进速度	12	供配电	主开关 1 上电
3	管片拼装系统	拼装机实时位置	13	控制	拼装激活
4	管片运输	喂片机伸缩行程	14	泥水输送	O037 _ 进泥比重 1
5	螺旋机	螺旋机工作压力差	15	姿态	偏移量
6	同步注浆	注浆总量	16	积算量	总出土量
7	盾尾密封	盾尾油脂重量	17	辅助	泄漏报警
8	车架行走	盾构—后配套拉力	18	故障信号	P0 _ 1 进泥泵故障
9	润滑	气泡仓压力	19	其他	通信位数据获取
10	水	工业水 1 液位			

通过对盾构运行数据分析可知，其具有以下特点：

（1）盾构运行数据规模巨大，表现为参数多、频次高；若采用人工分析、提取盾构姿态特征值的方式，工作量大，难度高；

（2）盾构运行数据和姿态参数均为时间序列数据；

（3）数据波动剧烈，有明显的背景噪声干扰。

因此，在设计盾构姿态预测算法时，必须具备自动提取数据特征值和大规模时间序列数据处理的能力。同时，还要考虑到数据的噪声污染，必须对其进行去噪预处理。由于深度学习具备复杂系统表征能力、处理大数据和自动提取特征的优势，深度学习在预测任务中具有可行性和优越性。

2. 智能仿真与预测混合模型

（1）混合模型框架

由盾构运行数据特点可知，预测模型必须具有数据去噪、自动提取特征和时间序列处理三种关键能力。通常来说，单个模型算法往往只具有上述能力中的一项，例如卷积神经网络可以实现图像特征的自动提取，但却很难适用于处理时间序列预测问题；又如ARIMA模型是常用的时间序列分析方法，但往往需要对数据进行去噪处理。显然，单一模型在盾构姿态预测问题中的能力有限，有必要将几种不同算法组合成一个混合模型（图 4-42），使其更加适应不同的数据特点以满足功能需求。

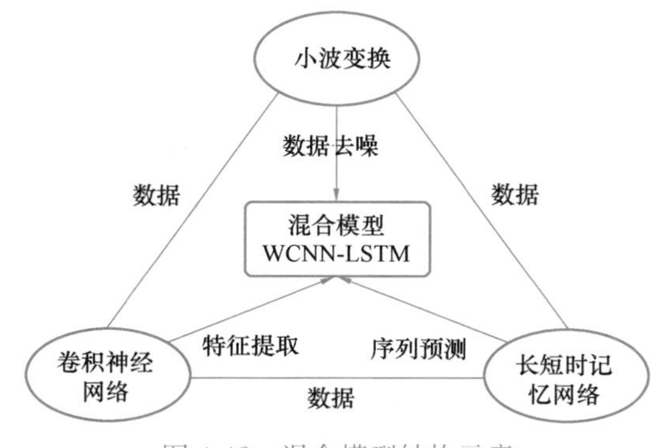

图 4-42 混合模型结构示意

首先，混合模型必须具备数据去噪的能力。小波变换（Wavelet Transform，WT）

是对短时傅里叶变换的改进，用于处理和分析非平稳信号，具有良好的时频分析能力。目前，小波变换已经成为信号去噪领域的研究热点，在信号去噪领域应用非常广泛。其次，大规模数据特征的快速提取对于盾构姿态预测模型至关重要。近些年来，深度学习技术成为机器学习领域最为重要的突破之一，从早期的 DBN、SAE 到 CNN，尤其是 CNN，其具备的数据特征自动提取能力与当下海量数据处理需求相得益彰，在模式识别、图片处理等领域取得了远优于传统算法的识别效果。因此，CNN 是当前最为有效的数据特征自动提取工具之一。最后，由于预测模型的输入和输出均为时间序列数据，故模型预测器必须具备动态数据处理能力。长短时记忆网络（Long Short Term Memory Network，LSTM）是对传统 RNN 的改进，通过增加一个存储长序列信息的单元来解决 RNN 缺陷，在学术研究和工程实践中取得了良好效果。

因此，为实现盾构掘进中对盾构机姿态和位置进行动态多步预测的目标，这里提出了一种混合深度学习模型用于时间序列预测，模型称为 WCNN-LSTM。该模型基于深度学习理论，结合了 WT、CNN 和 LSTM。该模型框架的流程包括三个阶段，每个阶段的详细方法如图 4-43 所示。

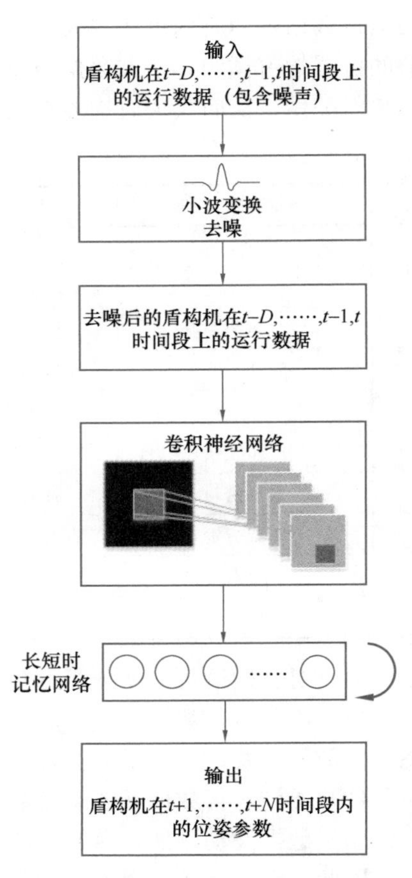

图 4-43 基于深度学习的盾构姿态动态预测混合模型框架

（2）模型理论

1）小波变换

小波变换是从短时傅里叶变换得到启发而产生的一种变换分析方法。小波变换有连续小波变换（Continuous Wavelet Transform，CWT）和离散小波变换（Discrete Wavelet Transform，DWT）两种基本应用方法。由于 CWT 的系数包含大量冗余信息，将显著降低计算效率。因此，减少冗余系数的 DWT 采样在工程实践中被更广泛地使用。

2）卷积神经网络

卷积神经网络（CNN）旨在处理具有多个阵列形式的数据，是一种典型的分层结构模型，它由一些卷积层与池化层交替组成，最后在末端附加一个或多个全连接层的多层神经网络结构。卷积神经网络相对于传统神经网络有四个关键特点，分别是局部连接、共享权重、池化效果和多层堆叠。如图 4-44 所示，可以利用卷积神经网络来提取时间序列的关键特征值，使模型达到更高的预测精度。

3）长短时记忆网络

作为 RNN 最广泛使用和成功的变体结构之一，LSTM 具有动态捕获数据序列所有元素历史信息的能力。在智能预测模型中，引入 LSTM 来预测盾构机在运动中的姿态和位置。作为对传统 RNN 的改进，LSTM 通过引入存储器单元，成功地克服了梯度消失问

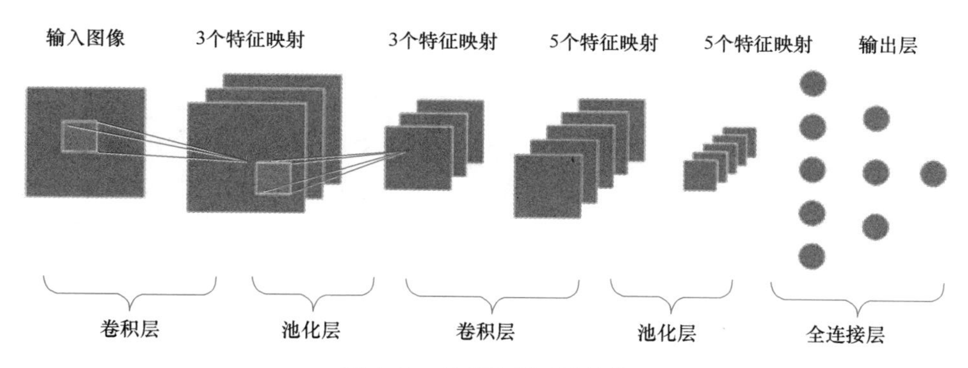

图 4-44 卷积神经网络结构

题。RNN 只有一个对短期输入敏感的隐藏状态（h），但是 LSTM 为存储序列长期信息添加了一个单元状态（c），并使用三个门来控制它，如图 4-45 所示。LSTM 已被证明比 RNN 更有效，尤其在处理长时间序列问题是更好的选择。

（3）模型实现

1）模型输入与输出

本研究的目的是预测盾构机在地下空间掘进过程中的姿态和位置，而工程中通常采用激光导向系统（图 4-46）负责测量盾构机的实时姿态和位置。盾构机的位置偏差一般采用盾头、盾尾的中心点与 DTA 的偏差值描述，即 HDSH、VDSH、HDST、VDST 以及掘进里程。但相对其他四个偏差值而言，掘进里程对盾构隧道的质量影响较小，也可以通过掘进速度进行估算，预测意义较小。盾构姿态则一般用横摆角、俯仰角和滚动角三个参数描述。在图 4-46 左侧的一些参数，如 HDST、VDST、HDSH、VDSH、俯仰角、滚动角、水平倾向和垂直倾向，描述了盾构机在掘进中的运动行为。其中，滚动角和俯仰角（描述盾构机姿态）、HDST、VDST、HDSH 和 VDSH（表示盾构机位置）是盾构机掘进过程中最重要的控制指标。盾构司机可以通过观察这些参数的偏差变化，及时对盾构姿态做出调整。因此，这里将这 6 个参数作为预测模型的输出变量。图 4-47 显示了由盾构导向系统采集到的上述 6 个参数在某盾构隧道一环中的波形变化。

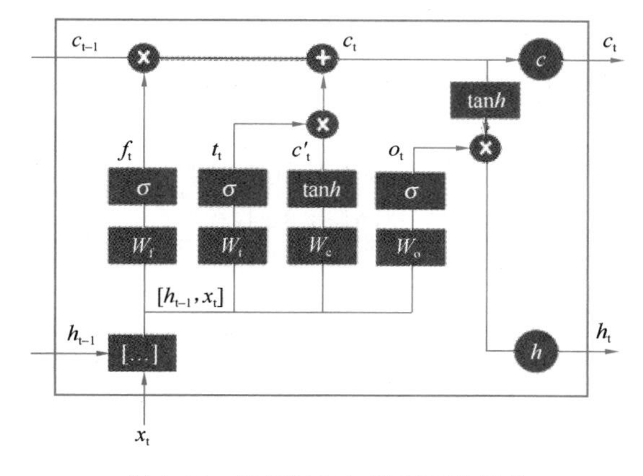

图 4-45 长短时记忆神经网络结构

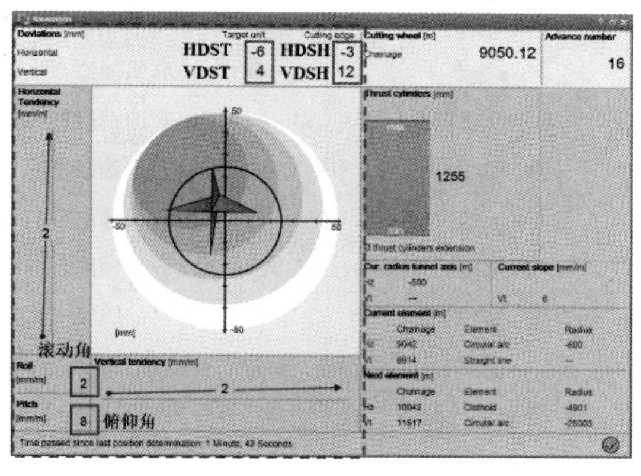

图 4-46 VMT 导向系统

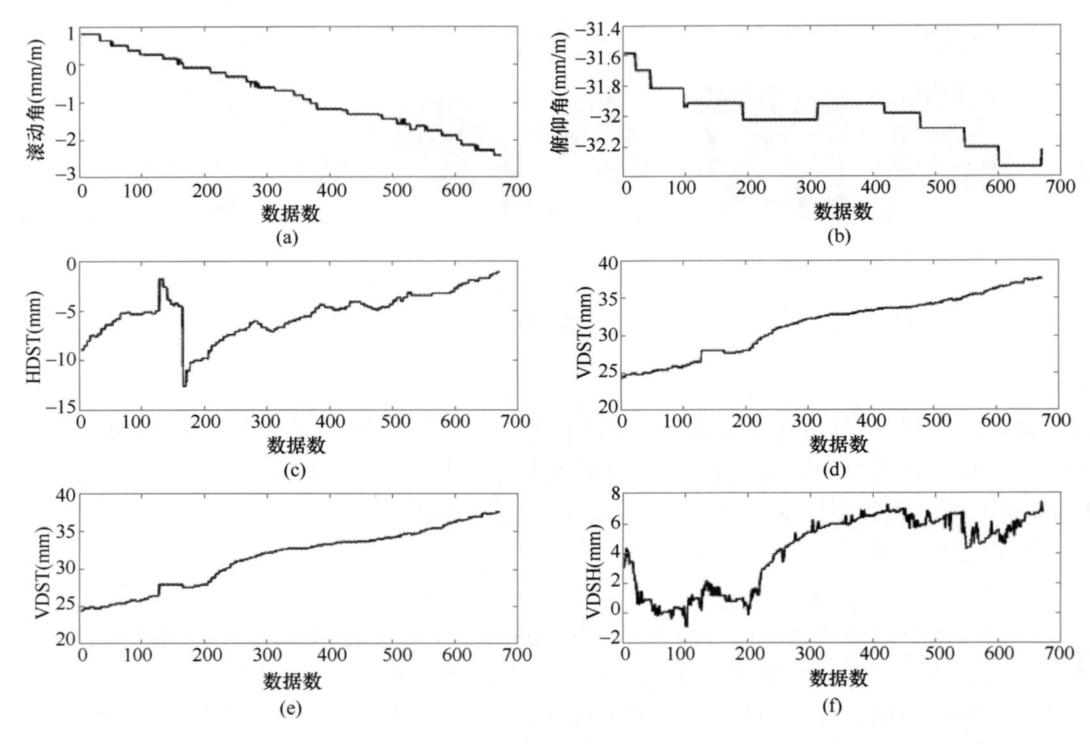

图 4-47 6 个参数的曲线变化

盾构机主要由刀盘系统、推进系统、渣土运输系统、导向系统等若干个子系统构成，其运行数据中包含了近千个参数。鉴于盾构机的运动行为主要由推进系统和刀盘系统所控制，以海瑞克混合式盾构机为例，根据工程经验选取了 32 个参数作为输入变量。表 4-8 给出了各个参数的详细信息。预测模型输入的数据样本具有 32 个变量，并且以 0.1Hz 的频率沿隧道掘进连续采集。

预测模型输入变量汇总 表 4-8

参数名称	单位	参数名称	单位	参数名称	单位
掘进速度	mm/min	A 组油缸行程初始值	mm	推进油缸 E 组推力	kN
渗透率	mm/rot	B 组油缸行程初始值	mm	推进油缸 F 组推力	kN
刀盘扭矩	MN·m	C 组油缸行程初始值	mm	排泥体积流量检测 1	m^3/h
总推力	kN	D 组油缸行程初始值	mm	排泥体积流量检测 2	m^3/h
刀盘转速	r/min	E 组油缸行程初始值	mm	泥水循环流量检测 1	m^3/h
刀盘电流	A	F 组油缸行程初始值	mm	泥水循环流量检测 2	m^3/h
刀盘总扭矩	MN·m	推进油缸 A 组推力	kN	泥水循环流量检测 3	m^3/h
总挤压力	kN	推进油缸 B 组推力	kN	泥水循环流量检测 4	m^3/h
实际开挖量	m^3	推进油缸 C 组推力	kN	泥水循环流量检测 5	m^3/h
刀盘驱动总电流	A	推进油缸 D 组推力	kN	膨润土进口流量检测 1	m^3/h
刀盘位置	Gard	刀盘伸缩油缸行程	mm		

2）时间序列模型

盾构机姿态预测问题本质上属于时间序列预测。时间序列预测可以定义为：输入前期一段时间内的参数数据，预测未来一段时间内或时刻下的目标值。对应到盾构机姿态预测，输入变量为盾构机运行参数，输出变量为盾构机姿态参数。如图 4-48 所示，典型的时间序列预测问题中包含四个参数的确定，即预测区间、序列长度、预测步距和样本数量。图 4-48 中，X_i 为输入序列的长度；Y_i 为输出序列的长度；$i=1$，2，3，……，M；M 为样本量。

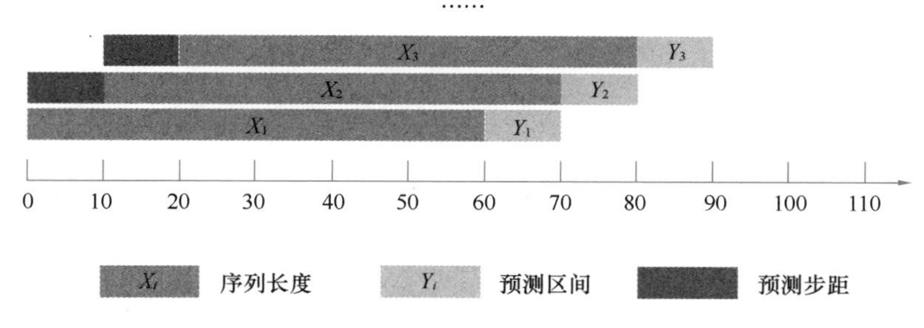

图 4-48 时间序列预测模型结构

① 预测区间

预测区间指的是预测到多长时间段的盾构姿态偏差。预测区间的选取主要取决于施工需要，也和预测精度息息相关。以某盾构隧道为例，盾构机数据集的时间间隔为 10s，预测步距应为数据间隔的整数倍。显然，如果预测长度太短，比如 10s、20s，盾构机掘进距离过短，盾构司机来不及根据预测结果调整姿态。从施工需求上讲，能够实现的预测区间长度越长越好。然而，预测区间长度过大时，预测精度便会下降，故其不能无限增大，必须在施工需求和预测精度之间取得平衡。综合两方面考虑，预测区间长度至少以 min 作为单位，可取值 1min，2min，……，10min。时间再长，精度可能会急速下降。其次，从深度神经网络模型训练的角度出发，预测长度过长，样本数也会降低，不利于提高模型的训练效果。

② 序列长度

序列长度指的是回溯多远的距离，用于得到下一个步距的预测值。在确定预测区间长度的基础上，需确定回溯的序列长度。序列长度一般取预测区间长度的整数倍。通常情况下，下一时间段的预测变量值只与过去若干个值相关，回溯距离过大或过小，对于预测的效果来说均不理想。表 4-9 给出了不同序列长度和预测区间长度的比值。考虑到其他领域的预测序列长度，建议比值取 5～30 较为合适。

③ 预测步距

预测步距则是指每掘进多长时间预测一次。预测步距可以小于预测长度，也可以等于或者大于预测长度。区别在于，当预测步距小于预测长度时，前后两次得到的预测区间会有一部分重合区间，重合长度等于预测长度减去预测步距；当预测步距等于预测长度时，前后两次预测区间刚好衔接，保证预测的连续性；当预测步距大于预测长度时，则前后两次的预测区间会相隔一段时间，存在未预测的空白区间。从预测实际出发，使预测步距的长度等于预测区间，可保证模型连续滚动预测，效果最符合需求。

④ 样本数量

对于深度学习模型而言，样本数量会影响到模型的训练效果。一般来说，样本数量越多，可供模型学习的经验也就越充足，训练效果会更好。样本数量 m 与数据总量 N、预测区间 P、序列长度 S 和预测步距 D 均相关，可得到：

$$M=\frac{N-P-S}{D} \tag{4-41}$$

当数据总量远大于预测区间和序列长度时，样本数量可近似由预测步距确定。例如，假设采集到的盾构运行数据有 30000 条，使预测步距的长度等于预测区间长度，则样本规模见表 4-9。

序列长度相对预测长度的倍数关系　　表 4-9

预测区间	序列长度						样本量（个）
	30	60	90	120	150	180	
6	5	10	15	20	25	30	5000
12	2.5	5	7.5	10	12.5	15	2500
24	1.25	2.5	3.75	5	6.25	7.5	1250
30	1	2	3	4	5	6	1000

注：预测区间和序列长度的单位均为 10s。样本数量以数据总量 30000 条为例，近似求得。

3）评价指标

实验中采用均方根误差（*RMSE*）评估每个模型的预测精度，*RMSE* 常用于深度学习中回归问题预测精度的评价。*RMSE* 的计算公式如下：

$$RMSE=\sqrt{1/N\sum_{i=1}^{N}(\widetilde{y}_i-y_i)^2} \tag{4-42}$$

其中，y_i 是对应于输入 x_i 的期望输出；$\widetilde{y}_i$ 表示模型算法的预测值；N 表示样本的数量。模型的 *RMSE* 值越小，则认为其具有更高的预测准确度。

综合以上盾构机姿态的智能预测与控制决策支持方法，将在 4.3.4 节的案例工程中进行应用示例说明。

4.3.4 案例——某超大直径长江隧道工程

1. 项目背景

某市超大直径公铁合建过江隧道项目，作为工程应用案例。该隧道的总长度约为 4650m，盾构段总长度约为 2600m。超大型泥浆平衡盾构机用于执行任务，其直径为 15.76m。整个工程的建设周期共持续了 914 天，期间克服了各种工程施工困难。由于该隧道的盾构掘进面部分切入基岩，随着里程推进经历了典型的上软下硬地层，因此存在较大的泥饼形成与掘进姿态偏差的工程风险。

4-6 工程现场位置和地质信息示意图

2. 刀盘结泥饼的智能检测与决策的工程应用

(1) 地质条件

该项目地质条件如下所述，并在二维码 4-6 中以示意图形式呈现。两岸地表均有杂填土层。河道顶部主要是河流塑性泥质粉砂和疏松的泥质细砂，容易被冲刷。上部的中等粗砂具有适度的渗透性、低的承载能力和低的压缩性。基岩是泥质泥岩和砾岩，主要是强烈和中等风化的泥质泥岩和弱胶结的砾岩，其分布厚度不均匀。在这些岩石下面是微风化的泥质泥岩和适度胶结的砾岩。

对于泥饼的形成，剪切强度和含水量是关键。如二维码 4-6 所示，隧道掘进主要遇到了三种不同类型的地层，即进入河道前的泥质细砂地层（环号 1～300）、穿越河流的硬软不均匀地层（环号 301～500）以及穿越河流的泥质细砂地层（环号 501～920）。工程中刀盘刀具结泥饼形态如图 4-49 所示。

（2）数据集准备

1）从实时盾构监测系统收集数据

为了获得及时有效的数据，采用盾构实时监测系统每 10s 记录一次参数信息，共记录了 977 种盾构参数。在确定模型输入时共选择了 32 个参数，列在表 4-10 中。经过整理，保留了 611 个环的时间序列数据。

记录的参数类型　　表 4-10

参数名称	单位	数量
泥浆入口压力	bar	1
入口泥浆相对密度	g/cm^3	2
排出泥浆相对密度	g/cm^3	3
工作舱 1-2 号体积流量检测	m^3	4～5
泥水循环管道流量检测 1-5	m^3/h	6～10
泥浆排出体积流量检测	m^3/h	11
泥浆入口体积流量检测	m^3/h	12
推进速度	mm/min	13
贯入	mm/rot	14
刀盘扭矩	MN·m	15
总推力	10kN	16
刀盘转速	rot/min(rpm)	17
刀盘电流	A	18
刀盘驱动扭矩	MN·m	19
刀盘伸缩缸行程	mm	20
左支撑力矩	N·m	21
推进缸组 A-F 的推力	kN	22～27
刀盘总驱动电流	A	28
左扭矩支撑压力	bar	29
右扭矩支撑压力	bar	30
总开挖体积	m^3	31
实际开挖体积	m^3	32

图 4-49 堵塞情况的照片

（a）大量泥饼；（b）磨损的刀具；（c）硬泥饼；（d）夹有小石头的泥饼；
（e）磨损的探头上的一些泥饼；（f）少量泥饼

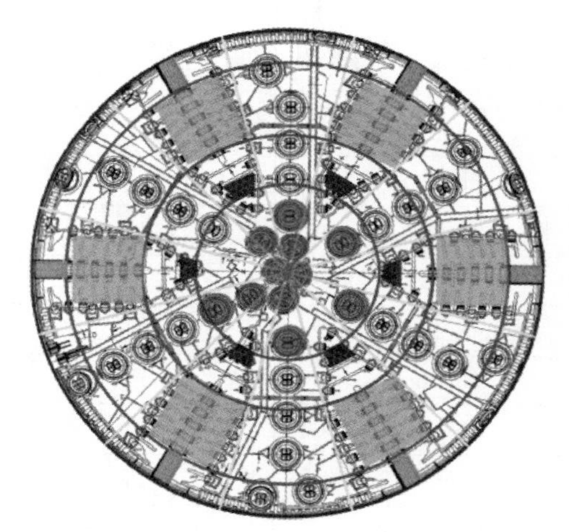

图 4-50 实际工程中盾构机刀盘分区

2）基于刀头分区的地质信息提取

本项目使用的刀头具体结构如图 4-50 所示。刀头设计为全断面大气压缩回缩式扇形刀头，开口率为 29%。盾构设计直径为 15.2m。总共布置了 238 个不可替换的刀具（160 个固定刮刀和 78 个刀具）和 131 个可替换刀具（48 个壳刀、28 个羊角刀、3 个 19 英寸刀具和 52 个刀具）。其中，刀具、贝壳刀和羊角刀比面板高 225mm，其余比面板高 185mm。

3）基于工程数据的隧道掘进图的构建

在获得原始时间序列数据后，将其转化为隧道图作为图神经网络的输入。隧道图由图结构信息和每个节点的特征向量两部分组成。为了避免信息损失，将初始偏相关系数保留为每个节点的特征向量的形式。向量中的每个特定位置可以表示目标节点与其相应节点之间的偏相关系数，每个节点的向量可以理解为偏相关矩阵中的一行。

不同隧道图以不同的风险等级进行标记（图 4-51）。为了清晰地显示图的多样性，绘制了每个节点的度数，深色表示高度，浅色表示低度。在比较隧道图时没有找到明确的规则，表明即使在相似的地质条件下，隧道图也可以反映不同的施工情况。

（3）模型效果与讨论

在构建好模型的输入并由专家判断进行标记之后，将其输入模型。由于样本数量较少，进行五折交叉验证过程。每次选择一个折作为验证集，另外四个折用作训练集来训练模型。该过程重复五次，直到每个折都被用作验证集一次。在评估模型效果时，相同训练

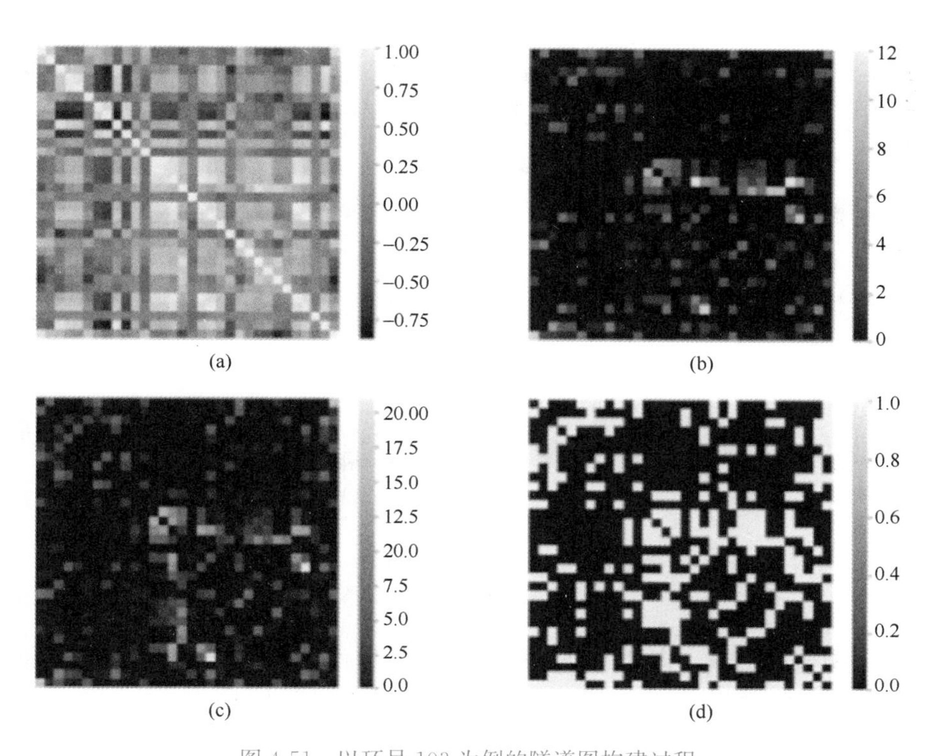

图 4-51　以环号 103 为例的隧道图构建过程

（a）相关系数矩阵；（b）偏相关矩阵；（c）对称矩阵；（d）邻接矩阵

轮次下的五个折的效果被平均，平均值是模型效果的指标。

1）以复杂网络解释图神经网络的输入

在复杂网络中，节点的微观特性的平均值是分析节点重要性的工具。值越大，从复杂网络的角度来看，节点就越重要。图神经网络认为的重要节点与具有大特征向量中心性的节点重叠，这是两种理论的共性。两个模型认为重要的节点在某种程度上是一致的，使得复杂网络成为一个有用的解释工具。

2）复杂网络结构信息的进一步补充

以进入河流之前的淤泥细砂地层（环 1～300）为例，环 253 和环 257 是高风险的环，图 4-52 绘制了它们的网络属性和节点删除过程。Ⅰ号和Ⅴ号图表示具有不同特征向量中心性的节点，节点颜色的深浅和大小表示特征向量中心性的值。剩下的六个图显示了节点删除过程，其中有颜色的表示保留的节点，无颜色的表示删除的节点。在图 4-52（a）中可以看到复杂网络理论和图神经网络中的相似趋势。直观地说，在特征向量中心性的Ⅰ号和Ⅴ号图中，图神经网络模型中保留的节点更大、颜色更深。从数字的角度来看，最后保留的四个节点分别是节点 11、16、22 和 25，它们的特征向量中心性分别为 0.3487、0.2730、0.2326 和 0.2329。当以 0.2 作为评价标准时，它们都超过了阈值，在复杂网络中被认为是显著的。在图 4-52(b) 中，最后保留的四个节点分别为节点 11、14、16 和 19，它们的特征向量中心性分别为 0.2692、0.1902、0.2712 和 0.2137。节点 14 的指数小于 0.2，从复杂网络的角度来看，不够重要。相反，则所提出的模型认为它有价值，并将其保留到节点删除的末尾。

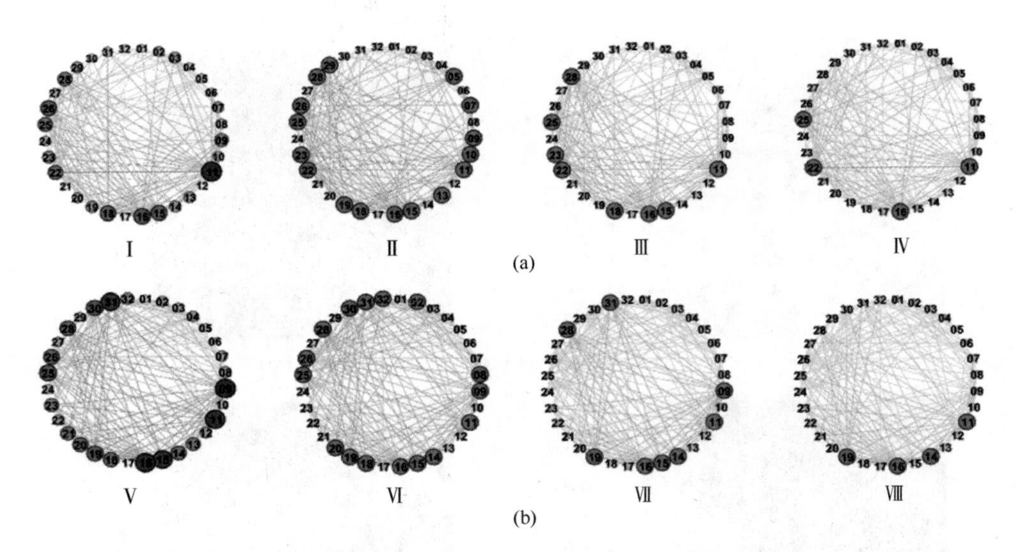

图 4-52　图神经网络和复杂网络认定的重要节点比较

(a) 环 253；(b) 环 257

为了获得更多的解释，将对环 257 中节点 14 的工程含义和原始时间序列数据进行分析，如图 4-53 所示。节点 14 代表隧道盾构的穿透深度，即切割头在一次旋转后在土壤中的深度。穿透深度可以通过将推进速度除以切割头的旋转速度来计算得出。为了进行比较，也在图 4-53(b) 中给出了最近的低风险环的相应时间序列数据，即环 236 的数据。环 257 的穿透深度通常较低。环 257 中穿透深度的平均值为 3.3085mm/rot，而环 236 中这个值达到了 9.8699mm/rot。这种低的穿透深度暗示了阻力或其他难题。如果发生堵塞，切割头将被泥饼包裹，失去切割土壤的能力，导致高阻力和低穿透深度。

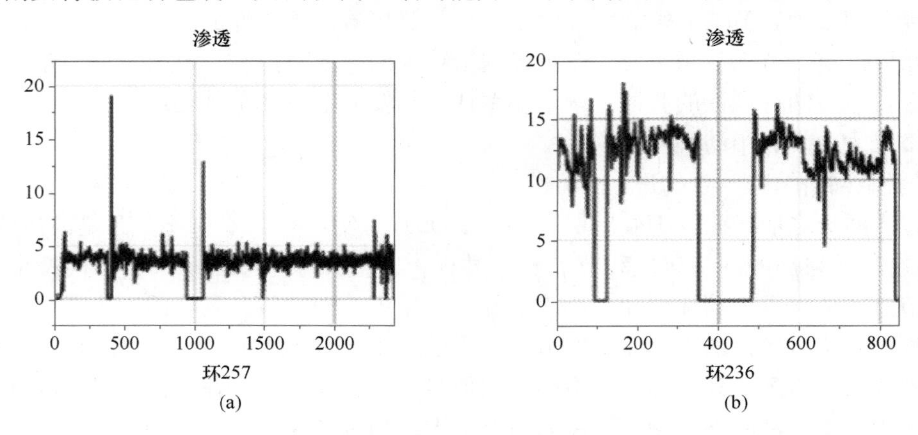

图 4-53　穿透深度的时间序列，即节点 14

(a) 环 257；(b) 作为附近低风险环的例子，环 236

综上所述，该案例研究探讨了复杂网络和图神经网络之间的关系，并且对复杂网络理论模型提供了进一步解释。在确定两个模型之间具体差异的过程中，呈现出一些有价值的信息。在所提出的图神经网络模型中，一些具有相对较小特征向量中心性值的节点被认为是重要节点。通过列出它们的工程含义和相应的时间序列数据，有助于理解模型的决策过程。鉴于它们的异常工程性能，可以合理地把它们列为重要节点。从另一个角度来看，此处从所提出的模型中获得了有针对性的知识内容。两个模型认为的重要节点有很大的重叠部分。

3. 盾构机姿态的智能预测与决策的工程应用

（1）盾构机作业生成数据的收集

同样是该超大直径盾构隧道工程，其选用的海瑞克超大直径混合式盾构机由多个子系统组成，如刀盘系统、泥水平衡系统、推进系统、管片拼装机和导航系统等。这些系统包含近千个参数，并在盾构运行期间产生大量数据。盾构运行数据由每个子系统的传感器收集，并存储在盾构机本地计算机中，然后通过光纤网络传输到地面上的数据中心。用户可以通过浏览器查询和访问（图 4-54），并将任意参数组合导出为 .csv 格式的 Excel 表格。整个数据集包含近 1000 个参数，以 0.1Hz 的频率储存。至隧道贯通，数据库已存储了近 100 万条数据。

图 4-54 基于 BIM 的盾构作业支持系统界面

盾构隧道由一环环管片组装而成。在工程实际中，常采用环的数量表示施工进度。本案例在右线隧道盾构机第 212 环到第 360 环间收集到了原始数据，共计得到 95 环有效数据。由于数据的连续性会影响预测模型的精度，因此，作为样本数据应具有以下条件：①一环中的数据保证完整，即从掘进开始到结束，数据完备；②相邻环的数据必须保证是连续的，中间不能有缺失环。此外，由于隧道上方最薄处覆土仅有 12.34m，但承受的水压最高，该施工区间是盾构掘进最困难的地区之一，需要特别注意。综上考虑，本案例选择了第 320 环到第 337 环共计 18 环数据（包含超过 3 万条数据）作为研究数据集。

（2）智能预测与决策支持模型的结果

实验采用了基于 Tensorflow 后端的深度学习框架 Keras 进行模型搭建。

1）数据预处理

数据预处理由两部分组成，即剔除数据序列的非掘进时间段数据，然后对时间序列数据执行小波变换去噪。盾构机在掘进中可分为两种工作状态：掘进状态和非掘进状态（包括停机和管片拼装两种情况）。本工程案例的研究目的是预测盾构机的运动行为，首先需消除非掘进状态的数据。此外，由于盾构机采集到的运行数据容易受到环境噪声和测量系统本身误差的影响，故需对初始数据实施去噪处理方式。本文采用离散小波变换对原始数据进行去噪，应用 Daubechies 小波族作为小波变换基函数。数据集包含 38 个变量（其中 32 个输入变量和 6 个输出变量），为了获得最佳的去噪效果，必须针对每个变量选择去噪效果最佳的小波基函数。例如，当对掘进速度进行降噪时，计算 10 个 Db 小波基函数的 MSE，并选择对应于最小 MSE 值的小波基函数。经过去噪处理的信号更加平滑，有助于提高预测精度（图 4-55）。

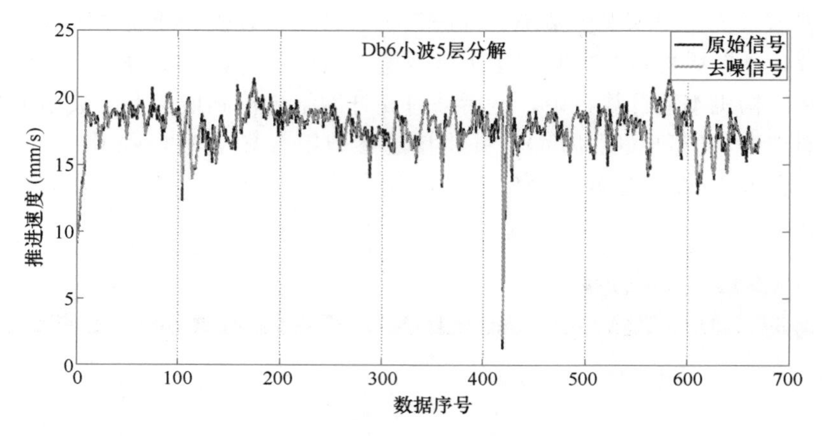

图 4-55 去噪前后效果对比

2）预测模型结构

设计的深度神经网络由两部分组成：LeNet-5 和 LSTM，如图 4-56 所示。之所以选择 LeNet-5 作为特征提取器，是因为它处理的灰度图片和多变量时间序列在数学矩阵表征上一致。预测器 LSTM 部分是实现时间序列数据预测的关键。由于盾构数据样本的维度和数据长度并不复杂，只需要一个 LSTM 层便足够学习到序列数据之间的内在关系。

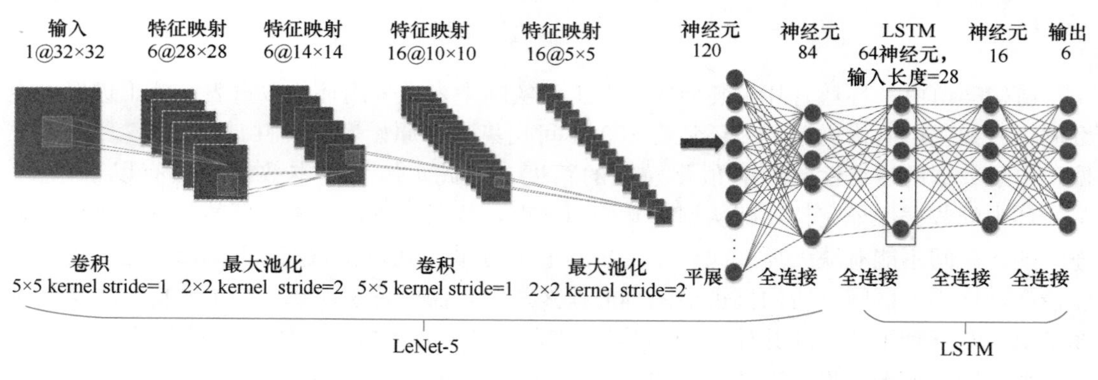

图 4-56 混合模型详细架构

3）参数设定

数据集由 5005 个样本组成，每个样本包含 38 个维度。此外，研究模型的数据集被随机分成能覆盖 80％总体特征的训练集和 20％总体特征的测试集。对于本案例所提出的模型 WCNN-LSTM，有几个参数应该被确定。图 4-56 显示了 WCNN-LSTM 模型架构参数设置。本案例采用反向传播算法训练 WCNN-LSTM。选择 MSE 和 Adam 作为编译 Keras

模型所需的两个必须参数（损失函数和优化器），模型其他超参数设置可参考表 4-11。模型编译使用了英伟达 CUDA 的深度学习加速框架，通过利用 GPU 加速计算过程，大幅降低了训练模型的时间成本（单个训练周期仅需要 7s），时间上缩短了 10 倍。在实验中，本文设置的训练次数为 200，以拟合深度学习模型。然而，图 4-57 中显示损失函数值在前 25 个训练次数内迅速下降。当训练次数超过 100 时，损失函数收敛到最小值，局部振荡很小，这表明 200 次足以完成训练任务。

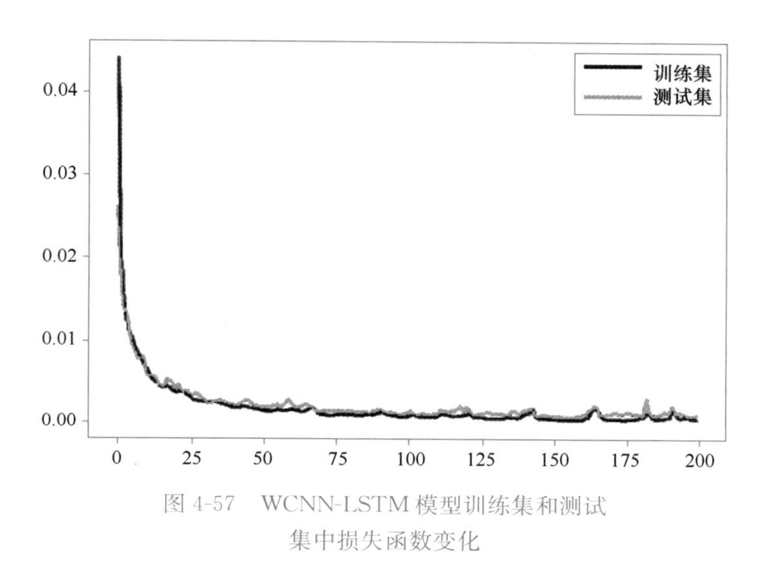

图 4-57　WCNN-LSTM 模型训练集和测试集中损失函数变化

WCNN-LSTM 超参数设置　　表 4-11

参数类型	设定值
学习速率	0.001
训练次数	200
批量大小	72
损失函数	MSE
优化器	Adam

4）预测结果

结果显示，6 个输出变量的 WCNN-LSTM 模型的预测，在预测俯仰角时达到了 0.0404 的最佳精度，而滚动角、HDST、VDST 和 VDSH 的精度水平稳定在 0.5 左右。对于 HDSH 而言，预测精度相对较差，为 1.2171。表中也可以看出，随着预测范围长度的增加，*RMSE* 分数变得越来越差。图 4-58 说明了本案例提出的 WCNN-LSTM 模型可以成功地预测盾构机姿态和位置的未来变化趋势。

（3）工程验证

基于以上结果，本智能模型可以为盾构隧道施工管理提供辅助决策支持。其中，最为直接的工程应用是可以实现一种基于预测控制的盾构姿态调整决策方法，进而有效缓解盾构失准问题。应用方法如下：若模型预测未来盾构机姿态将严重偏离 DTA，则可以通过预先决策控制盾构机操作参数来纠正姿态偏差。

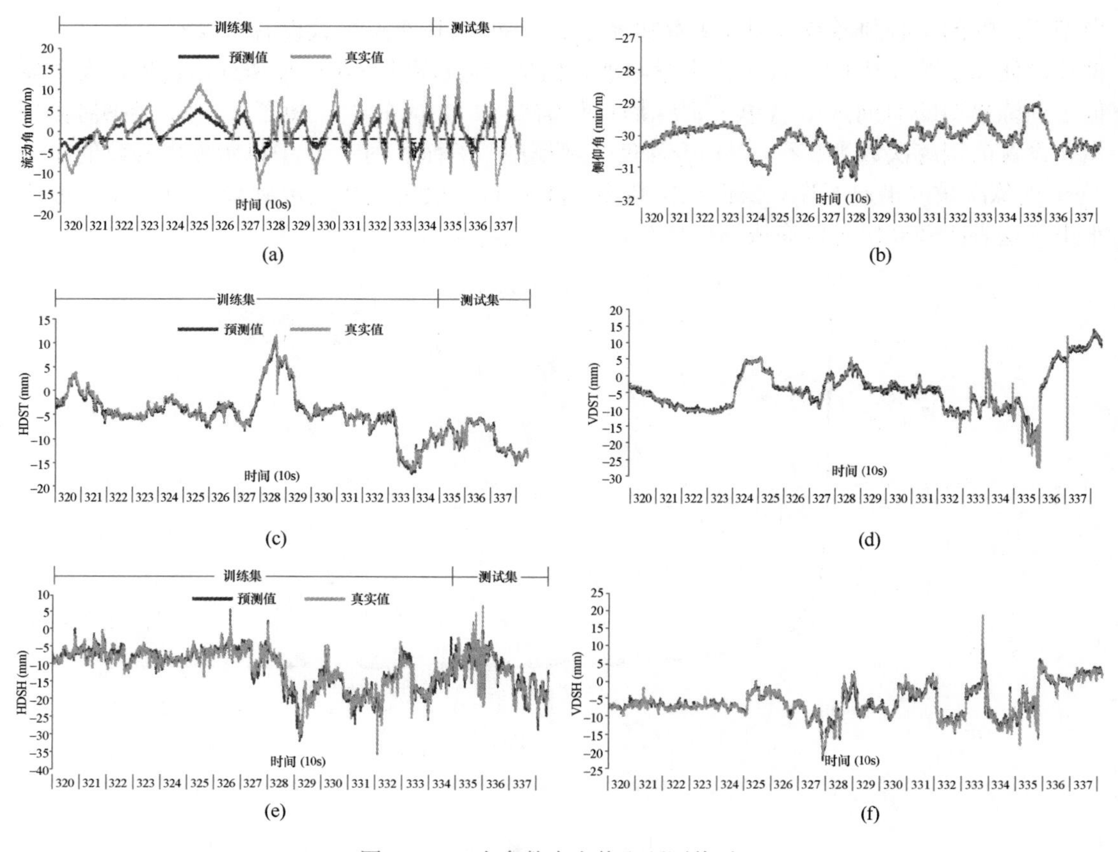

图 4-58　6 个参数真实值和预测值对比

以某隧道施工中发生的真实盾构失准问题为例，说明应用该方法的基本思想。图 4-59(a)表明，通过深度学习模型预测得到参数 HDST 从第 326 环开始偏差逐渐增大；当第 326

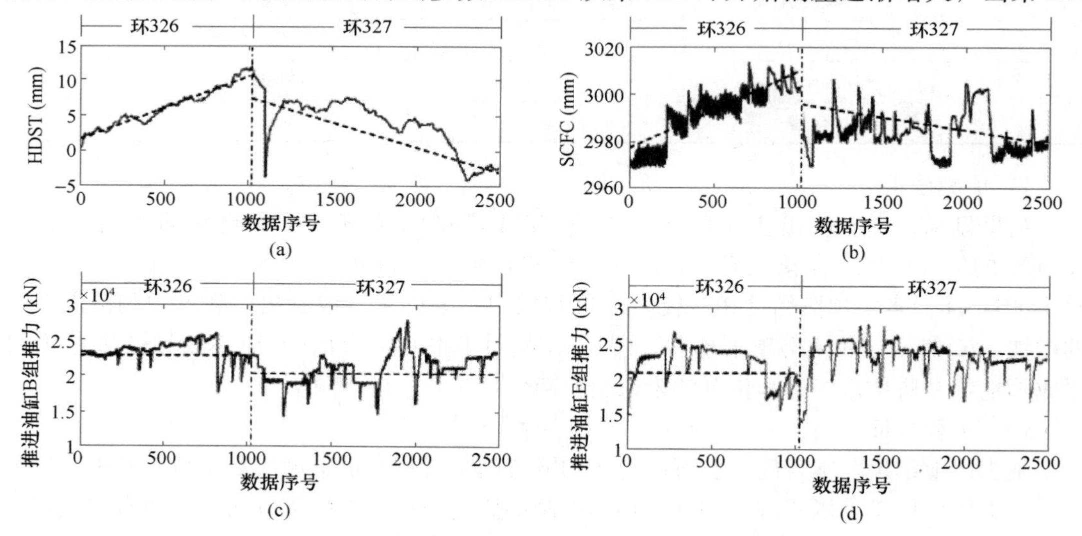

图 4-59　姿态参数对比

(a) HDST 预测值；(b) 刀盘伸缩油缸行程（SCFC）；(c) 推进油缸 B 组推力；(d) 推进油缸 E 组推力

环的掘进完成时，HDST 达到最大值；然后从第 327 环起，HDST 持续减小恢复至正常状态。进一步可以看出，HDST 值为正，表明盾构机尾部在水平方向上偏向 DTA 右侧。

比较图 4-59(a) 和图 4-59(b) 可以发现，它们的变化趋势几乎相同，这表明盾构控制参数 SCFC 和 HDST 之间高度正相关。因此，当混合模型预测到 HDST 持续增加时，盾构司机可以预先反向操作，降低 SCFC，从而避免偏差增大。其次，对比图 4-59(c) 和图 4-59(d) 时发现，在掘进 326 环期间，推进油缸 B 组推力总是大于 E 组推力，这将导致盾构机向右偏离，直接表现为 HDST 增加；从 327 环开始，推进油缸 B 组推力小于 E 组推力，则盾构机具有向左偏转的趋势，故 HDST 开始减小。这表明，可以通过调节推进油缸不同位置的推力大小，实现对盾构姿态的纠偏决策（图 4-60）。简而言之，当智能模型预测盾构机姿态即将产生明显偏差时，盾构司机可提前决策控制操作参数（即模型的输入变量），从而避免失准问题的发生或进一步恶化，达到事前控制的目标。

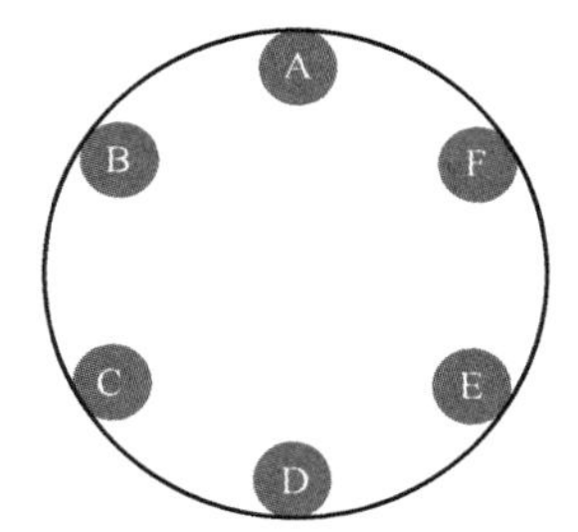

图 4-60 盾构机推进油缸分区布置

值得指出的是，当前模型并不具备自动控制功能，仍需要依靠盾构司机根据预测结果进行手动操作的决策。手动控制需要一定的反应时间，具有明显的滞后性，导致在调整决策的过程中掘进姿态的偏差仍然会继续扩大。同时，决策参数的调整幅度也难以精确控制，这也会导致盾构机姿态出现持续波动。因此，研发基于预测模型的盾构姿态自动控制与更高等级的智能决策支持技术，才能有效解决盾构机掘进姿态失准问题。

本章小结

本章通过阐述隧道工程常用工程机械——盾构机的定义、基本分类和主要施工参数确定方法，使读者能够系统高效地学习盾构机及其作业过程的基本知识。然后，具体围绕智能仿真与智能决策两大主题，通过盾构作业智能仿真的地质空间随机场智能生成，盾构施工安全人机环系统的多智能体仿真实验，盾构掘进过程中刀盘结泥饼的时空图卷积网络的智能检测与决策，盾构掘进空间姿态的长短时记忆网络智能预测与决策，建立知识体系。通过结合两大主题的地铁盾构隧道工程案例，具体介绍了 4 个主要方法的应用流程，以巩固相关知识点。

复习思考题

1. 盾构机的定义是什么？有哪些主要类型？

2. 常用的盾构机类型中，有哪些通用的机械构成部分？

3. 盾构机施工有哪些主要参数？试简述出其中不少于三种参数的确定方法。

4. 简述盾构机掘进中地质环境对其作业过程的影响，以及地质空间随机场建模的必要性。

5. 简述盾构机作业系统工程中“人—机—环”因素的耦合效应与多智能体仿真的基本流程。

6. 试分析盾构机作业中刀盘结泥饼的主要原因，简述结泥饼风险的智能检测与决策流程。

7. 简述如何实现数据驱动的盾构机掘进姿态智能预测，以及盾构机纠偏决策的必要性。

5 智能工程机械的典型应用

知识图谱

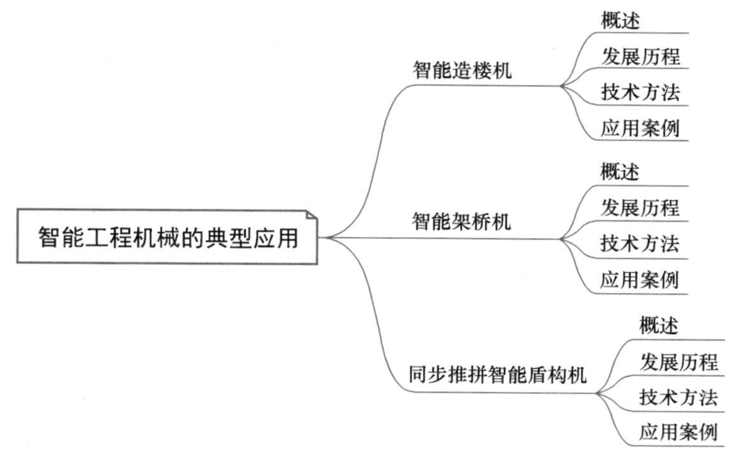

本章要点

知识点 1. 智能造楼机。

知识点 2. 智能架桥机。

知识点 3. 同步推拼智能盾构机。

学习目标

(1) 理解智能造楼机的基本原理与运作流程，了解智能造楼机在工程中的实际应用现状。

(2) 理解智能架桥机的基本原理与运作流程，了解国际与国内的智能架桥机研发与应用现状。

(3) 理解盾构机同步推拼作业的基本原理与流程，了解国际与国内的同步推拼盾构机研发与应用现状。

5.1 智能造楼机

5.1.1 概述

随着经济全球化发展与城市化水平的不断提高，世界各国开始出现城市人口急剧增加，土地供应日趋紧张的问题。为了解决人类在有限的城市土地资源上创造出更大的生活与工作空间，高层和超高层建筑开始大量出现。高层建筑是指10层以上的住宅建筑或高度超过24m的公共建筑及综合性建筑；高度超过100m或者40层以上的建筑物称之为超高层建筑。近年来，随着现代科技进步与工程技术人员的探索创新，现代高层和超高层建筑建造技术与装备得到了快速发展。

在超高现浇混凝土结构施工中，混凝土工程、钢筋工程及模架工程是三个关键性工作。模架工程是浇筑混凝土时满足混凝土成型要求的模板及其支撑体系的总称，是钢筋混凝土工程的重要组成部分。采用先进的爬升模架技术，可显著提高超高混凝土结构的工程质量，保证施工安全，加快施工进度，降低工程成本，故爬升模架技术一直以来是超高混凝土结构建造技术发展的核心。目前，高层和超高层建筑通常采用超高混凝土核心筒结构与外围框架结构的组合结构体系用以提高建筑的抗侧刚度，而超高混凝土核心筒结构是整个组合结构体系的核心和建造的关键。目前，整体钢平台模架装备具有整体性好、封闭性强、承载力大等特点，特别适合各类复杂超高混凝土结构的建造。一方面，由于其具有全封闭特点，所以在超高空复杂环境立体作业方面适应性强，高空立体安全作业有保障；另一方面，由于大承载力特性，提高了模架的堆载能力，施工效率大幅提升；再者，随着整体钢平台模架技术的不断发展，特殊结构层的适应性也在不断提升。整体钢平台模架在超高层建筑工程建造方面，具有综合指标全面领先的技术优势。

世界上高层和超高混凝土结构施工用的造楼装备，根据爬升设备动力系统的不同，主要分为倒链手动爬升模板装备、液压爬升模板装备、整体爬升钢平台模架造楼机三种类型。高层和超高层建筑造楼机通常指采用封闭式平台，通过支撑系统或爬升体统将荷载传递给混凝土主体结构，采用动力系统驱动并运用支撑系统与爬升系统交替进行爬升和模板系统作业，实现混凝土结构工程施工的模架工程装备系统。随着建筑行业技术的不断发展，智能化技术逐步应用在造楼机系统之中，主要体现在模板装备虚拟仿真建造、施工信息化管控以及安全风险智能化预警等方面。

倒链手动爬升模板装备是一种以手动倒链为动力驱动，通过附着于已完成的钢筋混凝土墙体逐层爬升的模板体系，在爬升模板发展早期就得到广泛推广应用。液压爬升模板装备以液压千斤顶或油缸为动力驱动进行爬升，该装备具有灵活性及场景适应能力强的特点，提升控制精度高，适用于200m以下的建筑。整体爬升钢平台模架造楼机具有承载力大、施工效率高、全封闭防护性能好等特点，弥补了液压爬升模板的不足，对于200m以上超高建构筑物施工优势尤为显著，也是目前主流的高层和超高层建筑造楼装备。

这种爬升装备也被称为“造楼机”。造楼机是一种能满足全天候空中楼房建造的平台机器。它将工厂搬到了施工现场，通过机械操作、智能控制等方式，将建造建筑时所应用的钢平台系统、支撑系统、动力控制系统、挂架系统、安全防护系统等模块集于一身。像蜘蛛一样依附在建筑物的墙体上，随着完成楼层的升高不断爬升。

整体爬升钢平台模架造楼机适用于高层、超高层建筑以及高耸构筑物混凝土核心筒结构施工，主要由钢平台系统、脚手架系统、支撑系统、爬升系统、模板系统五大系统组成，是通过支撑系统或爬升系统将荷载传递给混凝土结构，采用动力系统驱动，运用支撑系统与爬升系统交替支撑进行爬升和模板作业，实现混凝土结构工程施工的装备，如图5-1所示。

5.1.2 发展历程

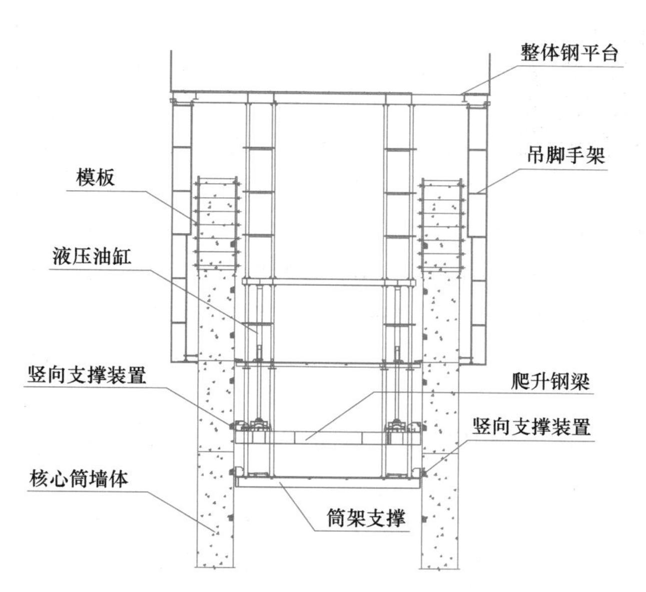

图 5-1 整体爬升钢平台模架造楼机组成

世界现代高层建筑发展始于19世纪中叶以后，迄今已有130多年的历史。1801年，英国建造的曼彻斯特萨尔福特棉纺厂（The Cotton Mill Salford）生产车间，共7层，是世界上最早以铸铁框架作为承重结构的高层建筑。1885年，美国芝加哥建成10层的家庭保险大楼（Home Insurance Building），高55m，是世界公认的第一栋具有现代意义的高层建筑，也是世界第一栋钢结构高层建筑。1931年，纽约建成102层的帝国大厦（Empire State Building），高381m，是世界首栋高度大于300m的超高层建筑，这座大厦保持世界最高建筑纪录达40余年。20世纪80年代以后，亚洲地区的经济发展迅速，超高层建筑在世界范围内开始推广普及，从欧美地区到亚洲地区有所发展。2010年，阿联酋建成160层、高828m的哈利法塔（Burj Khalifa Tower），是当今世界第一高楼。随着超高层建筑层出不穷，超高层建筑在亚洲地区的发展出现了新的高潮，亚洲地区已成为世界超高层建筑发展新的中心。

我国现代意义上的高层建筑发源于20世纪初的上海。1923年，上海建成了字林西报大楼，也就是现在的桂林大楼，是我国首栋具有现代意义的高层建筑。20世纪80年代后，随着改革开放的不断推进，我国高层建筑的发展进入兴盛期。相继建成了上海宾馆、联谊大厦、深圳国际贸易中心、上海商城等典型的高层建筑。20世纪90年代，我国超高层建筑进一步得到发展。2015年，建成上海中心大厦，共127层，高632m，成为中国第一、世界第二高楼，也是我国高度率先突破600m的超高层建筑，这表明我国超高层建筑建造水平再上新的台阶。

高层及超高层建筑的发展为建造技术的进步提供了广阔的舞台，而建造技术的进步又有力地推动了高层及超高层建筑的快速发展。早在20世纪70年代中期，爬升模板装备首先在西欧兴起，并很快在欧洲、南美、日本、非洲等地推广应用，在法国、德国、奥地利、英国、意大利、荷兰等一些受战争严重影响的欧洲国家，广泛采用爬升模板技术建造高层住宅和旅馆建筑，那时主要以倒链手动爬升模板装备为主。进入20世纪80年代，随着建筑高度不断增加、结构日益复杂，倒链手动爬升模板已无法满足工程建造发展的需求，液压爬升模板应时而生并不断得到发展。20世纪90年代后，国外高层建筑施工以液压自升式爬模系统为主要施工装备，其中以德国的DOKA和PERI为代表的液压爬模装备体系设计合理、适应性较强，降低了劳动强度，缩短了工期，较好地促进了这项工艺的发展和工程应用。很多国家和地区采用该工艺建造了不少高大建构筑物，如迪拜塔、俄罗斯联邦大厦。

我国爬升模板装备的发展基本与国外同步。早在20世纪70年代初，我国自行研制了

5-1 智能造楼机

倒链式爬升模板装备，并应用于国家海洋地质局大楼、邮电部520厂生产楼等工程。20世纪80年代，又成功研制了应用液压千斤顶式爬升模板装备，应用于中兴路高层住宅、玉屏路高层住宅、中山西路高层住宅等工程。随后，液压爬升模板装备在全国推广应用。20世纪80年代末90年代初，我国首次提出整体钢平台模架智能造楼机理念，并自行研制了内筒外架整体爬升钢平台模架造楼机，成功应用于上海东方明珠电视塔等工程。21世纪后，造楼机在各类超高层建设中广泛应用，有效地支持了广州塔、中国尊等重大工程的建设。随着数字化、智能化技术的发展，造楼机也朝着智能造楼机演进。智能造楼机相关介绍见二维码5-1。

5.1.3 技术方法

目前，整体钢平台模架智能造楼机最常用的工作方式分为两种，即下置顶升方式和上置提升方式。

(1) 下置顶升整体钢平台模架智能造楼机

下置顶升整体钢平台模架智能造楼机通常由整体钢平台、吊脚手架、筒架支撑、钢梁爬升系统、模板系统五部分组成。下置顶升方式是将液压动力系统置于整体钢平台下方，具有灵活多变的特性。目前，整体钢平台模架智能造楼机采用单元式设计、整体式组装的理念，使各单元之间可以相对独立、方便高空拆分，大部分单元在施工完成后能够回收重复使用，这种工业化的设计施工模式充分体现了绿色建造理念。

该整体钢平台模架智能造楼机具有单层作业模式和双层作业模式，双层作业模式可以实现核心筒伸臂桁架层劲性结构的高效施工和复杂结构层的高效转换施工，加快工程进度。整体爬升钢平台模架造楼机的动力爬升系统，包括模块化功能部件驱动系统，均采用液压油缸驱动方式，控制精度和智能化水平得到全面提升。整体爬升钢平台模架造楼机可以实现人货两用电梯直达整体钢平台模架系统顶部，方便施工人员进出场和材料设备的高效运送。新型整体钢平台模架智能造楼机可与长臂液压混凝土布料机一体化设置，实现核心筒混凝土的智能化浇筑施工，如图5-2所示。

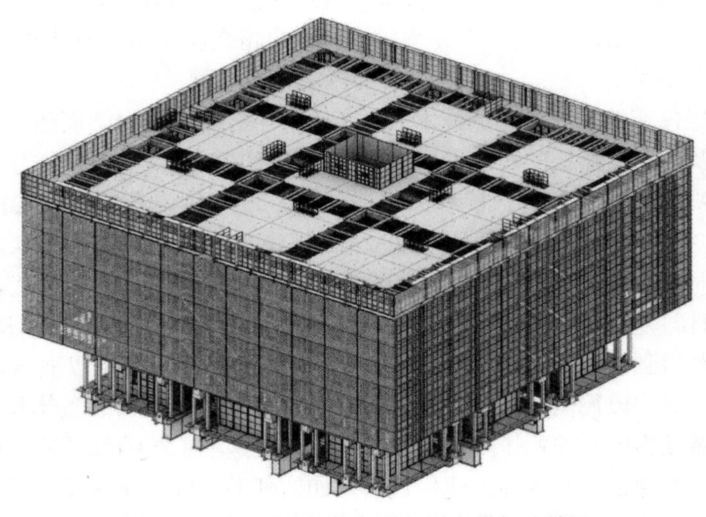

图5-2 下置顶升整体爬升钢平台模架造楼机

钢梁爬升系统和筒架支撑系统采用非螺栓、非焊接连接方式交替支撑搁置在混凝土结构支承凹槽上，分别承受爬升过程和使用过程整体钢平台模架的荷载。整体钢平台模架利用液压油缸的顶升和回提提供爬升动力，实现整体钢平台模架钢梁爬升系统与筒架支撑系统的交替支撑和爬升施工。

钢梁与筒架交替支撑式整体钢平台模架通过筒架支撑系统与钢梁支撑系统的交替支撑实现爬升。钢梁爬升系统内嵌在筒架支撑系统中，在水平方向两者相互约束，在竖向两者可交替运动，满足相互支撑爬升需要。在整体钢平台模架爬升过程中，整体钢平台模架的竖向荷载通过液压油缸传递给爬升钢梁，再由爬升钢梁上的竖向支撑装置传递给混凝土结构支承凹槽。整体钢平台模架在液压油缸的驱动下向上爬升。整体钢平台模架爬升到位后，转换为筒架支撑系统承力，整体钢平台模架的竖向荷载通过筒架支撑系统上设置的竖向支撑装置传递给混凝土结构支承凹槽；爬升钢梁在液压油缸的回提下进行提升就位，到达下次顶升的预定部位。

在核心筒伸臂桁架层中，钢结构构件吊装施工需要从整体钢平台模架系统顶部向下穿越安装，会与钢平台系统部分钢连梁位置冲突，故钢平台系统连梁采用螺栓连接的临时可拆卸的方法满足构件吊装要求。

（2）上置提升整体钢平台模架智能造楼机

上置提升整体钢平台模架智能造楼机通常由整体钢平台、吊脚手架、筒架支撑、钢柱爬升系统、模板系统共五部分组成，上置提升方式是将液压动力系统置于整体钢平台上方，具有灵活轻巧的特性，如图 5-3 所示。

图 5-3　上置提升整体爬升钢平台模架造楼机

该钢平台模架智能造楼机钢柱与筒架交替支撑式整体钢平台模架在核心筒顶部设置整体钢平台系统，作为材料和设备放置的空中移动作业平台。在核心筒内部设置筒架支撑系统，协同实现脚手架及支撑系统功能；吊脚手架系统位于核心筒混凝土结构侧面，吊脚手架系统及模板系统与整体钢平台系统同步提升；整体钢平台围挡、吊脚手架系统和筒架支撑系统围挡及底部防坠挡板形成全封闭立体安全防护体系。结构施工时，材料由塔吊运至整体钢平台上堆放，作业人员在整体钢平台系统、吊脚手架系统、筒架支撑系统上进行钢筋绑扎，随后进行模板施工，并由整体钢平台模架一体化专用布料机进行混凝土浇筑。

该体系的最大特点在于，采用工具式可周转钢柱作为爬升支撑钢柱，相比临时钢柱支撑式整体钢平台模架经济优势明显，相比劲性钢柱支撑式整体钢平台模架施工更加方便。爬升支撑钢柱与支撑系统配合协同工作，分别作为爬升过程和使用过程的支撑结构，施工过程传力路径清晰。钢柱爬升系统支撑在核心筒结构顶部，筒架支撑系统搁置在核心筒结构墙体支承凹槽上，通过交替支撑实现爬升。

钢柱与筒架交替支撑式整体钢平台模架在爬升过程中，爬升钢柱固定在核心筒混凝土结构顶部，利用结构钢筋固定爬升钢柱底端。通过爬升钢柱上、下爬升靴组件装置之间的内置短行程双作用液压油缸正向驱动，使爬升靴组件装置在设有爬升孔的钢柱上进行交替支撑爬升，带动整体钢平台模架向上提升。在整体钢平台模架提升到位后，转换为筒架支撑系统进行支撑，此时筒架支撑系统竖向支撑装置搁置在混凝土结构支承凹槽上。通过上爬升靴组件装置与下爬升靴组件装置之间的内置短行程双作用液压油缸反向驱动，使爬升钢柱回提上升，预留出核心筒结构施工层高度，爬升钢柱置于施工层上方。结构混凝土浇筑完毕，重复爬升钢柱与筒架支撑系统交替支撑及爬升过程，实现整体钢平台模架随核心筒结构施工不断移动上升的作业需求。

5.1.4 应用案例

1. 整体钢平台模架智能造楼机智能监控

整体钢平台模架造楼机的智能化施工管控和安全风险预警是其智能化的重要体现。上海建工自主研发了建筑工程爬升模架装备安全风险智能化监控集成平台系统，建立了建筑工程施工风险智能监控成套技术，实现作业人员、设备设施、环境影响等多因素的安全风险精细化控制。具体技术成果如下：

图 5-4 安全风险三维场景

(1) 建立了安全风险三维可视化虚拟仿真系统

建立了人员、设施、设备、环境、结构模型标准库；构建了基于模块化快速建模的虚拟仿真技术方法，实现安全风险三维场景的参数化快速搭建，如图 5-4 所示。研发了基于传感设备的多源异构安全风险要素的参数数据监测技术，通过参数化动态模型自动更新及重构技术方法，实现了真实物理场景的虚拟仿真展现，如图 5-5 所示。

(2) 应用了多因素耦合风险动态评估与预警技术

利用传感设备获取风险事件的物理参数并动态评判其发生概率，以风险事件概率与事故损失程度为判别指标，实现施工安全风险动态评估；建立了基于外推预测算法的施工风险预警方法，为风险预警提供了技术支撑。

图 5-5　塔吊模型与数据交互

（3）应用了建筑工程施工安全耦合风险控制技术

研发了施工风险因素敏感性分析判断方法，确定施工风险控制关键要素；开发了用于超高层、高层工程建造洞口临边安全防护设施工作状态的自感知传感元件，并研制了低功耗自组网数据无线传输模块，实现了复杂环境超远距离数据传输；建立了综合平台界面报警、现场语音警示、信息推送的洞口临边等重点部位多维多级立体管控体系。如图 5-6、图 5-7 所示。

图 5-6　安全设施控制装置现场安装

图 5-7　装置与平台联动的多维多级控制

（4）建立了多源风险一体化协同控制的施工安全监控集成平台

制定子平台集成融合的数据传输格式及协议标准，构建了基于微服务架构的开发框架及数据库系统；研发平台并集成平台可接入的两千多个传感元件进行监控，利用监测数据与虚拟仿真模型交互技术，实现了安全施工场景的动态孪生。

智能化监控集成平台系统解决了造楼机施工风险监控与信息化全方位深度融合的技术难点，改变了传统超高层建筑施工安全生产缺乏先进的安全监督、监测及控制技术手段的管理模式，为超高层建筑施工现场风险管理提供了全新的数字化、智能化手段。

2. 整体钢平台模架智能造楼机集成装备

目前，我国各地建设主管部门大力推广建筑工业化与预制混凝土装配式建造技术，但总体来看，装配式建造技术仍没有解决大量人工、高空、高危、重体力建造模式的痛点和难点。随着建筑行业向绿色化、工业化和信息化转型发展的不断推进，除了模架本体需要采用一体化技术，模架与施工机械一体化也成为高质量发展的迫切需求。在整体爬升钢平台模架的基础上，将各类施工机械进行一体化集成，打造功能更为完善、性能更为完整的集成平台造楼机成为行业发展的一种方向，如图 5-8 所示。运用人工智能和 5G 工业互联网技术，以人机协同作业为显著特征的标准化施工工艺，开发主体结构、装饰装修、物料运输、质量检测、安全检测等领域的相关智能制造装备，为整体钢平台模架智能造楼机提供运行阶段所需的专业施工机器人或工装，使其成为具有多种作业能力的综合性智能建造平台，是今后智能造楼机的发展方向，也是从根本上转变高层建筑落后的建造方式，推动建筑业转型升级、可持续发展的正确技术途径。

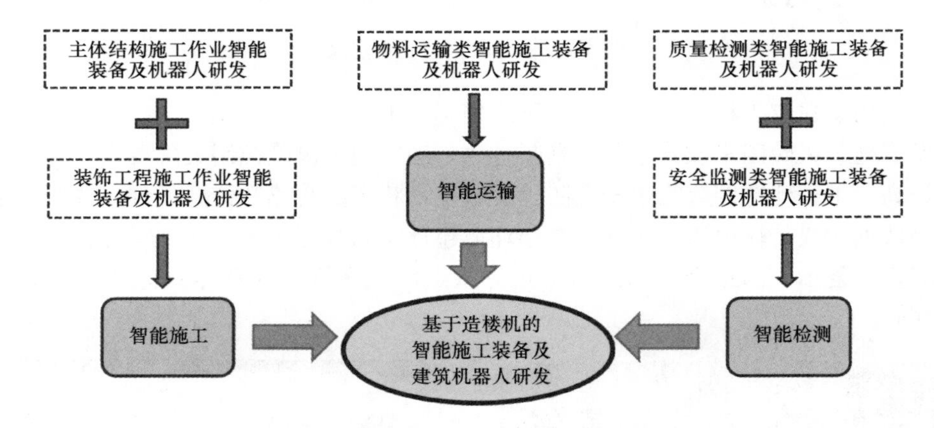

图 5-8 造楼机集成多种智能装备思路

整体钢平台模架智能造楼机针对主体结构可集成的智能装备为混凝土结构的钢筋安装绑扎、模板安装拆除及钢结构的高空焊接装备，具体包括钢筋绑扎机器人、模板拆除装备、高空焊接机器人等；针对装饰装修工程作业应用的智能装备包括外墙喷涂机器人、外墙打磨机器人等；针对物料运输领域应用的装备包括施工现场无人化物料运输机器人、悬挂式智能布料机器人、智能远程控制塔机等；针对质量检测领域应用的装备包括混凝土质量检测机器人、钢筋定位检测机器人、焊缝质量检测机器人等；针对安全监测领域应用的智能装备包括识别可视化的危险因素的安全巡检机器人及监测不可视的危险因素的环境监测机器人。具体如图 5-9 所示。

(1) 整体钢平台模架智能造楼机与塔式起重机集成

整体钢平台模架智能造楼机与塔式起重机的一体化技术解决了传统塔机单独爬升时附着点荷载大、连接节点种类繁多、施工复杂耗时、预埋件设置和连接工作量大等问题，实现了整体钢平台模架智能造楼机与塔式起重机的协同爬升，有效提高了施工效率。整体钢平台模架智能造楼机与塔式起重机一体化的高效技术方法是在钢梁与筒架交替支撑式整体钢平台模架智能造楼机的基础上发展起来的工业化集成模架智能造楼机，如图 5-10 所示。

大型塔机与集成造楼机一体化主要表现在同体爬升和异体作业，塔机将荷载传递给集

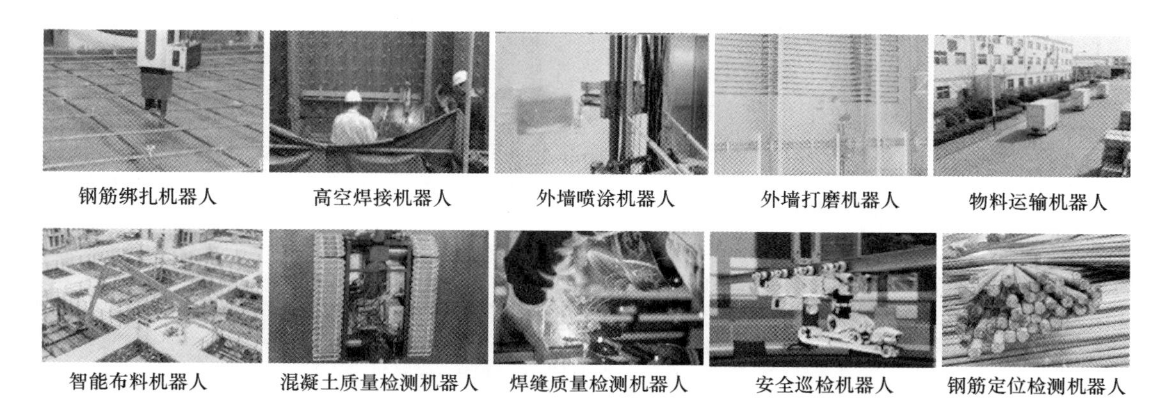

图 5-9　造楼机集成的各类装备

图 5-10　造楼机与塔式起重机集成

成造楼机的筒架支撑系统，再由筒架支撑系统传递给混凝土墙体结构，故塔机与集成造楼机的一体化关键在于相互结构的一体化。具有高承载力的大型集成整体钢平台模架智能造楼机由钢平台系统、吊脚手架系统、筒架支撑系统、大承载筒架支撑系统、钢梁爬升系统及模板系统共六部分组成。

（2）整体钢平台模架智能造楼机与混凝土布料机集成

传统造楼机平台在超高层施工中，混凝土布料机需每层组装拆卸且提升需要依靠塔式起重机辅助吊运，费工费力。在整体模架智能造楼机的钢平台上设定固定区域，通过螺栓快速连接技术将混凝土布料机固定在整体钢平台模架智能造楼机上，实现一体化集成技术，解决了超高空工程施工过程中混凝土布料机频繁组装拆卸的问题；通过行走式连接技术使混凝土布料机可以在钢平台上进行局部行走浇筑混凝土，通过控制混凝土布料机的升降来调整整体钢平台模架智能造楼机与混凝土布料机之间的空间位置关系，将混凝土布料机占位对整体钢平台模架智能造楼机产生的不利影响减少到最低。

整体模架装备与混凝土布料机一体化集成连接技术是整体钢平台模架智能造楼机与混凝土布料机集成的关键技术环节。在整体模架装备上设定特定区域，通过快插销轴连接固定技术集成一体化（图 5-11）；在整体模架装备上通过行走式连接技术，实现混凝土布料机在轨行走浇筑；采用液压顶升及激光测距输送管连接技术，实现输送管伸缩连接误差的自动补偿。

图 5-11　快插销轴连接固定式布料机工艺

从应用效果来看，固定式布料机快速连接安装技术解决了频繁组装拆卸的低效作业问题，在轨行走式布料机灵活解决了现场构件阻挡浇筑、范围受限的问题（图 5-12），混凝土布料机的机动作业能力得到提升。

图 5-12　在轨行走式布料机工艺

在整体模架装备与混凝土布料机一体化集成连接技术中，对布料机臂架正向运动和动力学特点进行了分析，建立了三关节臂架运动轨迹算法，保证了实际路径偏差在工作精度要求范围之内，为布料机的智能控制奠定了基础。对布料机臂架运动机构进行优化设计，采用三关节回转式伺服电机驱动混凝土布料机器人设备，并设计了专用 RV-C 型布料机器人关节（图 5-13），实现三维空间智能布料，提高了臂架的运动精度，降低了臂架驱动机构的复杂性，解决了传统布料机依赖于操控人员施工经验的现状。

此外，集成连接技术还应用了布料机智能布料通信接口技术（图 5-14）和布料机智能布料场景路径规划技术；开发应用了布料机三层面数字化监控系统，并与模架装备监控

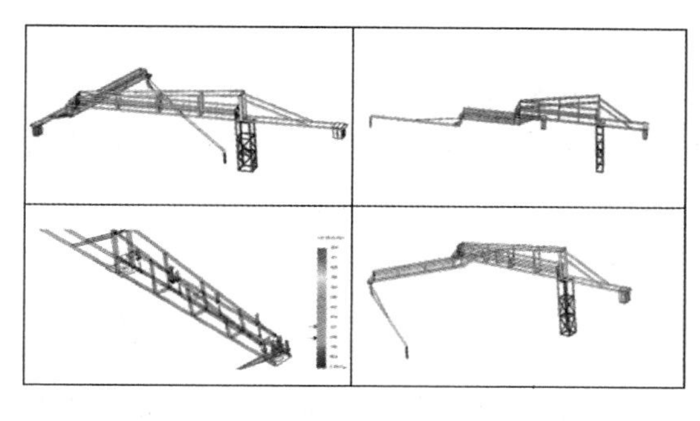

图 5-13　RV-C 型布料机器人关节结构设计

系统形成通信接口，具有混凝土输送效率计算模型，能实现浇筑方量精准计量，并实现现场手机端、模架装备端、远程云监控端三层面协同管控；应用了基于强化学习算法的混凝土浇筑点轨迹算法用于施工场景路径规划，开发出高效的非单值模糊神经网络轨迹规划器，并形成控制方法，实现了布料机器人性能控制，提高了现场施工作业效率。

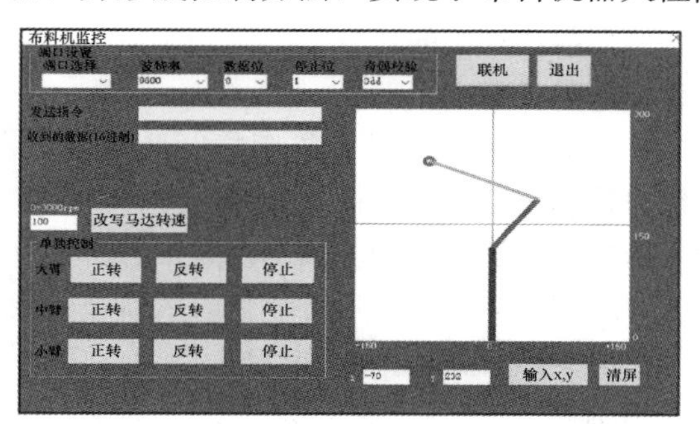

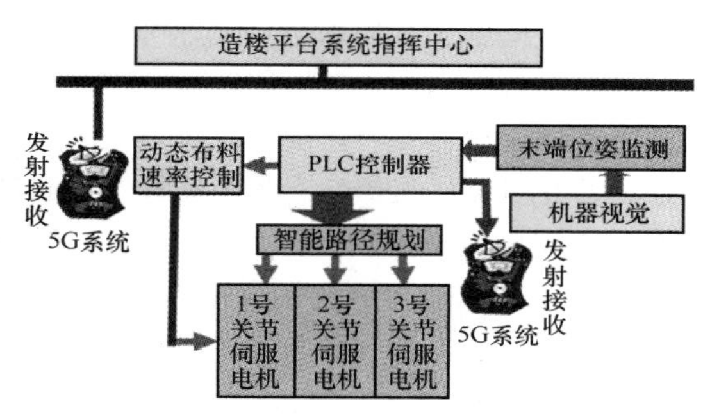

图 5-14　布料机智能布料通信接口技术

（3）整体钢平台模架智能造楼机与人货两用电梯集成

人货两用电梯至整体钢平台模架装备底部的技术方法，通常采用设置下挂吊笼方式的中转通道方案，以满足施工人员和物料上下整体模架装备顶部的需要（图 5-15）。该技术目前在超高层施工中得到普遍应用，但这种方式仍然存在效率相对较低的问题。

图 5-15　模架装备与人货梯一体化集成

人货两用电梯的一体化技术发展逐渐实现了从集成于整体钢平台模架装备底部到集成于整体钢平台模架装备顶部的发展，解决了人货两用电梯只能到达整体模架装备下部导致的施工人员及工程物料与整体钢平台模架装备之间运输效率低的问题。

目前，充分利用整体钢平台模架装备侧向刚度大的特点，以整体钢平台模架装备作为附着点，采用人货两用电梯直上整体钢平台模架装备顶部的技术方案成为首选。这种技术方法解决了人货两用电梯无法在高位附墙、人货两用电梯高位标准节无处附墙的技术难题，实现了人货两用电梯与整体钢平台模架的一体化。按照附墙架与整体钢平台模架装备连接方式的不同，通常可分为滑移式附墙架和固定式附墙架两种一体化技术方法。

（4）整体钢平台模架智能造楼机与高空主体结构作业装备集成

钢筋绑扎机器人可解决目前钢筋连接主要由熟练工完成、人力消耗巨大等问题。通过设置特制的轨道附着在造楼机上，利用视觉识别、自主决策控制系统等技术，使钢筋绑扎安装设备在沿轨道移动的过程中，能够识别钢筋待连接的部位，并完成钢筋连接工作，进而减少高层建筑钢筋施工的劳动力投入。模板拆除装备是针对造楼机设计专门的电动闭合附着机构，设备通过该机构附着在造楼机上。根据施工指令，电动闭合机构可带动模板，使之自动闭合或脱离构件，有效提高造楼机施工效率。高空焊接机器人通过视觉识别和BIM模型引导，识别待焊接部位，并自动设定焊接工艺参数，完成焊接工作，适用于造楼机狭小空间的钢结构焊接，其焊接工作端可到达多数待焊接的部位。

（5）整体钢平台模架智能造楼机与装饰工程作业装备集成

外墙喷涂机器人可解决建筑外墙喷涂人员投入大、作业效率低、施工精度低等难题。基于计算机视觉、机器学习等智能技术，通过模块化轨道、快速转接系统并用多材料喷涂工具，实现机器人智能化喷涂。外墙打磨机器人采用力学感知等控制技术，利用机器学习建立外墙材料、打磨工艺参数与墙面打磨质量之间的耦合关联，实现一体化的机器人智能外墙打磨工艺。模架装备与装饰工程作业机器人集成如图5-16所示。

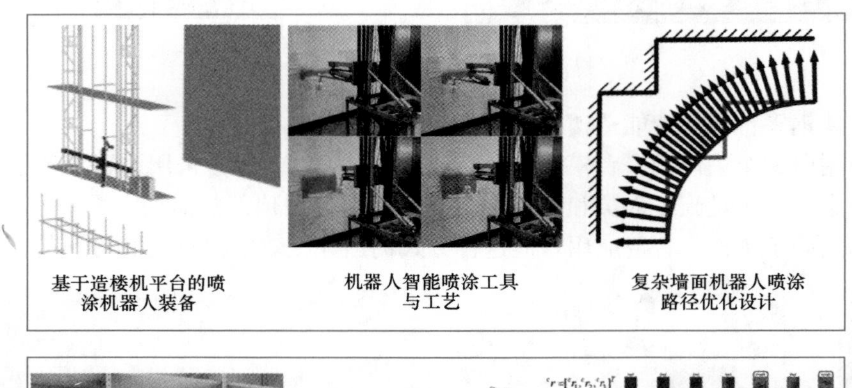

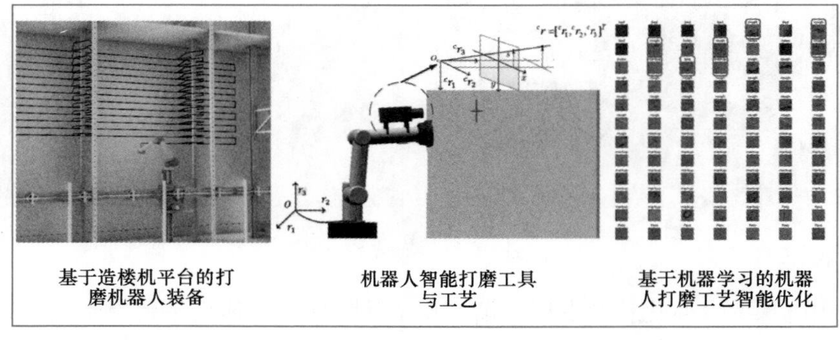

图5-16 模架装备与装饰工程作业机器人集成

（6）整体钢平台模架智能造楼机与安全监测装备集成

安全巡检机器人针对造楼机施工作业面比较狭窄，工人施工作业时不便于安全人员或质检人员同时巡查等问题，通过视觉识别技术，精准识别造楼机场景下的潜在危险因素或违规行为，并实施反馈给安全管理人员，实现 24h 不间断安全巡视，提高造楼机的施工安全水平。环境监测机器人用于全面监测造楼机不可视的状态，如位移、变形、应力、温度、空气质量等，以及高风险部位。通过人工智能深度学习，使环境监测机器人根据收集到的数据自主判断造楼机所处的状态及是否发出警报，并与安全巡检机器人互联互通，引导安全巡检机器人针对性地巡视，提升安全巡视效率。

3. 整体钢平台模架智能造楼机应用流程

以下置顶升整体钢平台模架造楼机为例，其标准工作流程如下：

步骤 1：当混凝土浇筑完成后，整体钢平台模架智能造楼机停滞在刚浇筑的混凝土结构顶部；通过筒架支撑系统的竖向支撑装置，将整体造楼机钢平台模架搁置于混凝土结构预先设置的支撑凹槽之中，如图 5-17(a) 所示。

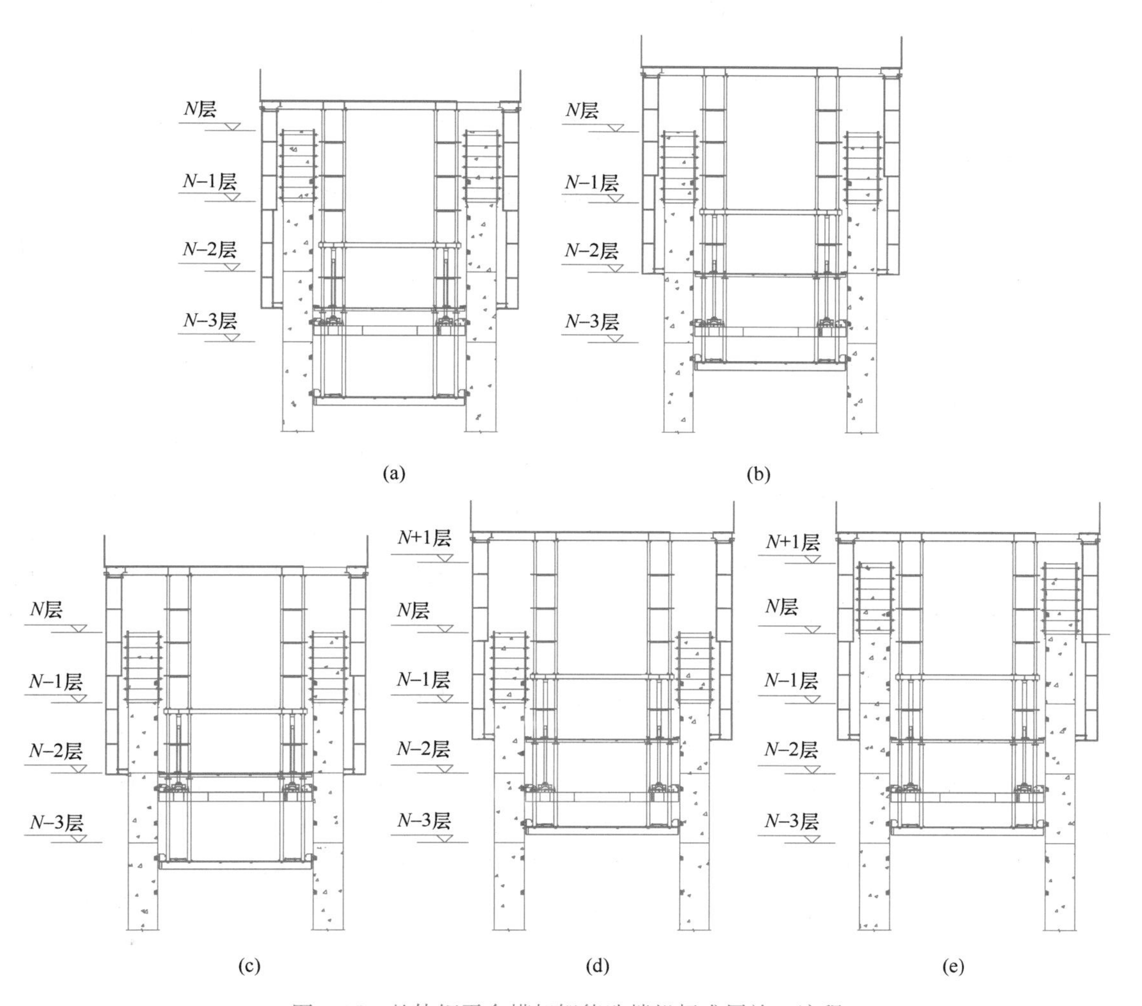

图 5-17　整体钢平台模架智能造楼机标准层施工流程

步骤 2：将造楼机爬升钢梁竖向支撑装置作为支撑点，设置于筒架支撑系统的竖向支撑装置的承力销依靠专用液压油缸水平收回，进行从筒架到钢梁两者之间的受力转换；通过双作用液压油缸动力系统的驱动，顶升筒架支撑系统的第一阶段半程上升，从而带动造楼机整体升高至半层左右的高度，而后依靠专用液压油缸水平顶推承力销，将承力销伸出缸体，使筒架支撑系统的竖向支撑装置搁置在混凝土结构预留支承凹槽中，进而完成钢梁到筒架的受力转换，如图 5-17(b) 所示。

步骤 3：通过小型专用液压油缸，将造楼机的爬升钢梁竖向支撑装置承力销水平收回，并依靠双作用液压油缸上端为连接支点，驱动双作用液压油缸回提，带动造楼机爬升钢梁第一阶段半程上升，升高至半层左右的高度，而后爬升钢梁的竖向支撑装置承力销依靠小型专用液压油缸水平顶推作用，将承力销从缸体中伸出，最终搁置在混凝土结构预留支承凹槽中，准备第二阶段爬升，如图 5-17(c) 所示。

步骤 4：重复步骤 2、步骤 3，完成造楼机中筒架支撑系统及爬升钢梁第二阶段半程爬升，至此，完成造楼机一个标准层高的爬升，如图 5-17(d) 所示。

步骤 5：钢筋吊运。塔吊吊运钢筋至造楼机系统顶面，施工人员在造楼机顶面通过格栅板运输至造楼机系统下方墙体位置。

步骤 6：模板工程施工。模板系统悬挂在造楼机下方，通过提升到上一层预定位置进行支模拼配作业。

步骤 7：利用造楼机顶部布料机完成混凝土的浇筑施工，如图 5-17(e) 所示。

步骤 8：混凝土养护，完成一个标准层的施工。

4. 工程实例

(1) 上海徐家汇中心

上海徐家汇中心（图 5-18）是在建的上海市浦西第一高楼，建成后将成为新的城市地标。T2 塔楼共 70 层，高度为 370m，采用“框架＋核心筒”结构形式，核心筒结构立面及平面布置复杂多变，施工难度大，对环境保护的要求高，需要采用工业化工程装备，形成封闭的施工范围，减小施工对周围环境的影响。该项目 T2 塔楼结构核心筒的施工采用超高层建筑大型集成整体钢平台模架装备，在整体钢平台模架基础上集成了 2 台 M900D 塔机、35m 半径智能布料装备、施工电梯，实现整体钢平台模架与机械设施设备的一体化集成和协同化施工。

(2) 宁波中心大厦

宁波中心大厦（图 5-19）位于东部新城核心区，为在建的浙江省第一高楼，采用钢管混凝土柱＋钢框架梁＋钢筋混凝土核心筒的结构形式，建筑层数 83 层，建筑高度 409m，主屋面高度 377.26m。核心筒钢骨柱所分布的楼层为 L1～L79 层，钢骨柱最大截面采用 H800×800×40×40，截面单重为 728.5kg/m。该项目核心筒的施工采用超高层建筑大型集成整体钢平台模架装备，在整体钢平台模架基础上集成了 1 台轻量化 STL420 塔机、35m 半径智能布料装备、施工电梯，实现整体钢平台模架与机械设施设备的一体化集成和协同化施工。

图 5-18　徐家汇中心

图 5-19　宁波中心大厦

5.2　智能架桥机

5.2.1　概述

随着社会的进步和人民群众环保意识的提高，在建设工期紧张、施工噪声污染严重、保交压力大等问题日益突出的情况下，桥梁的施工环境逐渐成为桥梁设计时首要考虑的问题。预制装配式工艺是我国桥梁行业的发展趋势，其能够减少对大气环境和交通道路的影响，提高桥梁的安全施工和文明施工水平，具有构件生产标准、现场安装快捷方便、施工节能环保等优点。根据国务院办公厅《关于促进建筑业持续健康发展的意见》及住房和城乡建设部《“十四五”建筑业发展规划》的要求，加快智能建造与新型建筑工业化协同发展，将装配式建筑、装配式管廊在全国范围内大量推广。通过装配式建筑工业化制造、装配化施工，实现绿色高效、高质量发展的目标。目前，全国城市装配化桥梁工程建设如火如荼。

城市装配式高架桥快速路工程地处闹市区，线路较长，交通车流量大，沿线跨越多条河道，周边环境复杂，横向道路较为密集。然而当下，装配式桥梁由于墩柱、盖梁、箱梁均采用预制，整体吨位较大，多采用大型履带吊（或履带吊+汽车吊）吊装施工，吊车占用场地大，对地基承载力要求高，操作不当易发生安全事故，同时施工前需中断交通，部分位置需拆除临时围挡，施工不便，加剧城市交通拥堵程度。为了解决这一系列问题和痛点，在装配式桥梁施工中应用智能架桥机，有效实现城市高架桥中预制立柱、预制盖梁和预制箱梁一体化吊装作业，大大减少了施工场地的临时占地。不仅契合绿色建造、智慧建造的理念，还能进一步助推预制装配式技术的发展。

架桥机就是把预制好的梁片放到预制好的桥墩上的一种工程机械设备，它属于起重机范畴。以智能架桥机为例，主要由主梁、落地式前支腿、承重式支腿、辅助式支腿、前天车、后天车、驾驶室、电控系统、安全防护监控系统等部分组成。架桥机与起重机有一定的区别，其作业条件苛刻，并且在梁片上走行。根据架桥机的应用场景，主要可以分为以下几类：

1. 铁路架桥机

从 2006 年 3 月 19 日中铁二局在合宁线成功架设我国第一片 900t 的箱梁开始，短短几年间，已有近十台架桥机用于箱梁架设。

代表机型：DF1000 型架桥机适用于 40m、32m、24m、20m，重量不大于 1000t 整孔箱梁的架设，能够把混凝土箱梁从运梁车上提至架梁工位，完成相应的架梁作业。铁路架桥机如图 5-20 所示。

图 5-20 铁路架桥机

2. 公路架桥机

国内使用较多的公路架桥机大多数为步履式单导梁架桥机和步履式双导梁架桥机，各有其优点。步履式双导梁架桥机主要分为三角桁架双导梁架桥机、贝雷双导梁架桥机等形式。公路架桥机如图 5-21 所示。

图 5-21 公路架桥机

按照使用功能架桥机主要分为以下几种类型：

1. 运架一体机

SLJ900/32 型移动式架桥机首次采用主副支腿功能转换技术，克服了普通架桥机首末跨、隧道进出口、隧道内架梁最小距离限制，减少作业过程。在架设重 900t、长 32m 的铁路箱梁过程中，实现了无导梁支撑的架梁方式，解决了运梁过隧和紧邻隧道口或隧道内架梁的难题。运架一体机如图 5-22 所示。

图 5-22　运架一体机

2. 移动模架架桥机

移动模架架桥机是一种利用墩柱和已施工梁面等部分作为支撑，现场浇筑桥梁的自带模板的施工机械。其采用常用的周转材料加工部件，结构简单，能够节省成本；无需多次拼装模板和预压，施工周期短，所需人员少，一孔梁段施工完成后可移动模架整体行走至下一孔。

代表机型：DSZ40/1100 上承式移动模架架桥机，上承式移动模架占用桥下净空小，对低矮桥墩具有较强适用性。模架支撑点位于桥面与桥墩顶部，墩型适用性强。主梁位于桥面上，可直接通过连续梁结构。上承式移动模架架桥机如图 5-23 所示。

图 5-23　上承式移动模架架桥机

下承式移动模架架桥机（图 5-24）利用墩柱或盖梁作为支承，对空心桥墩、异形桥墩需进行处理。

图 5-24　下承式移动模架架桥机

3. 装配式架桥机

装配式架桥机（图 5-25、图 5-26）是新一代架桥机，目的是实现预制立柱、盖梁、箱梁集中预制安装的桥梁工程施工。架设过程中，预制构件均采用梁上运输，不需要沿桥梁设置运输便道，大大节省施工建设过程中的临时用地。同时，装配式架桥机配备有可伸缩式前支腿，可在起伏较大的山丘地区连续安装，解决山区公路工程建设施工大型吊机无法进入的问题。

图 5-25　装配式架桥机整体照片

图 5-26 装配式架桥机作业图片

代表机型：HZQ260-35A3 型 IABM 智能装配架桥机，是集墩柱、盖梁和箱梁安装于一体的大型市政公路的施工机械。整机可架设 35m 及以下跨度的箱梁，同时可安装单重 200t 以下的墩柱和盖梁，该机可进行线下提梁作业、也可进行线上尾部喂梁作业，同时满足主线梁和匝道梁架设要求。

5.2.2 发展历程

国外的架桥机发展历史较长，20 世纪 50 年代末期，架桥机首先在德国得到应用和发展，其生产的架桥机可架设 40m 连续梁，但该机型质量较大，所需费用较高，因此在实际架桥中未能得到广泛使用。到 20 世纪 60 年代，日本在桥梁建设中率先应用了国外的架桥技术，发展迅速。意大利的 Nicola 和德国的 KAMAG 等是全球知名的架桥机制造商，到 20 世纪 90 年代，它们开始生产大吨位架桥机，质量达 900t。国内架桥机发展较晚，从最初的学习起步到后来的自主研发，再到打破垄断，直到走向世界。

架桥机的使用源于铁路建设的需要，这是一项需要使用多种设备的系统工程。1953 年，山海关桥梁厂研制出起重 65t、可架设 16m 梁的我国较早的架桥机——悬臂架桥机。1970—1980 年间，为了架设 32m 梁，工程师根据 65t 架桥机放大原理，研制成功了两架 130t 级架桥机，但安全性有待提高。1994 年，JQ130 架桥机研发成功，首次实现了国产架桥机“空中移梁、一次到位”，使 T 形梁的架设效率提高了 25%。4 台 JQ130 架桥机参与京九线施工，共架设孔梁 3000 余孔。2000 年，JQ600 架桥机研制成功，架设长 24m、20m 整孔双线箱梁 160 余榀，担当起修建秦沈客运专线的重任。2003 年，全国大部分专家认为高速铁路客运专线架设应采用轮轨式架桥机。

21 世纪以来，中国高铁多次大提速，高速铁路建设迎来了发展的黄金时期。由于我国复杂多变的地理环境和“以桥代路”的高铁线路使得架桥机使用越来越广泛，种类也不断更新。2006 年在合宁铁路客运专线采用 JQ900A 架桥机架设首孔 900t、32m 双线整孔箱梁，成功填补了国内空白，比国外同类产品价格低 40%。2018 年，JQ1000 架桥机在郑济铁路Ⅵ标段施工中顺利完成架设，标志着1000t级高铁架运设备的成功研制。

高速铁路日新月异，架桥难度也随之升级，有些地方坡大、弯急，并且穿越隧道的线路较多。2022年国内首台千吨级单主梁低位过隧架桥机“陆吾号”成功研发，它可以在一天完成普通架桥机一个月过隧重装、转场的工作量，快速实现40m、32m跨度箱梁的架设。

在铁路架桥机研发技术不断成熟的同时，工程人员在积极开展公路架桥机的研发工作。

以前建桥是现浇桥墩、架桥，后来是预制桥墩、吊装桥墩、架桥，现在又出现了世界首台“IABM”智能装配架桥机，实现了预制墩柱、盖梁、箱梁的成套作业，促进桥梁建造步入3.0时代。

目前，国内在大型装备起重吊装作业模式和实施精度方面，行业内达到领先技术的企业和装备为中国建筑第八工程局有限公司的IABM智能装配架桥机1.0产品，其主打的功能可实现精准定位、自动化控制和过程智能监控，采取北斗导航定位技术，通过RTK坐标与程序数据的转换，完成厘米级吊装控制。IABM智能装配架桥机2.0在原有的基础上，加装了多目视觉定位技术，进而完成毫米级精准定位。

借鉴IABM智能装配架桥机的研发和使用中总结出的经验，可以实现在大型机械装备的智能定位、控制与监控，探索出一种适用于室外复杂环境中的智能控制系统，完成装备自动化精准对位施工，不再需要人的干预。

5.2.3 技术方法

目前，智能架桥机最常用的工作方式分为两种，即线下提升作业方式和线上尾部提升方式。

(1) 架桥机线下提升作业方式

线下提升作业方式主要适用于利用城市既有道路作为施工便道的施工现场，特别是在地下管线错综复杂的市区内，无法进行开挖换填，利用既有道路运输预制构件可省去建设提梁作业站，也无需再换填修筑施工场地，同时也节省了换线运输所浪费的工序时间和建造成本。目前，本作业方式涉及的三种安装工艺具备流水化施工的特点，具体如下：

1) 墩柱安装工艺（图5-27)：预制墩柱由地面运梁车拉至架桥机下方区域，前后两

图5-27 墩柱安装工艺

天车吊起预制墩柱的前后端并提起，运梁车撤出作业区域，后天车缓缓下放墩柱后端至地面，前天车将墩柱缓慢上吊呈竖直状态，再通过前天车纵横向移动至待安装位置，立柱试吊对位后，进行灌浆作业。

2）盖梁安装工艺（图 5-28）：预制盖梁同样由地面运梁车运输至架桥机下方区域，至前天车能够起吊的位置停止，前天车单车提升预制盖梁距地面一定高度，启动吊具上的电动螺旋功能，将盖梁旋转 90°，再向前运行，前天车纵横移落放到已架好的预制墩柱上方，进行灌浆作业。预应力初张后，进行箱梁安装工序。

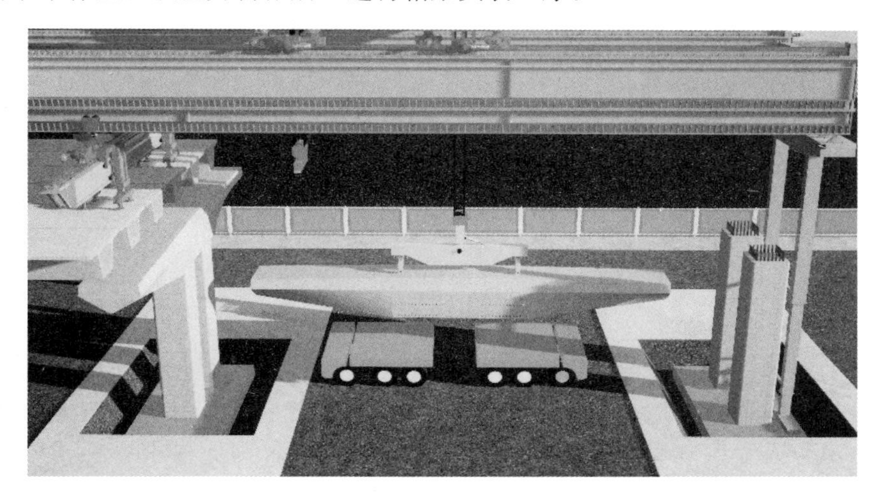

图 5-28 盖梁安装工艺

3）箱梁安装工艺（图 5-29）：架桥机完成预制墩柱和预制盖梁的安装，在初张压浆后，预制箱梁安装作业同预制墩柱和预制盖梁安装步骤类似，通过运梁车将箱梁运送到位，在吊装过程中首先利用北斗导航定位引导前后天车将预制箱梁吊装至目标点附近，然后利用视觉定位引导天车进行最终的精确落位，实现吊装全自动化。依次完成箱梁高低吊架设施工。

图 5-29 箱梁安装工艺

(2) 架桥机线上尾部提升方式

线上尾部提升作业方式主要适用于运输架设路线中存在跨河道、跨既有线路的工况，为了解决上跨既有道路、河流无法连续架设施工的难题，采用线上尾部提升作业模式即可完成预制构件的安装作业。目前，本作业方式涉及的三种安装工艺同上一作业方式类似，相比增加了提梁站换装运输的工序。

由地面运梁车将预制墩柱运输至提梁站，再由提梁站龙门吊提升换装至桥面运梁车，喂送至架桥机尾部后，前后天车同步起吊安装作业；预制盖梁同样由地面运梁车运输至提梁站，再由提梁站龙门吊提升换装至桥面运梁车，桥面运梁车喂送至架桥机尾部，前天车单车起吊预制盖梁完成安装作业；预制箱梁安装与预制墩柱安装步骤类似，依次通过地面运梁车、提梁站龙门吊、桥面运梁车和架桥机的提运架作业，最终完成箱梁吊装作业。

5.2.4 应用案例

1. 架桥机智能监控

起重设备安全监控系统已于十几年前就纳入强制性要求中，其主要包括起重机运行参数和状态的检测、报警控制、一键启停、信息记录导出和作业量统计等功能。但随着新型设备的不断创新和应用，很多结构参数和位置已是人眼无法探测到的或是监控盲点，其中由于人为误判和误操作引发的事故不胜枚举，为此寻求一种新型的监控系统迫在眉睫。

IABM智能装配架桥机整机重达近400t，长约76m，宽约15m，整机结构较为复杂，重量相对普通架桥机重量超50%，外形尺寸超过普通架桥机114%，类似于上述诸多参数均超传统普通公路架桥机的参数很多，其难点在于运行过程中的日常控制管理，仅依靠人员是很难保证其施工过程中的安全可靠的，极易引起施工安全事故。为此，除了已经收集到的行程、角度等监测值，我们引入了应力检测系统，也开发了主动安全控制功能，加之远程BIM模型监测功能，使得该设备运行过程中的安全性大大提高，为之后类似工程装备施工提供参考。

(1) 应力监测技术优化

应力监测首先是要注意监测区域的划分，整机每个部位均进行应力监测显然很难实现，故要根据装备运行作业特点和关注重点进行选择。应力监测的主要目的就是监测装备在吊装过程中和过孔过程中不失稳、不倾覆，为此我们关注的重点主要是对支腿受压应力和主梁弯拉应力的监测。通过对支腿受力和主梁受力的分析，将此工况下所受应力与极限应力作比较，完成一套整体的应力监测分析。

应力监测主要借助销轴传感器和应力检测装置。部署方案如下：销轴传感器的外形作用同普通销轴一样，只是增加了受压检测单元，进而完成对支腿受力的监测，其安装在1号落地式支腿、2号承重式支腿和3号承重式支腿处；应力检测装置主要检测主梁受弯拉应变而采集的应力，间断布置在主梁两侧，每隔10m布置两处，每个点位布置在主梁侧面和主梁底部，避免布置在主梁顶部，避开天车行进时的干扰，如图5-30、图5-31所示。

图 5-30　销轴传感器安装

图 5-31　应力检测装置安装

（2）主动安全控制技术

在程序算法上设置检测信号的优先级，将信号分为预警和报警两种状态。预警是通过声光报警提示架桥机驾驶员；对于报警信号，架桥机相关设备识别后自主停机，系统进入主动安全控制，不得继续向风险较大的方向行进，允许进行反向操作以降低当前的安全风险。

主动安全控制实现了防超载起升、防超高起升、防超限行走、横移防倾覆、边梁防倾覆、支腿插销防护、天车防撞保护、支腿防撞保护、过孔防倾覆九大功能。

检测单元包括应力检测、倾角传感器、行程编码器、起升编码器、十字限位开关、红外测距仪、风力传感器、起升荷载限制器、销轴传感器、旁压传感器、接近开关等检测装置。设备运行时，检测信号由检测单元传输给控制器单元，检测获得的数据经分析后传给数据可视化单元及执行机构，如图 5-32 所示。

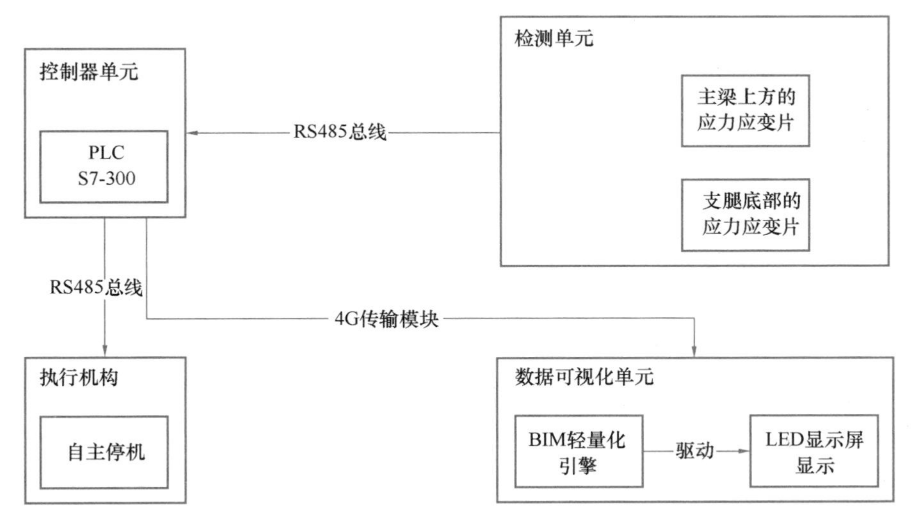

图 5-32　应力检测—主动安全控制闭环原理示意图

（3）BIM 动态模型显现技术

BIM 动态模型显现主要是借助远程 4G 信号传输将各数据信息传递给网络云后台，云后台已完成数据库的搭建与分类，将各站传输后的信息自动归入各自的显现单元中，借助 BIM 轻量化引擎技术将事先搭建好的 BIM 模型在终端后台中进行显现，设定执行动作，根据数据反馈的数值，模型动作每100ms刷新一次，模型将实时随着现场数据进行变化。

BIM轻量化引擎包括GIS服务模块、数据分析模块、数据管理模块、智能算法库四部分，利用BIM与GIS融合实现工程建筑数据与工程环境数据、微观数据与宏观数据的统一管理与一体化应用。

数据可视化单元采用C/S和B/S混合的软件系统体系结构，其中数据采集端和高级数据分析部分均采用C/S桌面应用，其他均为B/S浏览器应用；远程访问客户端可以通过PC端的Web浏览器进行访问，各种智能终端也能通过专用APP进行访问。

IAMB智能装配架桥机的安防体系由以上的状态检测、安全控制和BIM组成，能有效对架桥机在各种工况下进行安全防护；通过各种检测手段，可以将预警和报警信号反馈到安防系统，操作人员在操作室内可以及时发现并处理风险。

2. 架桥机智能操控

相较传统机械制造升级模式，研发应用智能化技术已初见成效，北斗导航定位系统、光学导向定位系统、人机对话交互系统三大智能化操控技术共筑工程装备安全高效作业体系。

(1) 北斗导航定位系统

IABM智能装配架桥机搭载了北斗导航定位系统，可实现预制构件自动化吊装控制，系统读取预制墩柱、盖梁和箱梁起始吊装点坐标位置以及落放终点坐标位置，将参数自动捕捉到设备控制终端，根据已设定好的计算方法将吊装构件的坐标值转化为前后左右移动指令，再进行信号输出传送给执行机构，按照先起升再前进最后横移的顺序进行预制墩柱、预制分片式盖梁和预制箱梁的吊装作业。应用此定位系统作业，安装工序效率可实现较大提升。

(2) 光学导向定位系统

借助上述北斗导航定位系统完成粗定位吊装，再无缝衔接至光学导向定位系统，可完成落梁对位的最后1km，完成精准定位吊装。基于机器视觉系统与三点定位法的大尺寸物体精确定位研究，首先完成机器视觉系统的立体标定，再通过立体校正与立体匹配算法，快速进行图像处理和识别定位，最终实现箱梁移动对位。光学测量系统性能分析报告显示，其定位速度小于1.5s，相比人工视觉对位调整，实现对位落梁效率大范围提升。

(3) 人机对话交互系统

搭建工程装备指令语言数据库，甄选适用于架桥机的必要指令，研发语言识别模糊算法，降低因语速过快、停顿不规则和地方方言引起的识别障碍率，推动作业人员与控制终端交流与通信的相互理解，在最大程度上为工程装备提供信息管理、服务和处理等功能，使工程装备真正成为人们工作的和谐助手。经实践数据分析，人机对话交互系统可以使设备的操作难度大大降低，上手率提升70%，为后续装备产业化发展、推广及应用打下良好基础。

3. 架桥机应用流程

以智能架桥机对分片式盖梁的连续安装施工作业为例，其标准工作流程如下：

步骤1：墩柱安装。架桥机就位、天车就位，吊带将墩柱先从运板车上卸下，放置地面，1号天车前吊梁机构把墩柱竖直后，再提墩柱至安装承台上方，同样的步骤再将第2根墩柱吊装完成，现场进行坐浆、灌浆作业，当现场检验的灌浆材料强度大于规范要求的强度值后，可进行千斤顶拆卸作业，拆除挡浆模板及其他临时设施，并进行覆土作业，如图 5-33 所示。

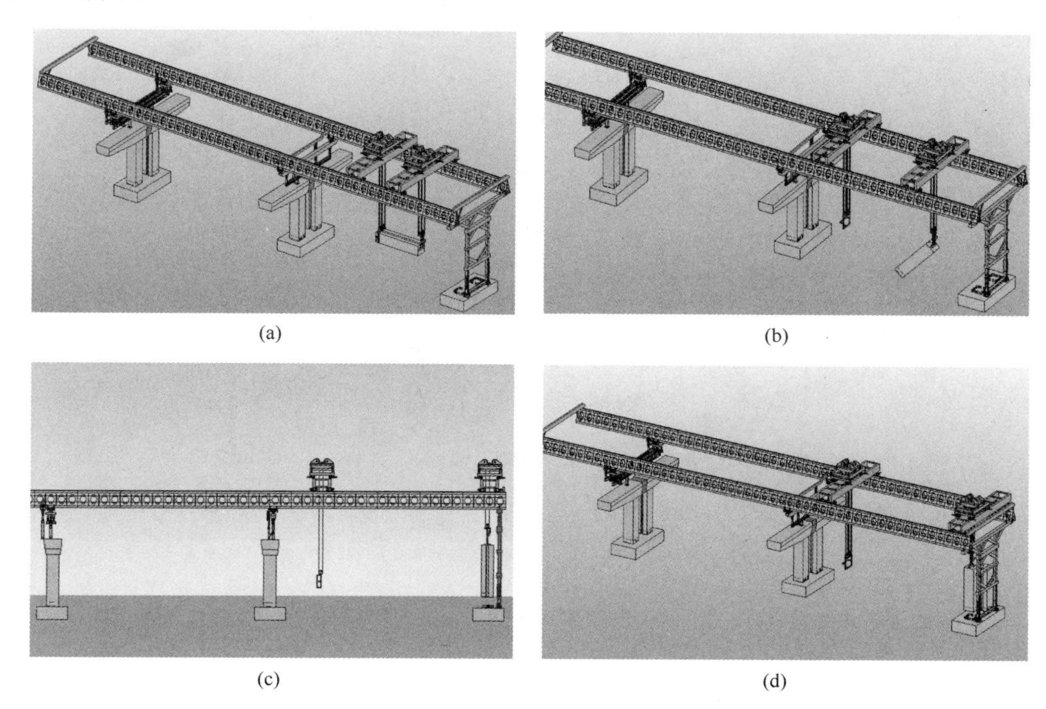

图 5-33 智能架桥机预制墩柱标准施工流程

步骤 2：盖梁安装。架桥机就位、天车就位，前吊具与盖梁对位连接，将盖梁先从运板车上提起，1 号天车分片式盖梁吊具旋转 90°，1 号天车提盖梁至安装墩柱上方，同样的步骤再将第 2 个盖梁吊装完成，现场进行坐浆、灌浆作业，如图 5-34 所示。

步骤 3：预制盖梁湿接缝施工。盖梁预制时提前对盖梁湿接缝处主筋预对位，在模板外露预留主筋两端提前设置半丝接头。通过尺量在安装湿接缝钢筋时预留主筋的间距，再按尺寸单独制作两端设全丝接头的连接钢筋，连接钢筋与两端预留主筋对位，用反拧套筒连接两端主筋。然后作业工人再按盖梁钢筋图纸安装箍筋等钢筋。

步骤 4：架桥机过孔。架桥机过跨采用自平衡过孔，2 号支腿前移支撑在已架好的盖梁上并锚固，两天车停止在 2 号支腿附近；1 号支腿脱空，提升至地面上一定高度，利用 2 号支腿、3 号支腿托辊机构推动主梁前移；支撑 4 号支腿，3 号支腿脱空并前移至前方盖梁上部支撑并锚固；4 号支腿脱空，天车停在 2 号支腿上方附近，利用 2 号和 3 号支腿托辊机构推动主梁前移；天车停在 3 号支腿上方附近，利用 2 号支腿和 3 号支腿托辊机构推动主梁前移，支撑并锚固 1 号支腿，过孔完毕。

步骤 5：架桥机过孔后，继续架设墩柱和盖梁，直至将前方里程范围内所有墩柱、盖梁架设完成后，进行调头架设箱梁作业。

步骤 6：箱梁架设。运梁拖车将箱梁运至吊装孔位，松锁链，挂吊钩，在指挥员的统一指挥下按下一键提梁，吊车缓慢起吊；小箱梁采用兜底吊，箱梁起吊后，平板拖车及时离开施工区域。依次重复本工艺流程，直至全线箱梁架设完成。

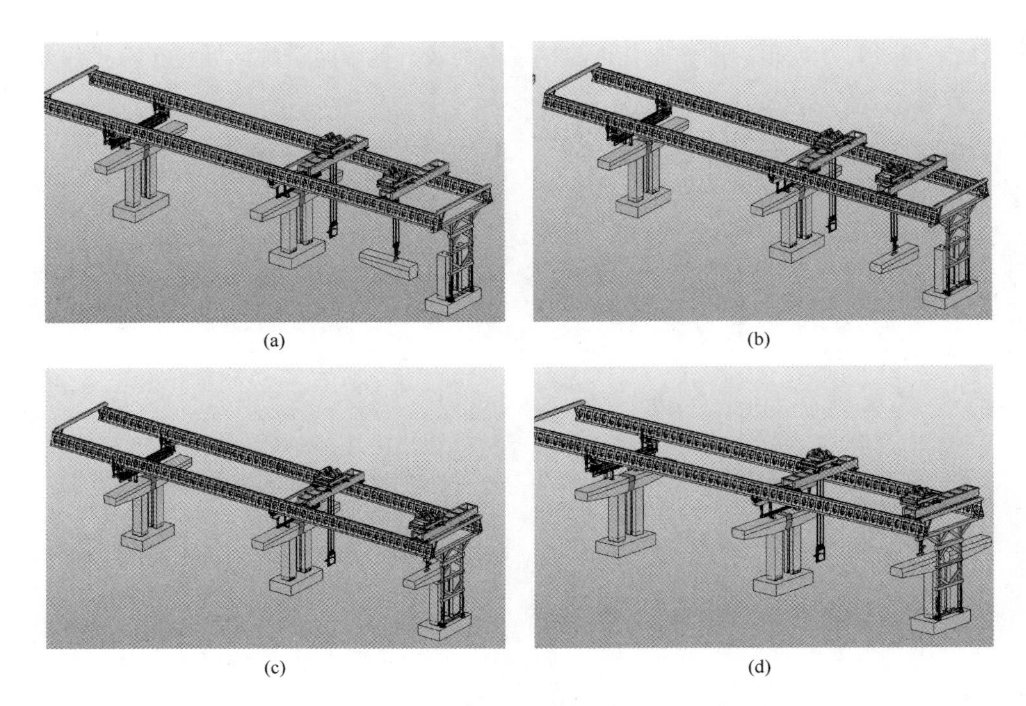

图 5-34 智能架桥机预制盖梁标准施工流程

4. 工程实例

(1) 越东路(三江路—规划曹娥江大桥)智慧快速路工程 EPC 总承包项目

越东路(三江路—规划曹娥江大桥)智慧快速路工程南接在建越东路快速路高架，以高架形式沿现状越东路向北，依次跨越三江路、杭甬高速、望海路、马海路、海塘路，止于曹娥江南岸，接规划曹娥江大桥。快速路主线通过平行匝道与地面辅道进行沟通，主线全长约 2km，其中：高架主线段长约 2km(K2＋555.84—K4＋541)，预制墩柱 98 根，预制盖梁 98 个，预制箱梁 234 榀。在该工程中，IABM 智能装配架桥机搭载了自动化吊装控制技术，按照先起升、再前进、最后横移的顺序进行预制墩柱、预制分片式盖梁和预制箱梁的吊装作业，如图 5-35～图 5-37 所示。

图 5-35 墩柱自动化翻转吊装

图 5-36　盖梁自动化吊装对位

图 5-37　自动化高低吊架设箱梁

（2）盐城至洛阳国家高速公路江苏省宿城至泗洪段

中建八局三公司承建的盐城至洛阳高速公路宿城至泗洪段项目是《国家公路网规划（2013—2030 年）》沈海高速公路（G15）的联络线——G1516 盐洛高速的重要组成部分，同时也是《江苏省高速公路网规划（2017—2035 年）》“十五射六纵十横”中“横四线”滨海至泗洪高速公路的重要组成部分。项目位于宿迁市泗洪县，标段起点桩号 K30＋469.8，终点桩号 K38＋181.417，主线路基＋桥梁线路全长 7.712km。在该工程中，IABM 智能装配架桥机 2.0 在北斗导航定位系统和光学导向定位系统的衔接配合下，自动完成装配式桥梁安装作业，如图 5-38 所示。

图 5-38 自动化架设箱梁

5.3 同步推拼智能盾构机

5.3.1 概述

自 200 多年前盾构隧道出现至今，盾构机已发展成为一种边掘进边构筑、集多学科技术于一体的地下工程高端装备。随着城市地下浅层空间利用的逐渐饱和，国内外隧道不断向大深度、大断面、长距离的方向发展。盾构法，尤其是工效更高的泥水平衡盾构，是软土和复合地层城市长大隧道的主要施工方法。全球直径超过 14m 且长度 3km 以上的盾构隧道工程近七成在中国，部分典型案例见表 5-1。我国长大盾构隧道建设正在加速增长，工程需求巨大。

世界主要超大直径盾构案例 表 5-1

建设年份	国家	隧道名称	盾构掘进长度（km）	盾构直径（m）	数量（台）	盾构类型	隧道用途
2011—2021	意大利	Sparvo 隧道	2.6+2.5	15.55	1	土压盾构	公路隧道
2011—2019	美国	西雅图 SR99 隧道	2.8	17.45	1	土压盾构	公路隧道
2013—2020	中国	香港屯门—赤鱲角隧道	0.8+4.2	17.63/14	2	泥水盾构	公路隧道
2013—2018	中国	武汉长江公铁隧道	2.59+2.59	15.76	2	泥水盾构	公轨合建
2016—	意大利	圣塔露琪亚隧道	7.5	15.87	1	土压盾构	公路隧道
2016—	中国	上海北横隧道	2.76+3.66	15.53	1	泥水盾构	公路隧道
2017—2021	中国	深圳春风路隧道	3.6	15.80	1	泥水盾构	公路隧道
2017—2021	中国	济南黄河隧道	2.6+2.6	15.74	2	泥水盾构	公轨合建
2017—	日本	东京外环隧道	9.1+9.1+7+7	16.10	4	土压盾构	公路隧道
2017—	中国	武汉和平大道南延隧道	1.4	16.03	1	泥水盾构	公路+地下管廊

续表

建设年份	国家	隧道名称	盾构掘进长度（km）	盾构直径（m）	数量（台）	盾构类型	隧道用途
2018—	澳大利亚	墨尔本西门隧道	4+2.8	15.60	2	土压盾构	公路隧道
2019—	中国	北京东六环改造工程	7.6	16.07	2	泥水盾构	公路隧道
2022—	中国	武汉“两湖隧道”南湖段	8.0	16.07	2	泥水盾构	公路隧道

然而，在城市核心密集区进行盾构施工往往面临用地紧张的局面，建设方希望尽可能减少城市中的建造竖井以缓解困局，一次性长距离盾构独头掘进完成工程建设目标无疑是较优的选择。以上海市域铁路机场联络线 3 标段工程为例，需采用开挖直径 14.05m 的超大直径泥水平衡盾构机一次性掘进 5.6km。随着国内外长大盾构隧道工程项目（尤其是 10km 级以上）的不断涌现，传统的“串联式”盾构工法规划的施工周期已无法满足社会与经济快速发展的需求。频繁的启停往往又是造成盾构机故障的主要原因，“停停走走”的作业方式一方面考验了盾构机的工作性能，另一方面长时间的停机容易造成刀盘掌子面失稳，进而引发过度的地表沉降。上述问题都将成为制约长大盾构隧道项目可行性的关键因素，而同步推拼技术就是科学有效的解决方案。

何为盾构同步推拼技术？简而言之就是将管片拼装作业融入盾构掘进过程中，无需停机即可实现两者的同步“并联”作业，理论上可显著提升长大隧道施工效率，大幅缩短施工周期，降低工程建造成本。同步推拼盾构机与传统交替推拼盾构机的比较如图 5-39 所示。同步推拼智能盾构机掘进演示见二维码 5-2。

5-2 同步推拼智能盾构机掘进演示

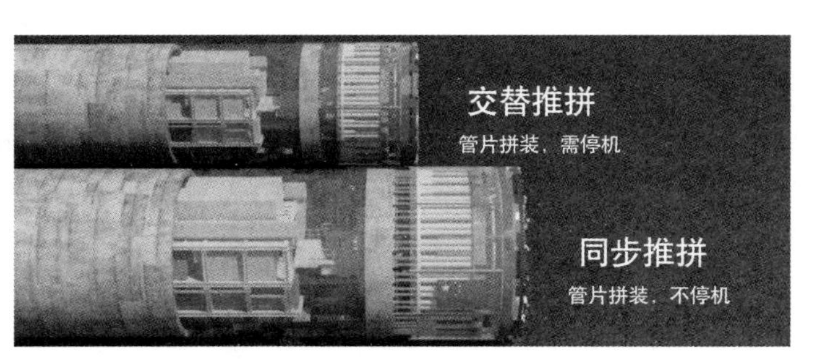

图 5-39　同步推拼盾构机与传统交替推拼盾构机的比较

5.3.2　发展历程

1. 技术现状

同步推拼技术的概念早在硬岩隧道掘进机（TBM）中得以实现。双护盾 TBM 是基于隧道管片拼装和开挖掘进同步进行、连续开挖的概念设计的。在围岩稳定性较好的硬岩地层中掘进时，撑靴紧撑洞壁为主推进油缸提供反力使 TBM 向前推进，刀盘的反扭矩由两个位于支撑盾的反扭矩油缸提供，掘进与管片安装同步进行。

但在软弱围岩地层中掘进时，洞壁岩石不能为水平支撑提供足够的支撑力，支撑系统与主推进系统不再使用，伸缩护盾处于收缩位置。刀盘掘进时的反力由盾壳与围岩的摩擦力提供，刀盘的推力由辅助推进油缸支撑在管片上提供，因此 TBM 掘进与管片安装无法同步实现。类似原因，在软土地层中的传统盾构机作业也不宜照搬这种同步推拼模式。

基于双护盾 TBM 同步推拼的理念，需要对盾构机进行改制以攻克软土地层盾构施工的同步推拼技术难题。目前世界范围内，日本盾构机厂家对于盾构同步推拼技术有较深入的研究，并形成多种成熟的工法，常见的工法有：

(1) 双油缸同步推拼工法

该盾构机的原理与双护盾 TBM 工法相似，配备了专门掘进和专门拼装管片两种油缸，实现掘进和拼装同步进行，如图 5-40 所示。盾构机主体的内部是能够前后滑动的内筒，掘进油缸可从内筒前方伸长，管片拼装油缸可从内筒后方伸长。两种油缸交替配置在同一圆周上，利用内筒反力掘进的同时可在内筒后方拼装管片。

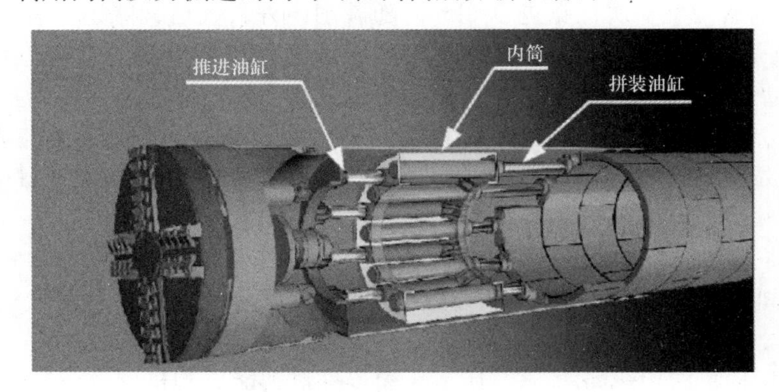

图 5-40 双油缸同步推拼盾构机概要图

(2) 格构式油缸盾构工法

该盾构机配备 6 组格构式油缸，具有控制方向、传递扭矩的功能，如图 5-41 所示。此外，前盾和后盾为双层构造，具有滑动伸缩的功能，在管片拼装时可实现仅前盾前行。管片拼装机采用与前后摆动油缸并行连杆的构造，能够前后摆动，可移动至已完成拼装的管片上进行下一环管片的拼装作业，达到快速拼装的效果。

(3) F-Navi 盾构工法

F-Navi 盾构工法是“Front Navigate”盾构工法的简称，即利用前盾引导盾构机朝正确方向掘进。该工法是通过盾构机的前盾部分进行姿态控制，不进行推进油缸分区压力操作的前提下可自由控制前进方向，如图 5-42 所示。因此，盾构掘进和管片拼装可同步进

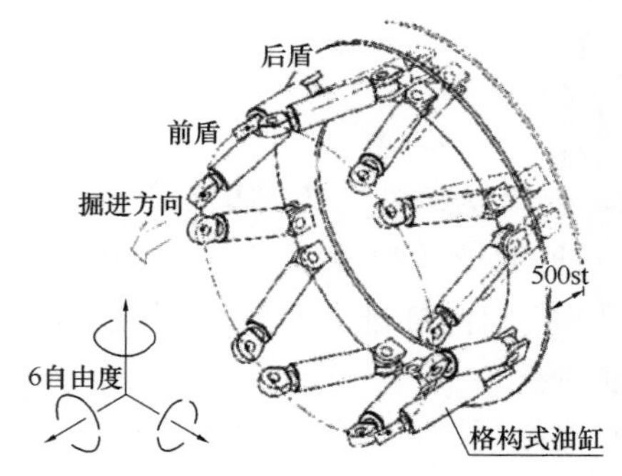

图 5-41 格构式油缸示意图

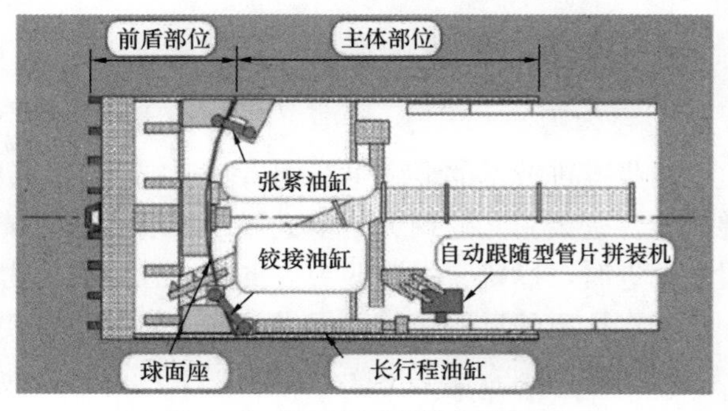

图 5-42 F-NAVI 盾构机概要图

行，实现快速施工。

（4）LoseZero 工法

LoseZero 工法是利用盾构推进油缸的压力控制实现掘进与拼装同步进行的快速施工方法。在确保开挖面稳定和掘进精度的同时进行管片拼装，无需对盾构机主体结构、管片、出渣设备等进行任何改良。

由于轴向插入式管片的封顶块是从隧道轴向插入的，盾构机需要保持多推进一段距离作为插入富余量。因此，下方管片能够提前获得拼装空间，实现掘进中拼装，如图 5-43 所示。该工法是利用轴向插入式管片拼装中产生的这段额外推进时间进行管片拼装，缩短了管片拼装循环周期，图 5-44 为 LoseZero 工法的施工示意图。

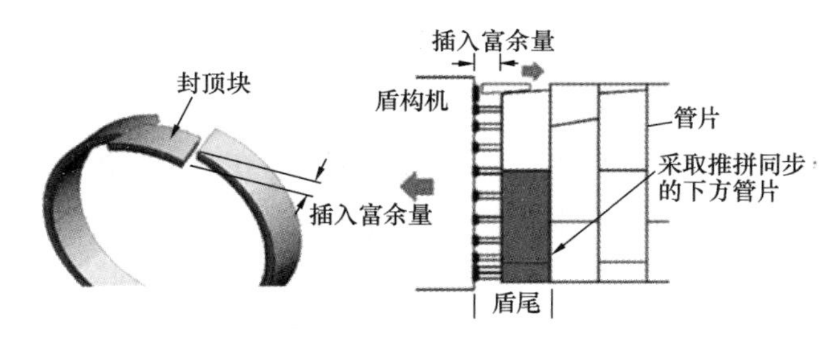

图 5-43 LoseZero 工法的同步推拼施工关键技术问题

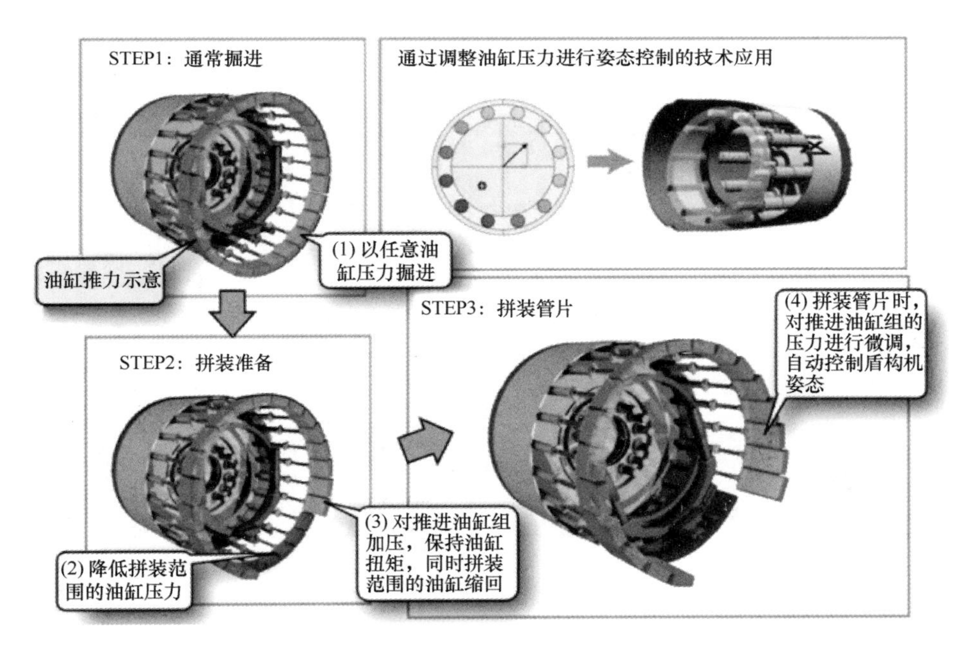

图 5-44 LoseZero 工法施工示意图

（5）ASC-OM 工法

该工法与 LoseZero 工法的理念类似，是通过调节油缸推力的合力作用点控制掘进方向，使用自动控制系统“ASC-OM”分别对各油缸压力进行管理，维持总推力的作用点，如图 5-45 所示，以此实现稳定的方向控制，提高轴线精度。其盾构机管片拼装段的长度达到环宽 2 倍以上，如图 5-46 所示，能够确保管片拼装空间，实现连续性同步推拼。

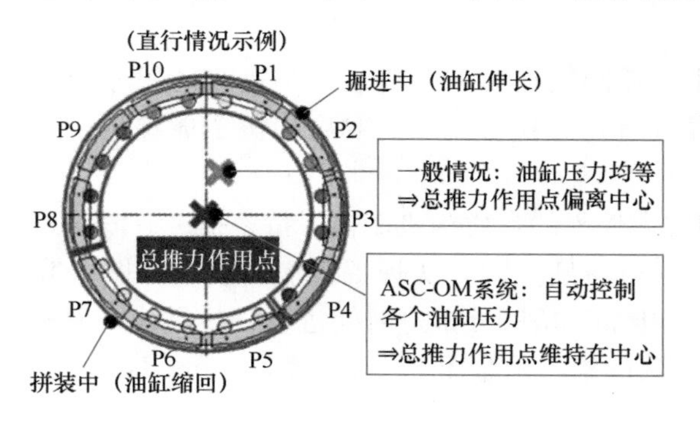

图 5-45 ASC-OM 工法油缸压力控制

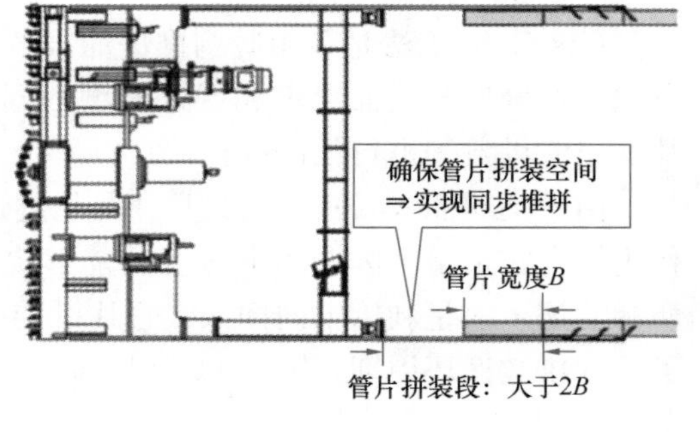

图 5-46 ASC-OM 工法的盾尾加长示意图

（6）六角形管片（蜂窝管片）技术

六角形管片是所有管片呈同一形状、完成拼装后如同蜂窝状的管片，如图 5-47 所示。因其特殊的结构，在拼装过程中会具有凹凸面，凸面可用于油缸顶推掘进，凹面可用于拼装，在油缸顶推任意管片的情况下都能同时拼装非顶推管片，因此管片拼装高效且便于施工管理。图 5-48 是采用六角形管片的同步推拼施工示意图。在国内外围岩条件较好的 TBM 施工中已较为普及，该管片同样适用于盾构同步推拼等要求快速施工的情况。

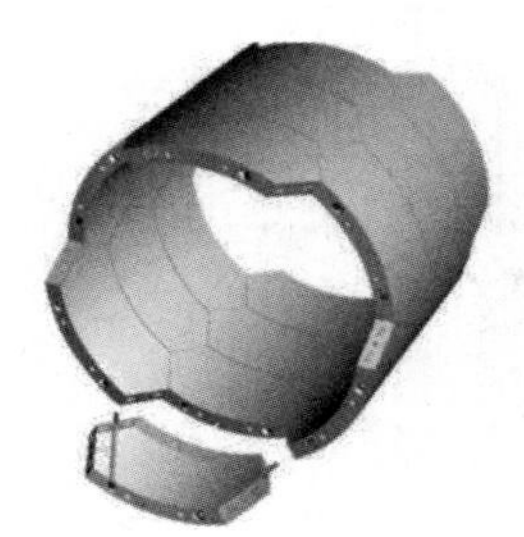

图 5-47 六角形管片示意图

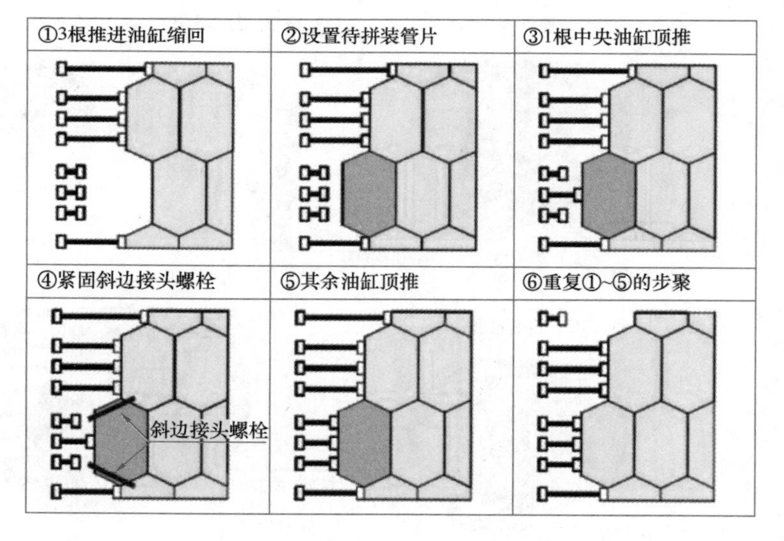

图 5-48 采用六角形管片的同步推拼施工示意图

2. 主要技术特征

同步推拼盾构机需要在掘进过程中缩回一部分推进油缸进行管片拼装，因此盾构姿态控制是一个主要难题。上述盾构同步推拼技术针对姿态控制的方法大致可分为加长油缸方式和双油缸方式。

加长油缸方式是通过具有 2 环长度行程的推进油缸及确保 2 环长度的管片拼装空间实现连续的同步推拼。同时，管片拼装机也能够移动 2 环长度的距离，可根据掘进进度同步移动拼装位置。由于盾尾部位也相应加长，因此需要留意盾尾与管片发生摩擦、碰撞。F-Navi盾构工法、采用六角形管片的同步推拼即属于该类型。图 5-49 为加长油缸方式的示例。

①盾构机开始掘进
依靠推进油缸顶推在管片上产生的反力向前掘进。

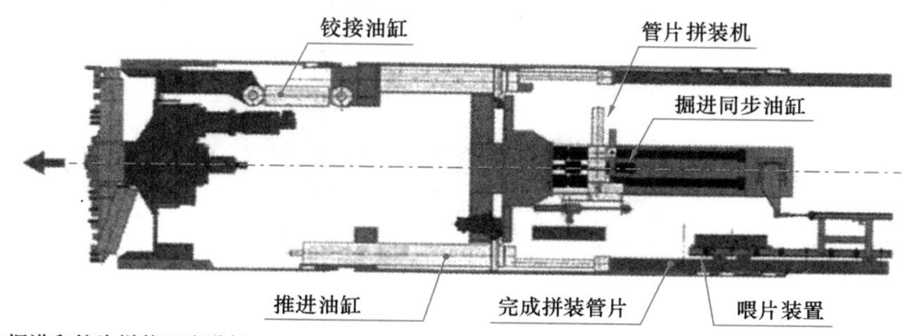

②盾构掘进和管片拼装同步进行
通过喂片装置将管片输送至管片拼装机，
管片拼装机与掘进同步，固定在管片拼装位置。

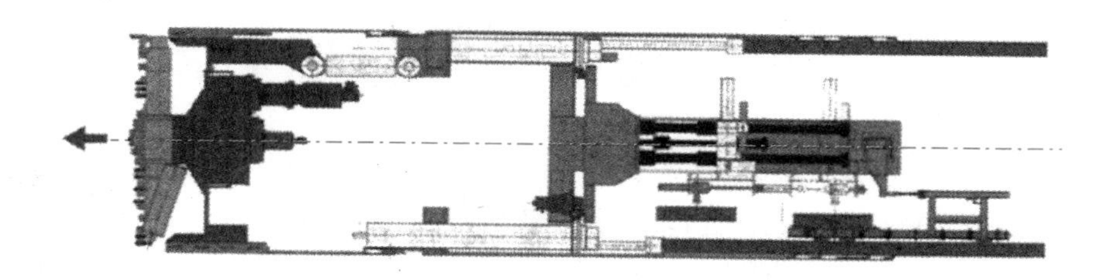

③完成掘进1环的量后，管片拼装机移动

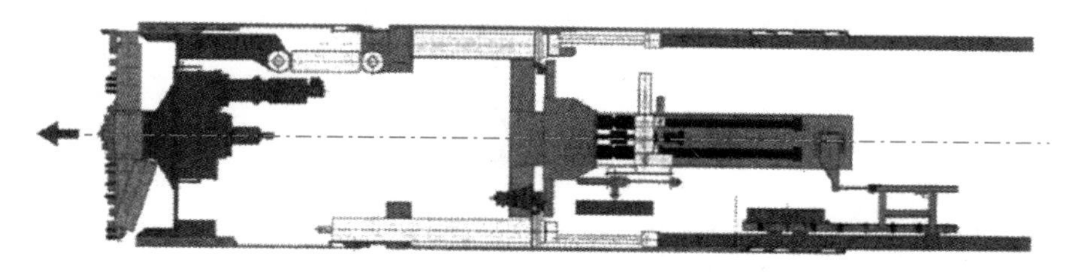

图 5-49 加长油缸方式

双油缸方式是利用内筒结构在前盾设置推进油缸、后盾设置拼装油缸，掘进过程中在盾构机向前推进、内筒呈停止状态下进行管片拼装。因此，拼装作业不会影响到掘进作业，能够以通常的操作习惯进行施工。当完成 1 环管片的掘进和拼装后，推进油缸缩回、拼装油缸伸长，内筒回到初始状态。针对管片摩擦、碰撞的措施与普通盾构施工相同，但在每次掘进、拼装完成后都需要加入后筒前进的工序。双油缸同步推拼工法、格构式油缸盾构工法即属于该类型。图 5-50 为双油缸方式的示例。

由于两种方式的盾构机主机长度都比普通盾构机更长，因此在急曲线施工中存在一定难度，此外还需注意竖井的净断面尺寸。

综合以上，日本的同步推拼技术可分为前后盾双油缸、前盾独立转向、推力矢量控制和异形管片四类方案，这些方案均存在机构庞大、成本过高、管片与拼装机结构复杂等局

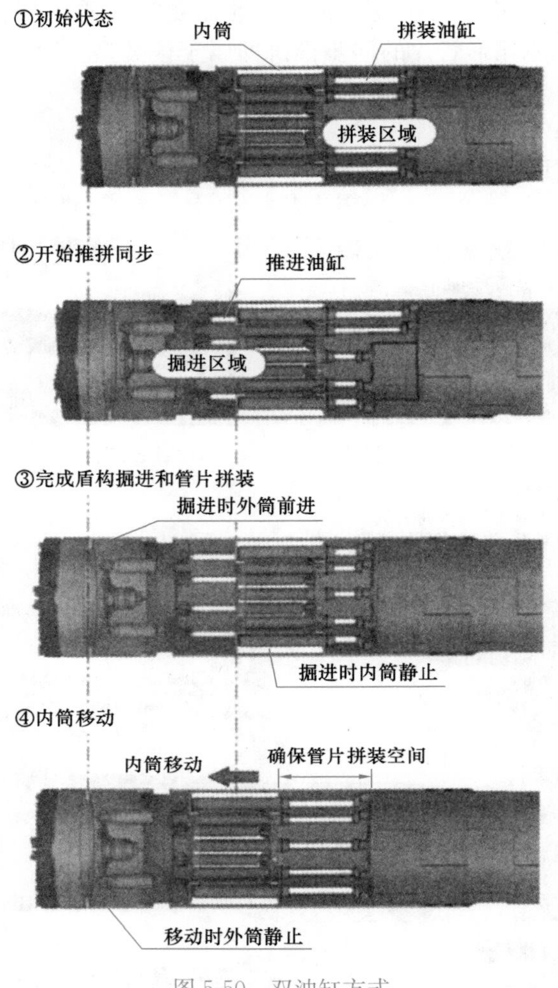

图 5-50 双油缸方式

限性。

5.3.3 技术方法

近些年，大数据技术带来的红利促进了盾构施工技术领域的数字化转型与升级。一方面，随着国内盾构市场逐渐趋于饱和，传统盾构再制造已成为必然的发展方向，如何让“老”盾构焕发“新春”；另一方面，新制盾构如何在提高施工工效、确保施工质量等方面提升竞争力。

从理论的角度，盾构机在掘进过程中承受着包含刀具切削岩土的贯入阻力、刀盘正面的水土压力、盾构机壳体与土层之间的摩阻力等在内的多种荷载，然而人无法准确地掌握这些荷载在随机场土压力条件下的真实大小，只能以静止土压力为主进行粗略的估算。盾构司机在驾驶舱内仅通过千斤顶分区编组的方式手动控制总推力，并使总推力的分布满足盾构姿态的控制要求。但是同步推拼过程中，在部分千斤顶缺位的情况下，人无法通过复杂运算完成因推进力缺失对施工参数的动态调整，因此极易造成盾构掘进姿态失稳。

综上，常规盾构机在推力冗余度和控制方式等方面都不支持同步推拼。那么，是否存在一种既适配于新、老盾构，又能进行智能化自主掘进的同步推拼技术呢？

为解决行业难题，上海隧道工程有限公司作为国内盾构施工与装备制造领域的领头羊，在深入分析日本方案的基础上，凭借在大直径盾构多年丰富的施工经验以及盾构管控平台的海量数据，联合华中科技大学、上海申通地铁等多家单位，产学研用一体化，率先对盾构同步推拼关键技术开展攻关研究。其提出一种推力自适应主动控制型盾构同步推拼技术（ACTT，即 Active Control Technology of Thrust），主要基于盾构矢量推进为理念进行推进系统压力自适应主动控制，并进行常规盾构机同步拼装功能升级，盾构机结构和管片类型基本不变。

要实现"同步推拼"高效施工，首先要解决一大"工程难题"，即在盾构掘进过程中推进系统总推力矢量如何响应地层非恒定负载，以及因部分油缸回缩为管片拼装腾出空间，在部分顶力缺失的情况下如何维持盾构姿态稳定。工程难题背后，最关键的科学问题就是"同步推拼条件下的盾构掘进动态平衡机理"，即构建盾构负载中心与油缸缺位下推进系统合力中心的"双心重合"力矩平衡模型。为此，ACTT 法技术路径分两步走。

1. 人在控制回路中的盾构同步推拼技术

盾构推进系统全油缸独立控制。在不改变盾构司机常规手动操作经验的前提下，在推进系统控制屏幕提供 6 分区虚拟操作界面。后台基于盾构司机手动输入的分区目标压力转换为目标总推力矢量，并通过缺失顶力重分配算法自动完成全油缸目标压力解算，无须人工参与。上海隧道工程有限公司自 2019 年底起，先通过大量的盾构推力矢量控制算法与组态策略比选，确定出满足工程需求的多种顶力分配算法，并在 2020 年通过构建国内首套"大型盾构同步推拼模型试验平台"进行全系统技术验证，尽可能地挖掘出该技术在工程应用时可能存在的潜在风险点，如图 5-51 所示。目前，ACTT1 已在上海市域铁路机场联络线工程完成工程示范应用，并取得超过预期目标的技术验证结果。

图 5-51　大型盾构同步推拼模型试验平台

2. 由系统自主控制的盾构同步推拼技术

将人从控制回路中摘除，以土压力随机场表征为手段，实现数据驱动的目标推力矢量初值智能设定。通过建立盾构姿态控制决策方法和纠偏策略，结合盾构纠偏曲线规划技术，实现盾构轴线的自适应主动控制。因此，ACTT2 是以土压力随机场表征与推力自适应主动控制为特征的，于 2022 年 11 月在上海市域铁路机场线工程进行示范应用。

实现盾构同步推拼的另一项重要工作是对 6 自由度常规管片拼装机进行同步拼装功能升级，即在传统拼装机的随动模式上增加补偿和浮动模式，确保拼装时被抓取管片与成型隧道间的相对静止，并在管片拼装完成后自动切入浮动模式，完成对拼装完成管片的自动脱离。相较于传统拼装机纯手动控制，同步推拼拼装机可实现一键自动化操作，自动化程度高，更简单、安全、可靠。

综上，ACTT 法主要对现有盾构推进系统进行智能化改进，实现了效率、成本、适用范围、可扩展性的均衡化，主要具备以下技术特点：

(1) 理论基础的科学性

以地质空间不确定性解析与表征方法作为推力矢量主动控制的理论基础，即考虑地质随机特性与力学平衡约束条件，构建盾构姿态准确性和开挖稳定性的最小失效概率模型，求解盾构掘进最优控制参数，实现数据驱动的目标推力矢量初值智能设定。

(2) 技术升级的低成本性

因缺失推力自补偿的需要，同步推拼盾构机在推进系统最大总推力设计和油缸配置总数方面相较于传统盾构机有所提升，通过算法的优化，避免了推进系统过度设计的可能性。因同步推拼技术以推进系统全油缸全控为前提，因此在控制系统方面需增加必要的控制阀件并升级控制技术。在传统 6 自由度管片拼装机上需新增控制模式以实现被抓取管片与成形隧道间的相对静止及拼装机与管片的自动脱离。综上，搭载同步推拼技术对盾构机的设计制造成本提升有限。上海市域铁路机场联络线 3 标段工程（西段）同步推拼盾构机主要参数见表 5-2。

上海市域铁路机场联络线 3 标段工程（西段）同步推拼盾构机主要参数　　表 5-2

项目		1 号机：骐跃号 (传统盾构机)	2 号机：骥跃号 (推拼同步盾构机)	备注
推进装置	油缸总行程	3000mm	3300mm	提升推拼同步效率
	行程传感器制式/数量	模拟量制式/6	SSI 制式/34	精度高，响应快，抗干扰强
	型式	单油缸，1×34 根	双油缸，2×34 根	推力冗余量大
	总推力	19774T	24210T	
推进液压系统	控制方式	泵控/6 分区	阀控/34 组独立控制，6 分区虚拟操作	满足可变分区编组需求
拼装机	功能模式	常规 6 自由度拼装机	具备跟随和补偿双模式，可以分别与盾构机、成型隧道保持相对静止	满足动态拼装管片需求

(3) 传统技术的传承性

在 ACTT1 工程应用阶段，可沿用传统盾构推进系统操控界面，如图 5-52 所示，不改变盾构司机常规操作习惯，只需要为该技术制作操作手册、进行技术交底，无需脱产培训。通过制定清晰的进出机制，保留同步推拼技术与传统分区推进技术一键无缝切换功能，确保遇到特殊工况时盾构机的持续推进。

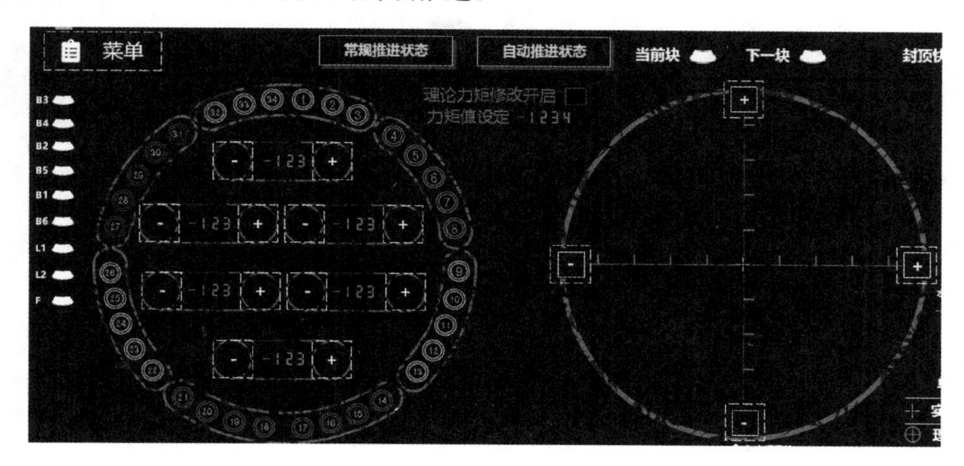

图 5-52 同步推拼盾构机系统操控界面

(4) 共性技术的延展性

盾构掘进轴线自主规划控制技术包含盾构姿态控制策略决策方法和盾构纠偏曲线规划两部分内容，可通过分析盾构机当前的工作状态（盾构姿态、推进系统行程差、盾尾间隙等），实时向推进系统发送阶段目标纠偏矢量。推进系统基于闭环控制理论执行该目标纠偏矢量，从而实现在确保盾构姿态稳定控制下的同步推拼操作。

5.3.4 应用案例

上海轨道交通市域线机场联络线是上海市东西主轴内的市域快速通道，主要连接虹桥机场和浦东机场，全线长 68.6km，盾构区间长度为 49.7km。其中，机场联络线西段 3 标段包含两个盾构区间，如图 5-53 所示，1 号盾构区间为梅富路工作井～华泾站工作井，共 1092 环；2 号盾构区间为梅富路工作井～2 号风井，共 2845 环，分别采用上海隧道自主研发制造的 14m 级超大直径盾构姊妹机“骐跃号”和“骥跃号”进行施工，如图 5-54 所示。

图 5-53 上海市域线机场联络线 3 标段盾构区间

盾构同步推拼技术应用于 2 号盾构区间，盾构掘进距离长，沿线地质复杂，邻近春申塘，河道宽度在 33m 左右，地表水系较为丰富，穿越地层主要以⑤1 粉质黏土、⑥1 粉质

(a)

(b)

图 5-54 国产 14m 级超大直径盾构姊妹机
(a)"骐跃号"常规盾构机;(b)"骥跃号"同步推拼盾构机

黏土、⑦1 粉砂夹粉质黏土为主。隧道内结构为单洞双线,管片外径 13.6m,内径 12.5m,环宽 2000mm,每环衬砌环由 9 块管片组成,即采用"6+2+1"模式:6 块标准块(B1、B2、B3、B4、B5、B6),2 块邻接块(L1、L2),1 块封顶块(F)。

1 号区间盾构于 2021 年 4 月 16 日始发,2022 年 3 月结束,总长 2164m,国产超大直径盾构机在掘进过程中设备运行稳定,整体故障停机时间占用率低于 5%(图 5-55)。其中,2021 年 10 月完成单月推进 255 环(月进尺 510m,环号:677~931),创下"单孔吊装、轨道运输"的超大直径盾构国内记录。

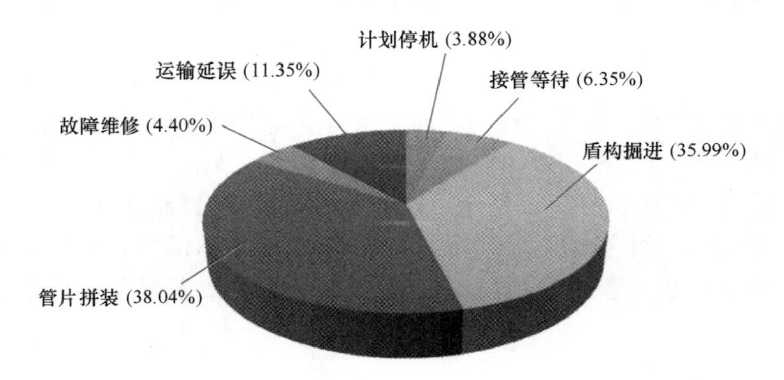

图 5-55 1 号区间盾构 2021 年 10 月施工时效分析

2 号区间盾构于 2021 年 10 月 20 日始发,于 2022 年 6 月完成同步推拼全系统技术验证与算法优化升级,同年 7 月完成盾构推进 270 环(月进尺 540m,环号:657~926),相应施工时效分析如图 5-56 所示。其中,整体故障停机时间占用率低于 1%,从数据上反馈出同步推拼在减少盾构停机时长的同时对降低盾构机故障率起到了积极的促进作用。

通过对 2022 年 7 月 270 环的施工数据进行统计分析可得,盾构平均掘进速度为 35mm/min,平均单环盾构掘进时间为 57min,平均单环管片拼装时间为 56min。如图 5-57所示,采用同步推拼技术后可将传统交替推拼单环作业时长 113min 缩短至 82min,实测单环施工效率提升 27.4%。

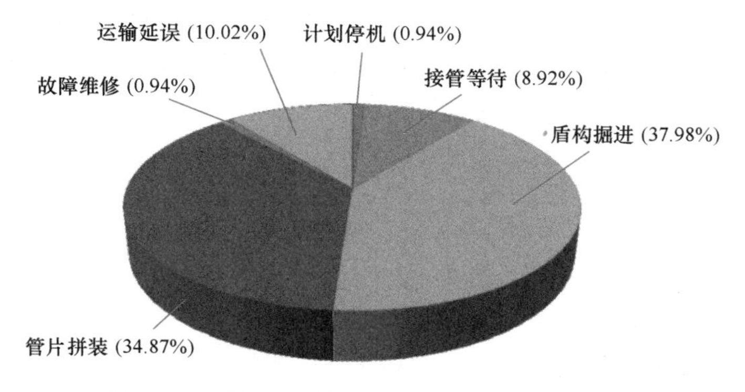

图 5-56 2 号区间盾构 2022 年 7 月施工时效分析

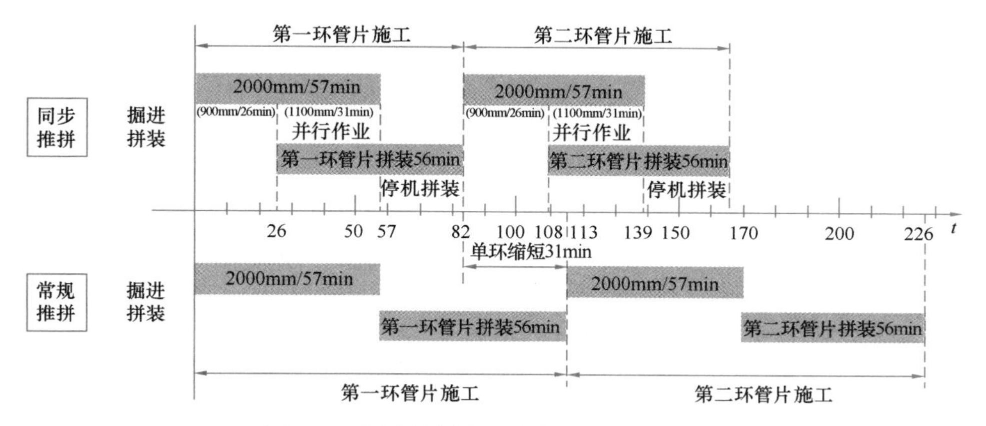

图 5-57 同步推拼实测效率提升分析示意图

截至 2022 年 11 月 6 日，2 号区间盾构累计完成推进 1571 环，其中同步推拼 1086 环，平均单环作业时间控制在 85min 以内。单环作业时间最短为 64min（第 1536 环），单环 9 块管片中实现了同步拼装 5 块管片。

除上海市域机场联络线 2 台 14m 级盾构机外，同步推拼技术还搭载在沪通铁路吴淞口长江隧道 2 台直径 10.66m 的泥水平衡盾构机上，掘进总里程达 15.714km。随着建设进展，盾构同步推拼技术将全面应用于直径 10m 及以上大直径泥水平衡盾构，未来还将有更多工程应用示范。

工程实践数据表明，盾构同步推拼技术可使盾构法隧道建设效率较传统方式提升 30%以上，让盾构机掘进从“稳步快走”到“一路小跑”。盾构同步推拼作为智能化盾构的重要技术支撑，将显著提升中国盾构装备制造与隧道施工的技术水平。现阶段，我国同步推拼智能盾构机的研发制造水平相比该技术国际水平正在实现从“并跑”到“领跑”的跨越式发展。

本章小结

本章分别介绍了智能造楼机、智能架桥机、同步推拼智能盾构机三种典型的智能工程机械，通过介绍国际与国内发展历程，阐述了三种智能工程机械的研制背景与国际国内的研发现状，分别讲解了智能工程机械作业流程与技术方法，并介绍了不同工程实例中我国自主研制的智能工程机械的应用示范情况。

复习思考题

1. 架桥机的智能化提升与安全性施工之间存在何种关系？
2. 架桥机如何进行构件的精准就位？
3. 架桥机能否完成自身结构件的寿命和状态检测？

附　　录

附录 1

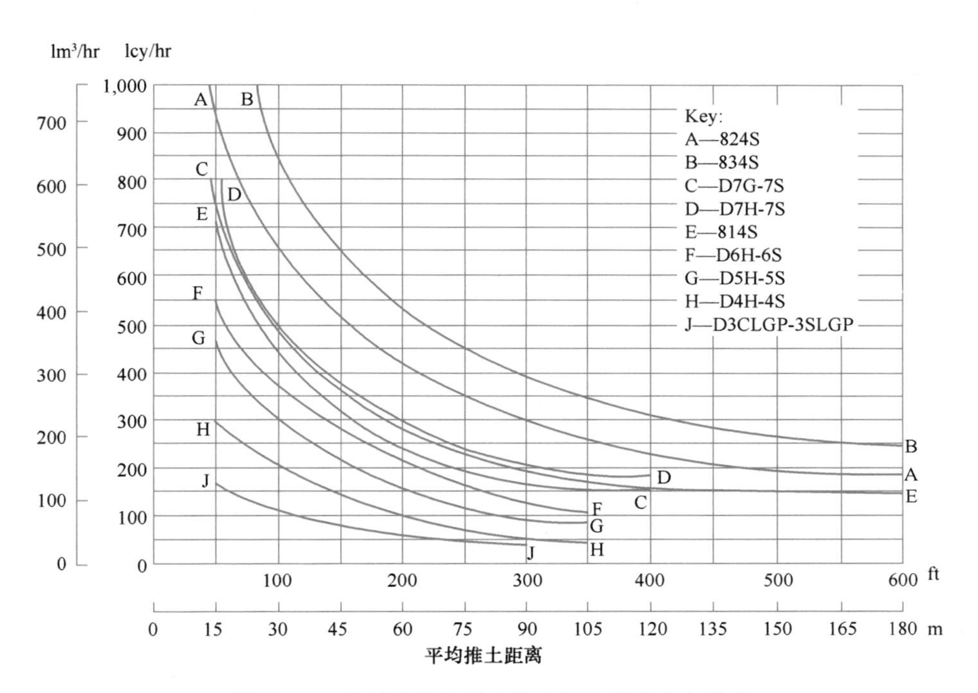

附图 1-1　卡特彼勒直铲式推土机的预计生产效率

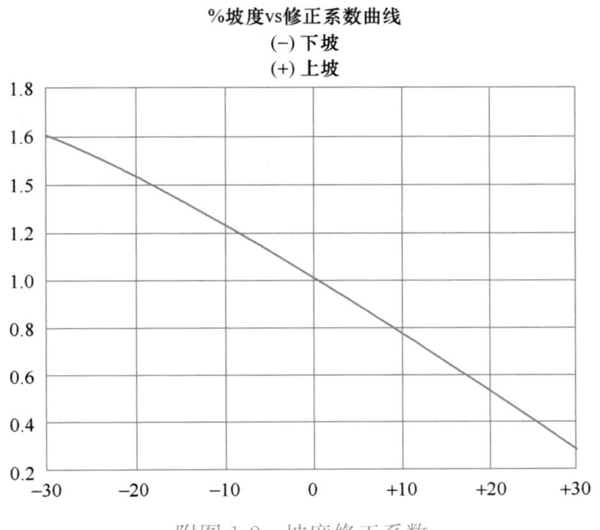

附图 1-2　坡度修正系数

附录 2

柳工各吨位级挖掘机与使用工况对照表 附表 2-1

吨位级	型号	特点	适用用户
70t	CLG970E	油品适应性强，高效、可靠、安全	大型矿场，石场
40～50t	CLG948E	产品可靠性好，挖掘作业效率高，破碎作业性能突出	专为矿山打造，对挖掘效率要求高，需要兼顾破碎作业的客户
	CLG950E	性价比高，综合性能强，产品稳定、可靠	大型矿场、石场，需要同时兼顾挖掘，装车两种作业的客户
30～40t	CLG933E	整机操控性好，动力强劲，速度快，有“装车达人”之称	土方、碎石挖掘、装车作业的意向客户，特别是装车效率要求高的客户
	CLG936E	动力强劲，整机稳定性好，装车效率高；矿用加强型结构件，满足恶劣的工况环境需求，有“矿山悍将”之称	大型矿场、石场，对挖掘效率要求高、需要兼顾破碎作业的客户
	CLG939E	整机稳定性好、挖掘力大，满足恶劣的工况环境需求	大型矿场、石场，对挖掘效率要求高、需要兼顾破碎作业的客户
20～30t	CLG920E	性价比高，质量稳定，有“土石方工况的效率专家”之称	租赁客户；土石方工况，对价格敏感的客户以及对油耗比较关注的客户
	CLG922E	作业效率高，燃油经济性好，舒适、可靠	大型土方工况，中、小型矿场，注重品质、性能，对操控性和经济性要求高的客户
	CLG926E	挖掘力大，整机操控性好，燃油经济性好，舒适、可靠	环境恶劣的大型土石方工况、中型矿场（如硬质土层、大块石料）的破碎工作，注重品质、性能的客户
10～20t	CLG910E	高效，省油，操作性好	进行土方、道路修整作业的客户
	CLG915D	整机性能稳定性好，质量好，效率高；能适应多种工况	城市基建、农田水利建设、沙场等各种中载工况的客户
	W915E	配备采埃孚桥箱，高效、省油、操作性好	进行港口、土石方、破拆、吊装作业的客户
6～10t	CLG 906	挖掘力大，配置好，效率高，油耗低	土方、农林业轻载工况的意向客户
	CLG908E	功率大，挖掘力强劲，整机稳定性好	土方；农林业作业的客户；轻载工况，对挖掘力要求高的客户

国内挖掘机主要产品技术参数 附表 2-2

厂家	型号	质量(kg)	功率(kW)	斗容(m^3)	最大挖高(mm)	最大挖深(mm)	最大挖掘半径(mm)	斗杆挖掘力(kN)	铲斗挖掘力(kN)	回转速度(r/min)	行走速度(km/h)
广西柳工机械股份有限公司	CLG906D	5900	36.2	0.21	5790	3875	6250	31	41	9.2	3.9
	CLG908E	7500	46.2	0.32	7115	4025	6300	37.4	55.3	12.5	5.4
	CLG910E	9650	60.7	0.4	7500	4410	7000	49.5	64.6	10	5.2
	CLG915E	14300	86	0.6	8760	5470	8300	70	96.9	12.94	5.1
	CLG922E	22000	125	1	9945	6562	9870	105	152.5	10.5	5.3
	CLG926E	25500	142	1.2	9940	6925	10340	134	179	10.5	5.5
	CLG933E	31800	170	1.4	10300	7300	10653	149	203	10.3	5.5
	CLG936E	35000	232	1.6	10240	7340	11100	185	252	10	5.5
	CLG939E	35800	232	1.9	9830	6730	11100	228	252	10	5.5
三一重工股份有限公司	SY60C-10	6000	36	0.23	5735	3770	6090	33	45	9.6	4.2
	SY75C-10	7280	43	0.28	7060	4020	6240	38	56	11.5	4.4
	SY85C-10	8500	60.7	0.34	7260	4330	6660	46.8	63.6	11.2	5
	SY135C-10	13500	73	0.55	8685	5510	8290	66.13	92.7	12	5.5
	SY155C-10	14100	73	0.55	8610	5500	8330	66.13	92.7	12	5.5
	SY215C-10	22000	118	0.93	9600	6600	10280	103	138	11	5.4
	SY245H	25500	147	1.3	9745	6705	10225	120	175	10.6	5.8
	SY265C	26500	147	1.3	9745	6705	10225	120	175	10.6	5.8
	SY305H-10	32800	212	1.4	10100	7410	11050	170	220	9.5	5.2
	SY365H	36000	212	1.6	9890	7050	10780	180	235	9.5	5.5
徐州徐工挖掘机械有限公司	XE60D	6010	36.2	0.23	5630	3830	6130	32.5	48.3	10	4.2
	XE75D	7460	43	0.3	7085	4020	6260	38	57	10	5.4
	XE80D	7730	44.8	0.33	7120	4070	6245	38	57	11	5
	XE135D	13200	86	0.52	8638	5546	8304	68	99	11	5.2
	XE150D	14600	93	0.61	8649	5535	8304	73.4	106.9	11.7	5.3
	XE215D	21900	135	1	9620	6680	9940	111	149	11.8	5.4
	XE235C	23500	129	1	9595	6960	10240	125	176	12.1	6
	NE370CA	36600	191	1.6	10123	6927	10470	207	263	9.7	5.4
	XE470C	46100	250	2.2	10675	7337	11631	236	284	9	5.4
	XE700C	68000	336	3.5	11350	6900	11580	300	363	7	4.2

附录 3

土石方压实单钢轮振动压路机使用建议

附表 3-1

工作质量(t)	碾压宽度(m)	振幅(mm)	频率(Hz)	工作速度(km/h)	粉砂土、黏土		砾石、砂		稳定土		石料	
					压实厚度(m)	压实产量(m^3/h)	压实厚度(m)	压实产量(m^3/h)	压实厚度(m)	压实产量(m^3/h)	压实厚度(m)	压实产量(m^3/h)
9～12	2.13	30/35	1.80/0.9	3～6	0.2～0.25	160～400	0.5～0.6	400～950	0.30～0.45	240～720	0.5～0.8	400～1300
14～16		28	1.9/0.95		0.2～0.25	160～560	0.5～0.8	400～1300	0.40～0.60	320～960	0.8～1.2	650～1900
		28/35	1.86/0.88									
		28	1.9/0.95									
		28/35	1.86/0.88									
18～22		28	1.9/0.95		0.3～0.5	240～800	0.8～1.5	650～2400	0.60～1.00	480～1600	1～2	800～3200
		28/33	1.86/0.93									
		28/33	1.86/0.93									
		28/33	1.9/0.85									
		28	1.9/0.95									
		28/33	1.86/0.93									
		28/33	1.86/0.93									
		28/33	1.86/0.93									
		28/33	1.86/0.93									
26		27/32	1.9/0.95		0.3～0.7	240～1100	1～1.8	800～2800	0.70～1.20	560～1900	1.2～2.2	960～3500

附表 3-2

土石方压实双钢轮振动压路机使用建议

<table>
<tr><th rowspan="2">工作质量
(t)</th><th rowspan="2">碾压宽度
(m)</th><th rowspan="2">振幅
(mm)</th><th rowspan="2">频率
(Hz)</th><th rowspan="2">工作速度
(km/h)</th><th colspan="2">粉砂土、黏土</th><th colspan="2">砾石、砂</th><th colspan="2">稳定土</th><th colspan="2">石料</th></tr>
<tr><th>压实厚度
(m)</th><th>压实产量
(m^3/h)</th><th>压实厚度
(m)</th><th>压实产量
(m^3/h)</th><th>压实厚度
(m)</th><th>压实产量
(m^3/h)</th><th>压实厚度
(m)</th><th>压实产量
(m^3/h)</th></tr>
<tr><td rowspan="3">3~4.5</td><td>1</td><td>50</td><td>0.5</td><td rowspan="3">2~4</td><td rowspan="3">0.25~0.3</td><td>60~150</td><td rowspan="3">0.15~0.2</td><td>40~100</td><td rowspan="3">0.20~0.25</td><td>50~130</td><td rowspan="3">—</td><td rowspan="3">—</td></tr>
<tr><td>0.75</td><td>60</td><td>0.4</td><td>50~110</td><td>30~80</td><td>40~90</td></tr>
<tr><td>1.2</td><td>60</td><td>0.4</td><td>80~180</td><td>50~120</td><td>60~150</td></tr>
<tr><td>7~9</td><td>1.45</td><td>48</td><td>0.7/0.35</td><td rowspan="11">3~6</td><td>0.15~0.2</td><td>80~200</td><td>0.3~0.4</td><td>160~450</td><td>0.20~0.30</td><td>110~330</td><td>—</td><td>—</td></tr>
<tr><td rowspan="6">10~12.5</td><td>1.68</td><td>48</td><td>0.8/0.4</td><td rowspan="6">0.15~0.2</td><td>90~250</td><td rowspan="6">0.3~0.5</td><td>200~650</td><td rowspan="6">0.25~0.40</td><td>160~500</td><td rowspan="6">—</td><td rowspan="6">—</td></tr>
<tr><td rowspan="9">2.13</td><td>45/48</td><td>0.8/0.4</td><td rowspan="5">120~300</td><td rowspan="5">250~800</td><td rowspan="5">200~640</td></tr>
<tr><td>30/48</td><td>0.8/0.41</td></tr>
<tr><td>30/45</td><td>0.8/0.41</td></tr>
<tr><td>45</td><td>0.8/0.41</td></tr>
<tr><td>50/67</td><td>0.8/0.3</td></tr>
<tr><td rowspan="4">13~14</td><td>30/45</td><td>0.72/0.4</td><td rowspan="4">0.3~0.4</td><td rowspan="4">250~650</td><td rowspan="4">0.4~0.6</td><td rowspan="4">300~950</td><td rowspan="4">0.30~0.50</td><td rowspan="4">240~800</td><td rowspan="4">—</td><td rowspan="4">—</td></tr>
<tr><td>45</td><td>0.75/0.4</td></tr>
<tr><td>50/67</td><td>0.8/0.3</td></tr>
<tr><td>50/67</td><td>0.8/0.3</td></tr>
<tr><td rowspan="2">0.5~0.8</td><td>0.72</td><td>65</td><td></td><td rowspan="2">2~4</td><td rowspan="2">0.1~0.15</td><td>20~60</td><td rowspan="2">0.2~0.25</td><td>40~90</td><td rowspan="2">0.05~0.15</td><td>10~60</td><td rowspan="2">—</td><td rowspan="2">—</td></tr>
<tr><td>0.708</td><td>55</td><td></td><td>15~50</td><td>35~85</td><td>10~50</td></tr>
</table>

附表 3-3

各类振动压路机主要产品性能技术参数

机械单钢轮振动压路机		徐工 XS143J	徐工 XS163J	徐工 XS183J	徐工 XS203J	徐工 XS223J	徐工 XS263J	柳工 CLG614	山推 SR20M	柳工 CLG622D	洛建 LSS2502
工作质量（kg）		14000	16000	18000	20000	22000	26000	14000	22000	22000	25000
静线荷载（N/cm）		315	376	422	453	516	582	328	506	506	575
理论爬坡能力（%）		30	30	30	30	30	35	30	30	30	30
振动频率（Hz）		28/33	28/33	28/33	28/35	28/33	27/32	30	30/32	30/32	28/35
名义振幅（mm）		1.9/0.95	1.9/0.95	1.9/0.95	2.0/1.0	1.86/0.93	1.9/0.95	1.75/0.92	2.1/1.1	2.1/1.1	2.0/1.0
激振力（N/cm）		274/190	290/200	320/220	355/220	374/290	405/290	270/135	420/240	420/240	400/320
速度（km/h）	Ⅰ挡（前/后）	2.85/2.88	2.93/2.96	2.78/2.75	2.95	2.95	2.97	2.6/2.6	2.8	2.8	2.3
	Ⅱ挡（前/后）	5.08/5.02	5.22/5.16	5.43/5.45	5.78	5.78	5.85	5.2/5.2	5.6	5.6	4.5
	Ⅲ挡（前）	11.17	11.51	11.51	9.4	9.4	9.55	10.9	13	13	10.5
发动机	转速（r/min）	1800	1800	180	1800	1800	1800	2000	2000	2000	2000
	功率（kW）	103	118	118	128	136	140	95	128	128	140

全液压单钢轮振动压路机		徐工 XS83	徐工 XS123	徐工 XS143	徐工 XS163	徐工 XS183	三一重工 SSR120	BOMAG BW211D	DYNAPAC CA262D	HAMM 3412
工作质量（kg）		8000	12000	14000	16000	18000	12300	13790	14000	12200
静线荷载（N/cm）		439	308	385	479	529	329	300	258	307
理论爬坡能力（%）		45	45	40	35	50	43	50	60	56
振动频率（Hz）		30/40	30/35	28/35	28/35	28/33	30/36	30/36	33/33	30/40
名义振幅（mm）		1.8/0.9	1.8/0.9	1.86/0.88	1.86/0.88	1.86/0.93	1.8/0.9	1.80/0.95	1.70/0.80	1.91/0.90
激振力（N/cm）		115/102	280/190	305/225	320/235	340/240	275/198	240/125	246/119	256/215
速度（km/h）	Ⅰ挡（前/后）	0～5	0～5	0～4.5	0～4.5	0～4.2	0～7.5	0～6.0	—	0～3.7
	Ⅱ挡（前/后）	0～11	0～10.8	0～6.0	0～6.0	−5.3～0	0～8.5	0～7.0	—	0～5.4
	Ⅲ挡（前）	—		0～7.2	0～7.2	00	0～10.5	0～8.0	—	0～6.0
	Ⅳ挡	—		0～12	0～12	0～10	−13.5～0	0～12.0	0～9	0～11.7
发动机	转速（r/min）	2200	2300	2200	2200	2000	—	2200	2200	2300
	功率（kW）	74	97	125	125	34	93	99	112	100

续表

全液压单钢轮振动压路机		徐工 XS203	徐工 XS223	徐工 XS263	徐工 XS303	徐工 XS333	三一重工 SSR260	BOMAG BW226DH-4	DYNAPAC CA702D	HAMM 3625HT
工作质量（kg）		20000	22000	26000	30000	33000	26700	27100	26900	24910
静线荷载（N/cm）		621	704	784	845	968	788	800	792	710
理论爬坡能力（%）		50	50	50	40	40	45	48	15	56
振动频率（Hz）		28/33	28/33	27/32	27/33	27/33	27/31	26/26	28/30	27/30
名义振幅（mm）		1.86/0.93	1.86/0.93	1.90/0.95	2.0/1.0	2.3/1.25	2.05/1.03	1.90/1.00	2.0/1.3	2.00/1.19
激振力（N/cm）		370/255	390/270	410/300	520/390	670/545	416/275	330/173	330/254	331/243
速度（km/h）	Ⅰ挡（前/后）	0～4.2	0～3.4	0～3.4	0～4.2	0～4.0	0～6.0			
	Ⅱ挡（前/后）	0～5.3	0～5	0～5	0～6	0～5.0	0～7.5			
	Ⅲ挡（前）	0～6.7	0～5.2	0～5.2	0～6.5	0～5.5	0～8.0			
	Ⅳ挡	0～10.4	0～10.4	0～10.4	0～10	0～9	0～11	0～10	0～8	0～12
发动机	转速（r/min）	2000	2000	2000	2200	2200	—	2200	2200	2300
	功率（kW）	134	134	159	179	210	174	150	164	155
双钢轮振动压路机		徐工 XD143	徐工 XD133	徐工 XD123E	徐工 XD102	徐工 XD82	三一重工 STR130E	DYNAPAC CC6200	HAMM HD128	BOMAG BW203AD
工作质量（kg）		14000	13000	12300	10000	8500	13200	12600	13520	13000
静线荷载（N/cm）		330/330	305/305	283/283	292/292	248/248	303/303	306/306	306/303	298/298
理论爬坡能力（%）		35	35	30	30	30	30	36	35	40
振动频率（Hz）		67/50	67/50	48/45	48/45	48/45	50/43	67/51	50/42	50/40
名义振幅（mm）		0.3/0.8	0.3/0.8	0.4/0.75	0.4/0.8	0.35/0.7	0.37/0.85	0.3/0.8	0.47/0.89	0.29/0.69
激振力（N/cm）		110/170	110/170	85/140	60/120	40/80	90/130	116/169	139/186	84/126
速度（km/h）	Ⅰ挡	0～6	0～6	0～5.5	0～9.5	0～9.5	0～6.5	0～6	0～6.2	0～5.7
	Ⅱ挡	0～8	0～8	0～10.5	—	—	0～12	0～8	0～12.3	0～11
	Ⅲ挡	0～12	0～12	—	—	—	—	0～12	—	—
发动机	转速（r/min）	2100	2100	2100	2300	2300	2300	2200	2300	2300
	功率（kW）	111	111	92	74.9	74.9	98	113	98	100

附录 4

QTZ100 型塔式起重机起重特性表（54m 臂长） 附表 4-1

幅度（m）		3～15		16	18	20	22	24	26	28	30	32
起重量（t）	$a=2$	4		4	4	4	4	4	4	3.86	3.56	3.29
	$a=4$	8		7.4	6.46	5.72	5.12	4.63	4.21			
幅度（m）		34	36	38	40	42	44	46	48	50	52	54
起重量（t）	$a=2$	3.06	2.85	2.66	2.50	2.35	2.21	2.09	1.98	1.87	1.78	1.69
	$a=4$											

QTZ100 型塔式起重机起重特性表（60m 臂长） 附表 4-2

幅度（m）		3～13		14	16	18	20	22	24	26	28	30	32	34
起重量（t）	$a=2$	4		4	4	4	4	4	3.97	3.6	3.29	3.02	2.79	2.59
	$a=4$	8		7.47	6.39	5.57	4.92	4.4						
幅度（m）		36	38	40	42	44	46	48	50	52	54	56	58	60
起重量（t）	$a=2$	2.41	2.25	2.10	1.97	1.86	1.75	1.65	1.56	1.48	1.40	1.33	1.26	1.20
	$a=4$													

QTZ100 型塔式起重机主要技术参数 附表 4-3

额定起重力矩（kN·m）		1000					
起升高度		固定式		行走式		附着式	
		45		45.8		120（180）	
最大起重量（t）		8					
最大幅度		60					
起重机构	倍率	$a=2$			$a=4$		
	起重量（t）	4	4	1.5	8	8	3
	速度（m/min）	8	50	100	4	25	50
回转速度（r/min）		0.6					
牵引速度（m/min）		33/50					
行走速度（m/min）		15					
总功率		50.4					
平衡重	臂长（m）	60	54	48	42	36	
	配重（t）	11.07	9.84	8.61	7.38	6.15	
自重（固定式）（t）		48.2	47.7	47.3	46.7	46	

参 考 文 献

[1] 谭建荣，刘振宇，徐敬华．新一代人工智能引领下的智能产品与装备[J]．中国工程科学，2018，20(4)：35-43.

[2] 薛建儒，房建武，吴俊，等．多机协同智能发展战略研究[J]．中国工程科学，2024，26(1)：101-116.

[3] 《新一代人工智能发展规划》[J]．科技导报，2018，36(17)：113.

[4] 陈珂，丁烈云．我国智能建造关键领域技术发展的战略思考[J]．中国工程科学，2021，23(4)：64-70.

[5] 刘健．国外智能建造技术研究进展及对我国的发展启示[J]．智能建筑与工程机械，2019，1(2)：1-4.

[6] 陆亮，吴军凯，孙宁，朱敏言．智能建造——工程机械智能化[J]．液压与气动，2022，46(6)：1-9.

[7] 葛鹏．工程机械的智能化趋势与发展对策探研[J]．中文科技期刊数据库(全文版)工程技术，2023(2)：12-15.

[8] 张伟，李乐刚．探析工程机械智能化发展趋势[J]．工程与管理科学，2020，1(2)：29-31.

[9] 张学强，尹彬，孙娜，等．人工智能在工程机械无人驾驶领域的应用探讨[J]．价值工程，2022，41(21)：97-99.

[10] 丁烈云．加快智能建造人才培养[J]．施工企业管理，2022(4)：53.

[11] 温旭丽．智能建造背景下土木工程专业人才需求分析与探索[J]．教育研究，2021，4(7)：7-8.

[12] 李昕，别致，杨艳丽，等．工程机械行业智能化发展现状与趋势[J]．建筑机械，2023(5)：13-14.

[13] 高顺德，王欣，张磊．工程机械手册——工程起重机械[M]．北京：清华大学出版社，2018.

[14] Guo H，Zhou Y，Pan Z & Lin X. Automated lift planning methods for mobile cranes[J]. Automation in Construction，2021，132，103982.

[15] Zhang Z & Pan W. Lift planning and optimization in construction：A thirty-year review[J]. Automation in Construction，2020，118，103271.

[16] Lu Y，Qin W，Zhou C & Liu Z. Automated detection of dangerous work zone for crawler crane guided by UAV images via Swin Transformer[J]. Automation in Construction，2023，147，104744.

[17] Jiang W，Zhou Y，Ding L，Zhou C & Ning X. UAV-based 3D reconstruction for hoist site mapping and layout planning in petrochemical construction[J]. Automation in Construction，2020，113，103137.

[18] 中国信息物理系统发展论坛．信息物理系统白皮书[R]．北京：中国电子技术标准化研究院，2017.

[19] 丁烈云．数字建造导论[M]．北京：中国建筑工业出版社，2020.

[20] Zhou C，Luo H，Fang W，Wei R & Ding L. Cyber-physical-system-based safety monitoring for blind hoisting with the internet of things：A case study[J]. Automation in construction，2019，97，138-150.

[21] WANG F and CHEN E J. Efficient modeling of random fields by using Gaussian process inducing-point approximations[J]. Computers and Geotechnics，2023，157：105304.

[22] LU H，QI J，XU G and WANG H. Multi-agent based safety computational experiment system for shield tunneling projects[J]. Engineering，Construction and Architectural Management，2020，27

(8)：1963-1991.

[23] 许恒诚. 基于深度学习的地铁盾构姿态失准机理与智能预测研究[D]. 武汉：华中科技大学，2019.

[24] GAO Y，CHEN R，WEI L and CHENG Z. Learning from explainable data-driven tunneling graphs：A spatio-temporal graph convolutional network for clogging detection[J]. Automation in construction，2023，147(3)：104741.

[25] ZHU Y，ZHU Y，CHEN E J，et al. Synchronous shield tunnelling technology combining advancement and segment fabrication：Principle，verification and application[J]. Underground Space，2023，13：23-27.

后　记

以国家战略性需求为导向推进创新体系优化组合，是我国“十四五”规划中强化国家战略科技力量的重要组成部分。实现新型工业化和信息化，推动制造业优化升级，推进新型城市建设，需要“中国制造、中国创造、中国建造共同发力”。

智能工程机械与建造机器人的出现为工程建设领域带来了巨大的变革和发展机遇。传统的建筑施工模式往往依赖于人工操作，效率低下、安全风险大，而智能工程机械与建造机器人的应用则能够实现自动化、智能化施工，提高工程质量、效率和安全性。智能工程机械与建造机器人正逐渐成为工程建设领域的重要组成部分，其特点是以机械、电子、自动化、控制和土木工程等多学科交叉为手段，重点突破智能装备的关键核心与共性支撑技术，从而助力我国工程建造高质量发展，建设世界科技强国。

智能工程机械与建造机器人在国内外都属于前沿研究热点，受到产学研各界的广泛关注。当前，国内一批专家学者致力于该领域的理论研究和技术应用，面向我国重大工程建设需求，坚持问题导向，在理论体系建构与技术创新等方面取得了一系列丰硕成果，创造了显著的经济和社会效益。本书由周诚教授领衔，邀请领域内的相关专家学者，系统梳理和阐述智能工程机械与建造机器人的理论框架和技术体系，围绕土方机械、起重机、盾构机等工程机械展开系统论述，并总结在工程建设中的实践应用。本书编写者中既有从事理论研究的学者，也有从事工程实践的专家，通过丰富的实例和案例，不仅为学生提供具体和生动的学习材料，也保证了本书内容的前沿性和权威性。

近年来，高校师生和各领域专家对智能工程机械与建造机器人的热情与日俱增。相信本书的出版能够推动相关领域的研究和应用，深化信息技术与工程建造的进一步融合，加快发现知识、传授知识、增长知识和更新知识的进程，为经济建设、社会进步、科技发展作出贡献。

期待大家在学习本书的过程中取得丰硕的研究和应用成果。